머리말

현대 사회에서 제과제빵 산업은 단순히 맛있는 빵과 과자를 만드는 것 이상의 잠재력을 지닌 분야입니다. 나아가 식문화의 다양성을 충족시키고 삶의 질 향상과 개선을 위해 제과제빵 산업은 경제적 · 사회적 측면 모두에서 중요한 가치를 갖고 있습니다.

2021년을 기점으로 제과제빵 시장의 규모가 2조원을 돌파하면서 대기업들까지 앞다투어 경쟁에 뛰어들 만큼 지속적인 성장세를 보이는 산업으로써 자리매김하고 있으며, 미래 성장 기대치가 높아지면서 창업과 일자리 창출의 기회도 무궁무진한 상황입니다.

이러한 시점에서 제과제빵을 공부하려는 여러분께 한 가지 강조하고 싶은 점은, 이 분야가 여러분의 창의성과 열정을 발휘할 수 있는 새로운 무대가 되어 줄 것이라는 사실입니다. 즉, 제과제빵의 지식과 기술을 바탕으로 여러분이 꿈꾸는 독창적인 아이디어와 상상력 및 도전정신을 새로운 제품으로 탄생시킬 수 있는 기회가 무궁무진하다는 것입니다. 그러한 과정을 통해 실패와 성공을 경험하면서 성장할 수 있으며, 여러분의 인생에서 큰 보람과 깨달음도 얻게 될 것입니다.

본 교재는 NCS를 기반으로 새롭게 변경된 출제기준에 따라 집필하였습니다. 실제 기출문제를 기반으로 핵심 이론을 이해하기 쉽고 암기하기 편하게 편성하였으며, 최근 기출 경향까지 철저하게 분석하여 수험생들의 합격률 향상에 최적화된 체계로 구성하였습니다.

집필진은 박문각 취밥러 제과제빵기능사·산업기사를 선택하는 수험생 모두가 본 교재를 통해 기초를 배우고 기본을 다지면서, 전문가로 성장할 수 있는 위대한 첫걸음을 내딛을 수 있기를 바라는 마음으로 편저하였습니다. 여러분의 노력과 열정이 제과제빵 분야에 새로운 바람을 불어넣기를 기대하며, 확실한 단기 합격까지 기원합니다.

아울러 출판에 도움을 주신 ㈜박문각 출판 편집팀께 지면을 빌려 감사의 말씀을 드립니다.

집필진 드림

제과제빵기능사 시험정보

제과제빵기능사란?

- **자격명 :** 제과기능사 / 제빵기능사
- **영문명 :** Craftsman Confectionary Making / Craftsman Breads Making
- **관련부처 :** 식품의약품안전처
- **시행기관 :** 한국산업인력공단
- **직무내용 :** 각 제과제품 제조에 필요한 재료의 배합표 작성, 재료 평량을 하고 각종 제과용 기계 및 기구를 사용하여 성형, 굽기, 장식, 포장 등의 공정을 거쳐 각종 제과제품을 만드는 업무 수행 / 제빵제품 제조에 필요한 재료의 배합표 작성, 재료 평량을 하고 각종 제빵용 기계 및 기구를 사용하여 반죽, 발효, 성형, 굽기 등의 공정을 거쳐 각종 빵류를 만드는 업무 수행

제과제빵기능사 응시료

- **필기 :** 14,500원
- **실기 :** 29,500원 / 33,000원

제과제빵기능사 취득방법

구분		내용	
		제과기능사	제빵기능사
시험과목	필기	과자류 재료, 제조 및 위생관리 (출제기준 상세 참고)	빵류 재료, 제조 및 위생관리 (출제기준 상세 참고)
	실기	제과 실무	제빵 실무
검정방법	필기	객관식 4지 택일형, 60문항(60분)	
	실기	작업형(2~4시간 정도)	
합격기준	필기	100점 만점으로 하여 60점 이상	
	실기	100점 만점으로 하여 60점 이상	

제과제빵기능사 합격률

연도	필기						실기					
	응시		합격		합격률		응시		합격		합격률	
	제과	제빵	제과	제빵	제과	제빵	제과	제빵	제과	제빵	제과	제빵
2023	54,894	51,897	21,877	22,178	39.9%	42.7%	30,741	31,450	12,839	14,916	41.8%	47.4%
2022	55,531	53,382	24,186	23,467	43.6%	44%	32,414	32,513	14,362	16,070	44.3%	49.4%
2021	59,893	55,758	27,634	26,213	46.1%	47%	32,444	33,246	14,227	16,446	43.9%	49.5%
2020	41,292	39,306	19,136	18,467	46.3%	47%	20,928	22,004	8,376	10,204	40%	46.4%
2019	36,262	42,267	13,843	14,581	38.2%	34.5%	22,763	24,555	8,523	10,754	37.4%	43.8%

제과제빵산업기사 시험정보

제과제빵산업기사란?

- **자격명 :** 제과산업기사 / 제빵산업기사
- **영문명 :** Industrial Engineer Confectionary Making / Industrial Engineer Breads Making
- **관련부처 :** 식품의약품안전처
- **시행기관 :** 한국산업인력공단
- **직무내용 :** 과자류 제품제조에 필요한 이론지식과 숙련기능을 활용하여 생산계획을 수립하고 재료구매, 생산, 품질관리, 판매, 위생 업무를 실행하는 직무 / 빵류 제품제조에 필요한 이론지식과 숙련기능을 활용하여 생산계획을 수립하고 재료구매, 생산, 품질관리, 판매, 위생 업무를 실행하는 직무

제과제빵산업기사 응시료

- **필기 :** 19,400원
- **실기 :** 55,200원 / 47,000원

제과제빵산업기사 취득방법

구분		내용	
		제과산업기사	제빵산업기사
시험과목	필기	위생안전관리, 제과점 관리, 과자류 제품제조	위생안전관리, 제과점 관리, 빵류 제품제조
	실기	과자류 제과 실무	빵류 제빵 실무
검정방법	필기	객관식 4지 택일형, 60문항(60분)	
	실기	작업형(3시간 정도)	
합격기준	필기	100점을 만점으로 하여 60점 이상	
	실기	100점을 만점으로 하여 60점 이상	

제과제빵산업기사 합격률

연도	필기						실기					
	응시		합격		합격률		응시		합격		합격률	
	제과	제빵	제과	제빵	제과	제빵	제과	제빵	제과	제빵	제과	제빵
2023	1,094	1,040	846	719	77.3%	69.1%	723	663	275	261	38%	39.4%
2022	315	279	267	201	84.8%	72%	0	0	0	0	0	0

이 책의 구성과 특징

핵심이론 정리 및 점검

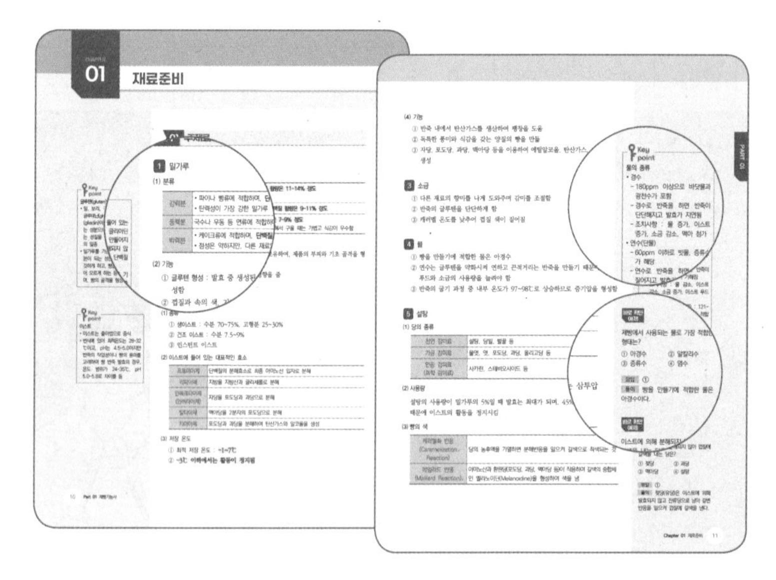

Point 1

핵심 빈출 내용 위주로 간단하게 요약·정리하여 효율적인 학습 가능

Point 2

키 포인트와 바로 확인 예제를 통해 핵심 내용 확인 및 점검

단원별 출제예상문제

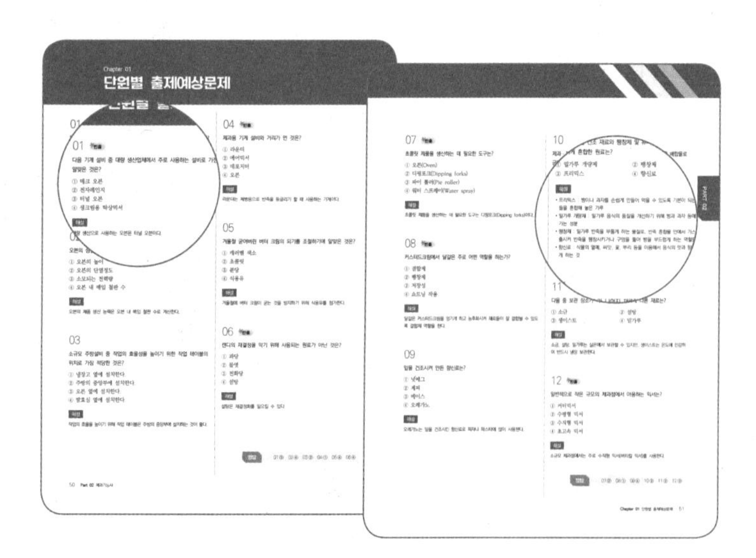

Point 1

기출분석으로 엄선된 단원별 출제예상 문제로 문제풀이 능력 향상 및 빈출 확인

Point 2

핵심 해결 포인트를 공략한 쉽고 명확한 해설 제공

CBT 모의고사 8회분

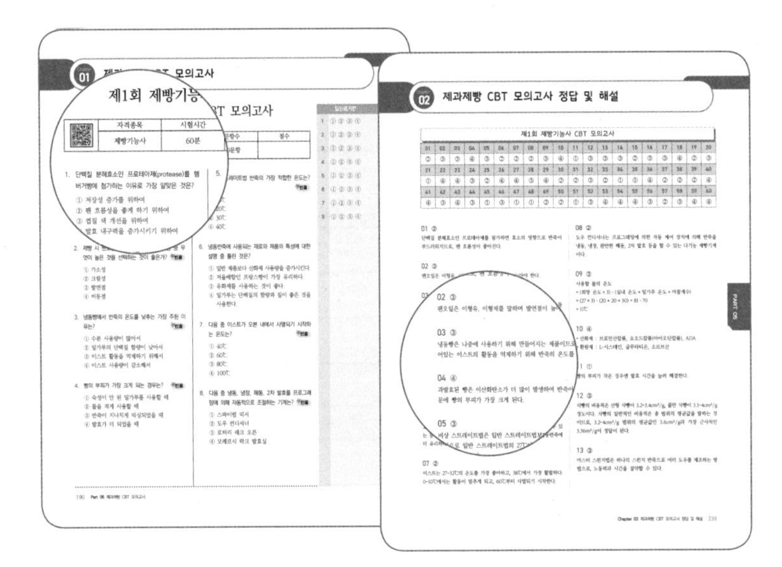

Point 1

실제 CBT 기능사·산업기사 시험 형식의 모의고사로 실전대비를 위한 최종테스트 [QR 코드 제공]

Point 2

핵심만 콕콕 찍어주는 해설을 통한 마무리학습

최종점검 손글씨 핵심요약

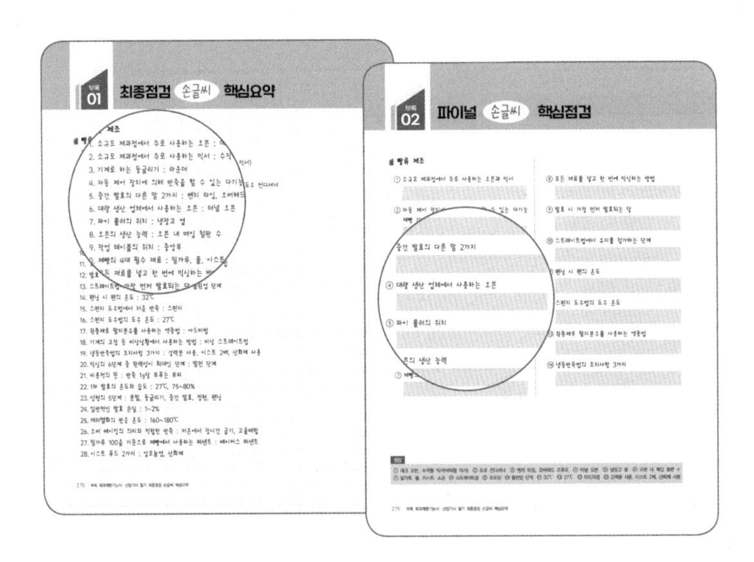

Point 1

꼭 알아야 할 중요한 핵심만을 골라서 눈이 편한 손글씨로 최종마무리

Point 2

핵심 중의 핵심, 포인트 중에 포인트만 간단한 문제로 최종점검

CONTENTS 목차

Study check 표 활용법

스스로 학습 계획을 세워서 체크하는 과정을 통해 학습자의 학습능률을 향상시키기 위해 구성하였습니다.
각 단원의 학습을 완료할 때마다 날짜를 기입하고 체크하여, 자신만의 3회독 플래너를 완성시켜보세요.

01

제빵기능사

CHAPTER 01

재료준비

01 주재료

1 밀가루

(1) 분류

강력분	• 파이나 빵류에 적합하며, 단백질 함량은 11~14% 정도 • 탄력성이 가장 강한 밀가루
중력분	국수나 우동 등 면류에 적합하며, 단백질 함량은 9~11% 정도
박력분	• 케이크류에 적합하며, 단백질 함량은 7~9% 정도 • 점성은 약하지만, 다른 재료와 혼합해서 구울 때는 가볍고 식감이 우수함

(2) 기능

① 글루텐 형성 : 발효 중 생성된 가스를 보유하여, 제품의 부피와 기초 골격을 형성함

② 껍질과 속의 색, 기질, 맛 등에 영향을 줌

Key point

글루텐(gluten)

- 밀, 보리, 귀리 등에 들어 있는 글루테닌(glutenin)과 글리아딘(gliadin)이 결합하여 만들어지는 성분으로, 물에 용해되지 않는 성질을 갖는 불용성 단백질의 일종
- 밀가루를 가공 조리하는 데 기본이 되는 성분으로 반죽을 쫄깃하게 하고, 빵을 만들 때 부풀어 오르게 하는 등의 역할을 하며, 빵의 골격을 형성함

2 이스트

(1) 종류

① 생이스트 : 수분 70~75%, 고형분 25~30%

② 건조 이스트 : 수분 7.5~9%

③ 인스턴트 이스트

(2) 이스트에 들어 있는 대표적인 효소

프로테아제	단백질의 분해효소로 최종 아미노산 입자로 분해
리파아제	지방을 지방산과 글리세롤로 분해
인베르타아제 (인버타아제)	자당을 포도당과 과당으로 분해
말타아제	맥아당을 2분자의 포도당으로 분해
치마아제	포도당과 과당을 분해하여 탄산가스와 알코올을 생성

(3) 저장 온도

① 최적 저장 온도 : -1~7℃

② -3℃ 이하에서는 활동이 정지됨

Key point

이스트

- 이스트는 출아법으로 증식
- 번식에 있어 최적온도는 28~32℃이고, pH는 4.5~5.0이지만 반죽의 작업성이나 빵의 풍미를 고려하여 빵 반죽 발효의 경우, 온도 범위가 24~35℃, pH 5.0~5.8로 차이를 둠

(4) 기능

① 반죽 내에서 탄산가스를 생산하여 팽창을 도움
② 독특한 풍미와 식감을 갖는 양질의 빵을 만듦
③ 자당, 포도당, 과당, 맥아당 등을 이용하여 에틸알코올, 탄산가스, 열, 산 등을 생성

3 소금

① 다른 재료의 향미를 나게 도와주며 감미를 조절함
② 반죽의 글루텐을 단단하게 함
③ 캐러멜 온도를 낮추어 껍질 색이 짙어짐

4 물

① 빵을 만들기에 적합한 물은 아경수
② 연수는 글루텐을 약화시켜 연하고 끈적거리는 반죽을 만들기 때문에 이스트 푸드와 소금의 사용량을 늘려야 함
③ 반죽의 굽기 과정 중 내부 온도가 97~98℃로 상승하므로 증기압을 형성함

5 설탕

(1) 당의 종류

천연 감미료	설탕, 당밀, 벌꿀 등
가공 감미료	물엿, 엿, 포도당, 과당, 올리고당 등
인공 감미료 (화학 감미료)	사카린, 스테비오사이드 등

(2) 사용량

설탕의 사용량이 밀가루의 5%일 때 발효는 최대가 되며, 45%일 때에는 삼투압 때문에 이스트의 활동을 정지시킴

(3) 빵의 색

캐러멜화 반응 (Caramelization Reaction)	당의 농후액을 가열하면 분해반응을 일으켜 갈색으로 착색되는 것
메일라드 반응 (Maillard Reaction)	아미노산과 환원당(포도당, 과당, 맥아당 등)이 작용하여 갈색의 중합체인 멜라노이딘(Melanoidine)을 형성하여 색을 냄

PART 01

Key point

물의 종류
- 경수
  - 180ppm 이상으로 바닷물과 광천수가 포함
  - 경수로 반죽을 하면 반죽이 단단해지고 발효가 지연됨
  - 조치사항 : 물 증가, 이스트 증가, 소금 감소, 맥아 첨가
- 연수(단물)
  - 60ppm 이하로 빗물, 증류수가 해당
  - 연수로 반죽을 하면 반죽이 질어지고 발효가 가해짐
  - 조치사항 : 물 감소, 이스트 감소, 소금 증가, 이스트 푸드 증가
- 아경수(수돗물, 정수물) : 121~180ppm으로 제과제빵에 적합한 물

바로 확인 예제

제빵에서 사용되는 물로 가장 적합한 형태는?

① 아경수 ② 알칼리수
③ 증류수 ④ 염수

정답 ①
풀이 빵을 만들기에 적합한 물은 아경수이다.

바로 확인 예제

이스트에 의해 분해되지 않아 껍질에 갈색을 내는 당은?

① 젖당 ② 과당
③ 맥아당 ④ 설탕

정답 ①
풀이 젖당(유당)은 이스트에 의해 발효되지 않고 잔류당으로 남아 갈변 반응을 일으켜 껍질에 갈색을 낸다.

(4) 당의 기능

① 발효하는 동안 이스트가 이용할 수 있는 먹이를 제공
② 이스트가 이용하고 남은 당은 갈변 반응을 일으켜 껍질 색을 냄
③ 이스트 발효 시 산이나 휘발성 물질에 의하여 향을 제공
④ 수분 보유력이 뛰어나 제품의 노화를 지연시키고, 이는 빵의 수명(Shelf Life)을 늘려줌

6 우유

(1) 구성

① 수분 : 87.5%
② 고형물 : 12.5%(고형물 중 3.4%는 단백질)

(2) 우유 단백질

구분	내용
카세인(Casein)	• 단백질 중 75~80%를 차지 • 열에 강해 100℃에서도 응고되지 않음
유청단백질	• 락트알부민, 글로불린 • 열에 약함

(3) 유제품

분유, 버터, 치즈, 농축유 등이 있으며, 제빵에서는 일반적으로 탈지분유를 사용

(4) 기능

① 제품의 향과 풍미를 개선시키고 영양가를 향상시킴
② 단백질과 젖당을 많이 함유하고 있어 빵 속을 부드럽게 하며 광택을 좋게 함
③ 크림색을 띠게 하며, 갈색화 반응에 의해 껍질 색을 좋게 함

Key point

• 가소성
 - 높은 온도에서도 쉽게 무르지 않으며 낮은 온도에서도 쉽게 단단해지지 않는 성질로 상온에서도 고체모양을 유지하는 성질
 - 정형이 자유로움
• 쇼트닝성
 - 쿠키나 페이스트리를 잘 부서지게 하는 성질
 - 쇼트닝이 반죽 과정에서 공기가 많이 들어가게 하고, 제품을 가볍게 하여 잘 부서질 수 있게 하는 성질
• 유화성 : 물과 기름을 잘 섞이게 하는 성질

7 유지

(1) 종류

구분	내용
쇼트닝(Shortening)	• 100% 지방이며, 무색, 무미, 무취 • 윤활작용으로 제품에 부드러움을 줌 • 식용 유지를 그대로 또는 첨가물(수소)을 넣어 급랭, 연화시켜 만든 고체상 또는 유동상의 것 • 가소성, 유화성 등의 가공성을 제공
버터(Butter)	• 우유의 유지방(크림)을 가공하여 만든 제품 • 독특한 풍미를 가지고 있으며, 쇼트닝에 비하여 녹는점이 낮기 때문에 5℃ 전후에서 보관해야 함

마가린 (Margarine)	• 버터의 대용품으로 개발되어 버터와 비슷한 맛과 향기, 점성을 가짐 • 주로 식물성 유지나 동물성 지방을 가공하여 만듦 • 버터와 비교했을 때 가소성이 좋고 가격이 저렴함 • 80% 지방을 함유
유화 쇼트닝	• 유화제를 5~6% 정도 첨가하여 만든 제품 • 유화제를 첨가한 목적은 빵과 케이크의 노화 지연, 크림성 증가, 유화 분산성 및 흡수성의 증대를 통하여 보다 좋은 제과제빵 적성을 가지게 하는 데 있음 • 튀김 기름 : 고체 쇼트닝, 액체유 등 발연점이 높은 것을 사용

(2) 기능

① 반죽 팽창을 위한 윤활작용을 함

② 식빵의 슬라이스를 도움

③ 수분 보유력을 향상시켜 노화를 연장함

④ 페이스트리를 구울 때 유지 중의 수분 증발로 부피를 크게 함

⑤ 믹싱 중에 유지가 얇은 막을 형성하여 전분과 단백질이 단단하게 되는 것을 방지하고 구운 후의 제품에도 윤활성을 제공함

⑥ 액체유는 가소성이 결여되어 반죽에서 피막을 형성하지 못하고 방울 상태로 분산되기 때문에 쇼트닝 기능이 거의 없음

8 기타

(1) 이스트 푸드

물 조절제(경도 조절제), 이스트 영양분(조절제), 반죽 조절제(산화제) 역할을 함

(2) 제빵 개량제

제품의 질을 향상시키기 위한 재료로 유화제, 산화제, 효소제, 발효 촉진제, 환원제, 분산제, 산미제 등이 있음

9 전처리

밀가루 체치기		• 밀가루 속의 이물질과 알갱이를 제거 • 이스트가 호흡하는 데 필요한 공기를 밀가루에 혼입하여 발효를 촉진하고 흡수율을 증가시킴 • 공기의 혼입으로 밀가루의 15%까지 부피를 증가시킬 수 있음
탈지분유		• 설탕 또는 밀가루와 혼합하여 체로 쳐서 분산시키거나, 물에 녹여서 사용 • 우유 대용으로 사용할 때는 분유 10%에 물 90%를 사용
유지		냉장고나 냉동고에서 미리 꺼내어 실온에서 부드러운 상태로 만든 후 사용하는 것이 좋음
이스트	생이스트	밀가루에 잘게 부수어 넣고 혼합하거나 물에 녹여서 사용
	드라이 이스트	중량의 5배 정도의 미지근한 물(35~40℃)에 풀어서 사용

Key point
전처리
계량한 재료로 반죽을 하기 전에 취하는 모든 작업

소금	이스트의 발효를 억제하거나 파괴하므로 가능하면 물에 녹여서 사용
개량제	가루 재료(밀가루 등)에 혼합하여 사용
건포도	• 건포도 양의 12%에 해당하는 물(27℃)에 4시간 이상 담가 둔 뒤에 사용하거나 건포도가 잠길 만큼 물을 부어 10분 정도 담가뒀다 체에 받쳐서 사용 • 목적 - 씹는 조직감을 개선 - 반죽 내에서 반죽과 건조 과일 간의 수분 이동을 방지 - 건조 과일의 본래 풍미를 되살아나도록 하기 위함
견과류 및 향신료	• 견과류나 향신료는 1차로 구워주면 향미가 더해지며 식감이 바삭해짐 • 견과류 : 조리 전에 살짝 굽거나 끓는 물에 데쳐서(껍질의 쓴맛을 제거하기 위해) 사용 아몬드: 끓는 물에 3~5분 정도 담가 놓고 꺼내서 껍질을 제거 헤이즐넛: 135℃로 예열된 오븐에 향이 나기 시작할 때까지 12~15분간 둠 • 향신료 : 소스나 커스터드 등에 넣기 전에 갈아서 구운 후 사용

02 재료 계량

1 배합표 작성

(1) 베이커스 퍼센트[Baker's %(Baker's percent)]

① 밀가루의 양을 100%로 보고 그 외의 재료들이 차지하는 비율을 %로 나타낸 것

② 배합율을 작성할 때 베이커스 퍼센트를 사용하면 백분율을 사용할 때보다 배합표 변경이 쉬움

(2) 트루 퍼센트[True %(True percent)]

재료 전체의 양을 100%로 보고 각 재료가 차지하는 양을 %로 나타낸 것

(3) 배합량 계산법

총 반죽 무게(g)	$\frac{\text{밀가루의 무게(g)} \times \text{총 배합률(\%)}}{\text{밀가루의 비율(\%)}}$
밀가루 무게(g)	$\frac{\text{총 재료 무게(g)} \times \text{밀가루 배합률(\%)}}{\text{총 배합률(\%)}}$
각 재료의 무게(g)	$\frac{\text{각 재료의 비율(\%)} \times \text{밀가루의 무게(g)}}{\text{밀가루의 비율(\%)}}$

Key point

제빵 기본 제조 공정 순서

제빵법 결정 → 배합표 작성 → 재료계량 → 재료전처리 → 반죽(믹싱) → 1차 발효 → 성형(분할 → 둥글리기 → 중간 발효 → 정형) → 패닝 → 2차 발효 → 굽기 → 냉각 → 포장

바로 확인 예제

제빵 배합표 작성 시 베이커스 퍼센트에서 기준이 되는 재료는?

① 설탕 ② 물
③ 밀가루 ④ 유지

정답 ③

풀이 베이커스 퍼센트에서는 밀가루를 100%로 하고, 트루 퍼센트에서는 전체 반죽량을 100%로 한다.

2 반죽(Mixing)

(1) 반죽의 의의

밀가루, 이스트, 소금 그 밖의 재료와 물을 섞어 치대어 재료를 균일하게 혼합하고, 글루텐을 발전시키는 과정

(2) 반죽의 목적

① 재료를 균일하게 혼합함
② 밀가루에 물을 충분히 흡수시켜 글루텐 결합을 시킴
③ 글루텐을 발전시켜 반죽의 탄력성과 점성을 최적의 상태로 만듦
④ 반죽에 공기가 혼입하여 이스트가 발효되고 활성화됨

(3) 믹싱의 6단계

단계	내용
픽업 단계 (Pick up stage)	• 유지를 제외한 모든 재료를 물과 함께 믹서에 넣고 저속으로 1~2분 정도 돌려 진흙과 비슷하게 만드는 단계 • 반죽은 끈기가 없고 끈적거리는 상태
클린업 단계 (Clean up stage)	• 반죽이 한 덩어리로 뭉쳐 어느 정도 수화가 완료되고, 글루텐이 형성되기 시작하는 단계 • 반죽은 약간 건조하며, 믹서 볼 안쪽 면이 깨끗해짐 • 유지는 밀가루의 수화를 방해하므로 반죽이 수화되어 덩어리를 형성하는 클린업 단계에 첨가함 • 스펀지 도우법의 스펀지 반죽은 클린업 단계까지 반죽함
발전 단계 (Development stage)	• 글루텐이 가장 많이 생성되어 탄력성이 강한 단계 • 반죽은 건조하고 매끈해짐 • 글루텐이 강하여 믹서기에 부하가 가장 많이 걸림 • 프랑스빵 등의 하스브레드는 발전 단계까지 반죽함
최종 단계 (Final stage)	• 글루텐이 결합하는 마지막 단계로 탄력성과 신장성이 가장 좋음 • 반죽은 부드럽고 윤이 나며, 반죽이 얇고 균일한 필름 막을 형성함 • 빵 반죽에 있어서 최적의 상태로 특별한 종류를 제외한 대부분의 제품은 이 단계에서 반죽을 마무리함 • 건포도 식빵, 옥수수 식빵, 야채 식빵을 만들 때 건포도, 옥수수, 야채는 최종 단계 후에 넣는 것이 좋음
렛 다운 단계 (Let down stage)	• 최종 단계를 넘어선 과반죽의 상태로 글루텐의 구조가 다소 파괴되는 단계 • 반죽이 처지고 탄력성을 잃으며, 끈적거리고 질게 보임 • 신장성은 최대가 됨 • 잉글리시 머핀, 햄버거빵 등은 퍼짐성이 좋아야 하므로 렛 다운 단계까지 반죽을 함
브레이크 다운 단계 (Break down stage)	• 글루텐이 완전히 파괴되어 탄력성과 신장성이 줄어들어 결합력이 거의 없어지는 단계 • 빵을 만들기에 부적합한 단계 • 브레이크 다운 단계의 반죽을 구우면 팽창이 거의 일어나지 않고 제품이 거칠며 신맛이 남

Key point

제품별 반죽 완성시점

단계	제품
클린업 단계	스펀지 반죽(스펀지 도우법), 장시간 발효하는 빵의 반죽
발전 단계	데니시 페이스트리, 프랑스빵(바게트), 공정이 많은 빵의 반죽
최종 단계	식빵, 단과자빵
렛 다운 단계	잉글리시 머핀, 햄버거빵

바로 확인 예제

다음 중 반죽이 매끈해지고 글루텐이 가장 많이 형성되어 탄력성이 강한 것이 특징이며 프랑스빵 반죽의 믹싱 완료시기인 단계는?

① 클린업 단계
② 발전 단계
③ 최종 단계
④ 렛 다운 단계

정답 ②

풀이 모양을 유지해야 하거나 기타 가루가 들어간 반죽은 발전 단계까지 믹싱을 한다.

(4) 제빵법에 따른 반죽 온도

① 스트레이트법 : 27℃(표준온도)

② 페이스트리 : 18~22℃(통상 20℃)

③ 스펀지 도우법

㉠ 스펀지 반죽 : 22~26℃(통상 24℃)

㉡ 본 반죽(도우 반죽) : 25~29℃(통상 27℃)

④ 액체 발효법 : 28~32℃(통상 30℃)

⑤ 노타임 반죽법 : 27~29℃

⑥ 비상 반죽법 : 30℃

(5) 반죽의 온도 조절

① 반죽 온도에 가장 많은 영향을 주는 재료 : 물과 밀가루

② 온도 조절이 가장 쉬운 물을 사용하여 반죽 온도를 조절함

③ 반죽에 사용하는 물의 온도는 밀가루 온도와 작업장의 실내 온도, 마찰계수를 포함하여 계산함

(6) 반죽의 온도 계산

> **Key point**
> **마찰계수**
> 반죽을 하는 동안 반죽이 회전하면서 접촉하여 생기는 열

① 스트레이트법에서의 반죽 온도 계산

마찰계수	(결과 온도 × 3) − (실내 온도 + 밀가루 온도 + 수돗물 온도)
사용할 물 온도	(희망 온도 × 3) − (실내 온도 + 밀가루 온도 + 마찰계수)
얼음 사용량	$\frac{\text{물 사용량} \times (\text{수돗물 온도} - \text{사용할 물 온도})}{80 + \text{수돗물 온도}}$

② 스펀지 도우법에서의 반죽 온도 계산

마찰계수	(결과 온도 × 4) − (실내 온도 + 밀가루 온도 + 스펀지 온도 + 수돗물 온도)
사용할 물 온도	(희망 온도 × 4) − (실내 온도 + 밀가루 온도 + 스펀지 온도 + 마찰계수)
얼음 사용량	$\frac{\text{물 사용량} \times (\text{수돗물 온도} - \text{사용할 물 온도})}{80 + \text{수돗물 온도}}$

(7) 반죽에 영향을 주는 요인 − 반죽의 흡수율

> **Key point**
> **반죽의 흡수율**
> • 반죽이 물을 흡수하여 보유하는 정도
> • 흡수율에 따라 물의 양을 조절함
> • 수분이 많은 반죽은 노화가 느리며 부드러운 제품이 됨

밀가루 단백질	• 단백질이 1% 증가하면 수분 흡수율은 1.5~2% 증가함 • 고급분일수록 흡수율 증가(강력분 > 박력분)
설탕	설탕이 5% 증가하면 수분 흡수율은 1% 감소함
손상전분	손상전분이 1% 증가하면 수분 흡수율은 2% 증가함
탈지분유	탈지분유가 1% 증가하면 수분 흡수율은 0.75~1% 증가함
소금	• 픽업 단계에 넣으면 수분 흡수율은 8% 감소함 • 클린업 단계 이후 넣으면 수분 흡수율이 많아짐

물의 종류	연수는 수분 흡수율이 낮고, 경수는 수분 흡수율이 높음
반죽 온도	• 반죽 온도가 높으면 수분 흡수율이 낮아지고, 낮으면 흡수율이 높아짐 • 온도 5℃가 변동되면 수분 흡수율은 3% 정도 반비례로 변동됨

(8) 반죽의 물리적 실험

패리노그래프	• 밀가루의 흡수율, 믹싱 시간, 믹싱 내구성을 측정하는 기계 • 고속믹서 내에서 일어나는 물리적 성질 기록
익스텐소그래프	• 일정한 경도에서 반죽의 신장성과 신장성에 대한 저항을 측정하는 기계 • 반죽 내부 에너지의 시간에 따른 변화를 측정하여 2차 가공, 즉 발효에 의한 반죽의 성질을 결정하는 것으로 개량제의 효과를 측정할 수 있음
아밀로그래프	• 온도 변화에 따라 밀가루 호화 정도, 전분의 질 측정, 밀가루 내 아밀라아제의 활성을 측정하는 기계 • 그래프 높이가 너무 높으면 아밀라아제의 양이 적어 노화를 촉진하고, 그래프 높이가 너무 낮으면 아밀라아제의 양이 많아 효소 활성이 활발해져서 내부 조직이 약화됨
레오그래프	• 반죽의 기계적 발달을 할 때 변화를 측정하는 기계 • 밀가루의 흡수율을 측정할 수 있음
믹소그래프	• 혼합하는 동안 글루텐의 발달 정도를 측정하는 기계 • 혼합 시간과 반죽의 내구성을 알 수 있음

3 제과제빵 도구의 종류와 특징

(1) 믹서

버티컬 믹서 (수직형, Vertical Mixer)	• 탁상 위에 설치 가능한 크기로 주로 **소규모 제과점**에서 사용 • 반죽상태를 수시로 점검할 수 있는 장점이 있음
호리즌탈 믹서 (수평형, Horizontal Mixer)	단일 제품 반죽의 대량생산에 적합
스파이럴 믹서 (나선형, Spiral Mixer)	• 제빵 전용 믹서로, 나선 형태의 훅(hook)이 내장되어 있음 • 장점 : 바게트빵 등 글루텐 성능이 떨어지는 밀가루를 사용 시 장점을 발휘하며 힘이 좋아 반죽 성능이 우수함 • 단점 : 지나치게 고속으로 사용 시 각 제품에 적합한 적정 믹싱 단계를 지나칠 수 있으므로 주의해야 함
에어 믹서	제과 전용 믹서로, 반죽에 기포를 주입하며 믹싱을 할 수 있음
믹서 어태치먼트 용도	• 휘퍼 : 반죽에 공기를 주입하여 부피를 부풀릴 때 사용 • 비터 : 반죽 교반 및 크림 제조 시 사용 • 훅 : 주로 제빵용으로 글루텐 형성, 발전에 사용

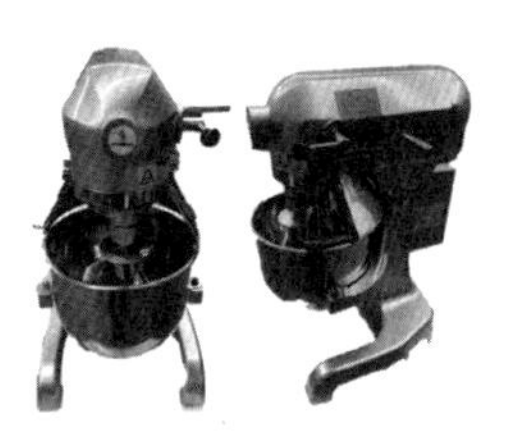
버티컬 믹서

스파이럴 믹서

에어 믹서

(2) 오븐

구분	내용
데크 오븐	• 주로 소규모 제과점에서 사용 • 반죽이 들어가는 곳과 제품이 나오는 곳이 동일함 • 윗불과 아랫불의 온도 조절이 가능함 • 오븐 내 열전도가 균일하지 않을 경우에는 굽기 도중에 제품의 위치를 바꾸어 주어야 함
터널 오븐	• 대규모 제과제빵 공장에서 사용 • 반죽이 들어가는 곳과 제품이 나오는 곳이 다르며, 터널식으로 통과하여 굽기를 완료함 • 설치 비용이 비싸고 넓은 면적이 필요하며 열 손실 또한 큼
컨벡션 오븐 (대류식 오븐)	• 액체나 기체를 가열해 발생하는 열을 팬을 이용하여 강제로 순환시켜 발생하는 대류 현상으로 빵을 굽기 때문에 컨벡션 오븐이라 함 • 반죽에 균일하게 열이 전달되어 크기와 색상이 고르게 나타남 • 뜨거운 대류열로 반죽을 익히기 때문에 반죽의 수분이 빠르게 증발하고, 겉면이 바삭해지므로 딱딱한 계열의 빵이나 과자류에 적합함
로터리 오븐	컨벡션 오븐과 마찬가지로 팬을 사용하며, 오븐 내의 선반이 회전하므로 고르게 반죽을 익힐 수 있음

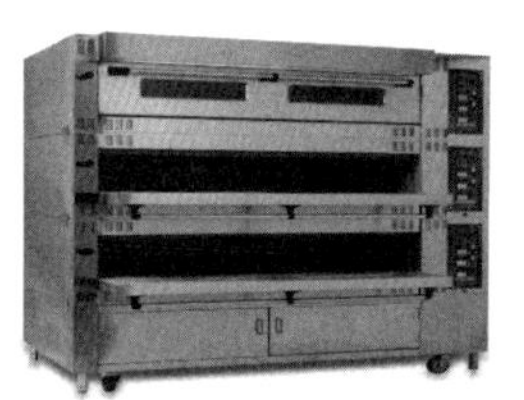
데크 오븐

터널 오븐

컨벡션 오븐

로터리 오븐

(3) 그 외 설비 및 도구와 관리사항

파이 롤러	• 파이나 페이스트리 반죽의 밀어 펴기에 사용 • 밀어 펴기 후 냉장 휴지 및 냉동 보관 처리를 위해 냉장, 냉동고의 옆에 위치하는 것이 좋음 • 사용 후에는 깨끗한 솔로 이물질을 제거하고, 소독처리함
발효기	• 제빵 전용 기기로 반죽의 발효 과정을 도움 • 청소 · 소독 후 습기 제거
도우 컨디셔너	• 제빵 전용 기기로 프로그램에 의해 온도, 습도를 자동 제어함 • 청소 · 소독 및 습기 제거
분할기	• 제빵 전용 기기로 발효 후 반죽을 일정 크기로 분할하는 데 사용 • 이물질 제거 및 소독처리
라운더	• 제빵 전용 기기로 둥글리기 및 표면 정리 기능 • 이물질 제거 및 소독처리
튀김기	• 자동 유지류 온도 조절장치 내장 • 기름은 재사용을 금하고, 비눗물로 10분간 끓여 세척 후 건조
스크래퍼	• 반죽을 분할하거나 긁어낼 때 사용 • 중성 세제로 세척 후 자외선 소독
스패튤라	• 케이크 제조 시, 제과 반죽을 믹싱하거나 짤주머니에 옮길 때 사용 • 중성 세제로 세척 후 자외선 소독

Chapter 01

단원별 출제예상문제

01 빈출

베이커스 퍼센트(Baker's Percent)에 대한 설명으로 옳은 것은?

① 전체의 양을 100%로 하는 것이다.
② 물의 양을 100%로 하는 것이다.
③ 밀가루의 양을 100%로 하는 것이다.
④ 물과 밀가루의 양을 100%로 하는 것이다.

해설

베이커스 퍼센트는 밀가루의 양을 100%로 하는 것이다.

02

일반적으로 반죽을 강화시키는 재료는?

① 유지, 탈지분유, 달걀
② 소금, 산화제, 탈지분유
③ 유지, 환원제, 설탕
④ 소금, 환원제, 설탕

해설

유지, 환원제, 설탕은 반죽을 연화시킨다.

03 빈출

다음 중 후염법의 가장 큰 장점은?

① 반죽 시간이 단축된다.
② 발효가 빨리 된다.
③ 밀가루의 수분흡수가 방지된다.
④ 빵이 더욱 부드럽게 된다.

해설

소금을 어느 정도 글루텐이 형성된 클린업 단계에 넣으면 반죽(믹싱) 시간을 줄일 수 있다.

04 빈출

식빵 제조 시 결과 온도 33℃, 밀가루 온도 23℃, 실내 온도 26℃, 수돗물 온도 22℃, 희망 온도 27℃, 사용할 물 5Kg일 때 마찰계수는?

① 19 ② 22
③ 24 ④ 28

해설

마찰계수
= (결과 온도 × 3) − (실내 온도 + 밀가루 온도 + 수돗물 온도)
= (33 × 3) − (26 + 23 + 22) = 28

05

빵 반죽이 발효되는 동안 이스트는 무엇을 생성하는가?

① 물, 초산
② 산소, 알데하이드
③ 수소, 젖산
④ 탄산가스, 알코올

해설

이스트는 당을 분해하여 이산화탄소와 알코올을 생성한다.

06

제빵에서 탈지분유를 1% 증가시킬 때 추가되는 물의 양은?

① 1% ② 3%
③ 10% ④ 13%

해설

탈지분유가 1% 증가하면 수분 흡수율도 0.75~1% 증가한다.

정답 01 ③ 02 ② 03 ① 04 ④ 05 ④ 06 ①

07

반죽 무게를 구하는 식은?

① 틀 부피 - 비용적
② 틀 부피 ÷ 비용적
③ 틀 부피 + 비용적
④ 틀 부피 × 비용적

해설

반죽 무게 = 틀 부피 ÷ 비용적

08 빈출

밀가루의 일반적인 손상전분의 함량으로 가장 적당한 것은?

① 5~8%
② 12~15%
③ 19~23%
④ 27~30%

해설

제빵용 밀가루의 손상전분 함량은 4.5~8%이다.

09 빈출

제빵에 있어 일반적으로 껍질을 부드럽게 하는 재료는?

① 소금
② 밀가루
③ 마가린
④ 이스트 푸드

해설

제빵에서의 버터와 마가린은 제품의 껍질을 부드럽게 한다.

10

직접 반죽법에 의한 발효 시 가장 먼저 발효되는 당은?

① 맥아당(maltose)
② 포도당(glucose)
③ 과당(fructsse)
④ 갈락토오스(galactose)

해설

발효 시 가장 먼저 발효되는 당은 포도당이다.

11 빈출

이스트가 오븐 내에서 사멸되기 시작하는 온도는?

① 40℃
② 60℃
③ 80℃
④ 100℃

해설

이스트는 60℃에서부터 불활성화된다.

12

밀가루를 체질하는 목적으로 옳지 않은 것은?

① 이물질 제거
② 부피 감소
③ 공기 혼입
④ 재료의 균일한 혼합

해설

밀가루를 체질하는 목적 중 하나는 부피 증가이다.

13

파이 반죽을 냉장고에 넣어 휴지시키는 이유가 아닌 것은?

① 퍼짐성을 좋게 한다.
② 유지를 적정하게 굳힌다.
③ 밀가루의 수분을 흡수한다.
④ 끈적거림을 방지한다.

해설

파이 반죽을 냉장고에 넣어 휴지시키는 이유는 버터가 단단하게 굳어져서 반죽을 밀어 펴기 용이하게 하기 위함이다.

정답 07 ② 08 ① 09 ③ 10 ② 11 ② 12 ② 13 ①

14

다음 중 제조 시 파이 롤러를 사용하지 않는 제품은?

① 케이크 도넛
② 퍼프 페이스트리
③ 데니시 페이스트리
④ 롤 케이크

해설

파이 롤러는 반죽을 밀어 펴는 기계로 파이류, 페이스트리, 타르트 반죽 등을 밀어 펼 때 사용한다.

15 빈출

반죽을 넣는 입구와 제품을 꺼내는 출구가 같은 오븐으로 소규모 제과점에서 가장 많이 사용되는 것은?

① 컨벡션 오븐
② 데크 오븐
③ 터널식 오븐
④ 트레이 오븐

해설

데크 오븐
일반적으로 소규모 제과점에서 가장 많이 사용하며, 선반에서 독립적으로 상하부 온도를 조절하여 제품을 구울 수 있다.

16

다음 중 냉동, 냉장, 해동, 2차 발효를 프로그래밍에 의해 자동으로 조절하는 기계는?

① 스파이럴 믹서 ② 도우 컨디셔너
③ 로터리 래크 오븐 ④ 모레르식 락크 발효실

해설

도우 컨디셔너는 프로그래밍에 의한 자동 제어 장치에 의해 반죽을 냉동, 냉장, 완만한 해동, 2차 발효 등을 할 수 있는 다기능 제빵기계이다.

17

내부에 팬이 부착되어 열풍을 강제 순환시키면서 굽는 타입으로 굽기의 편차가 극히 적은 오븐은?

① 터널 오븐 ② 컨벡션 오븐
③ 밴드 오븐 ④ 데크 오븐

해설

컨벡션 오븐은 팬을 이용하여 바람으로 굽는 오븐으로 대류식 오븐이라고도 한다.

18

믹서의 종류에 속하지 않는 것은?

① 수직형 믹서 ② 스파이럴 믹서
③ 수평형 믹서 ④ 원형 믹서

해설

믹서의 종류에는 수직형 믹서, 수평형 믹서, 스파이럴 믹서 등이 있다.

19

다음의 재료 중 많이 사용할 때 반죽의 흡수량이 감소하는 것은?

① 활성 글루텐 ② 손상전분
③ 유화제 ④ 설탕

해설

설탕 5% 증가 시 흡수율은 1% 감소한다.

정답 14④ 15② 16② 17② 18④ 19④

CHAPTER 02

빵류 제품제조

1 반죽법의 종류

(1) 스트레이트법(직접법)

① 모든 재료를 한 번에 투입하여 반죽하는 방법

② 혼합 시간 : 15~25분 정도

③ 반죽 온도 : 24~28℃(표준온도 27℃)

④ 제조공정 : 반죽제조 → 1차 발효 → 성형 → 2차 발효 → 굽기 → 냉각

반죽	• 기계를 이용하는 방법과 기계가 없는 과정에서 하는 손반죽이 있음 • 유지는 클린업 단계에 투입 • 반죽의 최종 온도 : 27℃
1차 발효	• 발효 온도 : 27℃ • 상대습도 : 75~80% • 펀치(가스빼기) : 반죽의 부피가 2.5~3배 되었을 때 반죽을 눌러 가스를 제거
성형	분할 - 둥글리기 - 중간 발효 - 정형 - 팬닝(팬의 온도 32℃)
2차 발효	• 발효 온도 : 33℃~54℃ • 상대습도 : 60~90% • 발효 완료점 틀(완제품 크기) : 70~80%(종류에 따라 90%까지 발효하는 제품도 있음)
굽기	• 크기와 종류에 따라 다름 • 굽기 전에 오븐을 적정한 온도로 예열

⑤ 스트레이트법의 장단점

장점	단점
• 발효 손실 감소 • 노동력 및 시간 감소 • 제조공정 단순 • 제조 시설 및 설비 간단 • 장비 절약 가능	• 공정의 수정이 어려움 • 노화가 빠르게 진행됨 • 발표 내구성이 약함

> **Key point**
> 스트레이트법 제조공정
> 반죽 → 1차 발효 → 분할 → 둥글리기 → 중간 발효 → 성형 → 2차 발효 → 굽기 → 냉각 → 포장

(2) 스펀지 도우법(중종법)

① 반죽을 스펀지 반죽과 본 반죽으로 나누어 두 번 반죽하는 방법

② 스펀지 재료(강력분, 이스트, 물)를 픽업 단계까지 믹싱

③ 스펀지 반죽의 온도 : 24℃

④ 발효 시간 : 3~5시간

⑤ 본 반죽의 온도 : 27℃

⑥ 스펀지 밀가루 사용범위 : 55~100%

> **Key point**
> 스펀지 도우법 제조공정
> 스펀지 반죽 → 스펀지 반죽 발효 → 본 반죽 → 발효(플로어 타임) → 분할 → 둥글리기 → 중간 발효(벤치 타임) → 성형 → 2차 발효 → 굽기 → 냉각 → 포장

Key point

스펀지 반죽에 밀가루 사용량을 증가할 경우
- 스펀지 반죽 시간은 길어지고 본 반죽의 발효 시간과 플로어 타임은 짧아짐
- 반죽의 신장성이 좋아짐
- 부피 조직의 개선과 풍미가 좋아짐

⑦ 재료 사용 범위

재료	스펀지 반죽	본(도우) 반죽
밀가루	60~100%	0~40%
물	스펀지 밀가루의 55~60%	전체 밀가루의 60~66%
이스트	1~3%	-
이스트 푸드, 개량제	0~2%	-
소금	-	1.5~2.5%
설탕	-	3~8%
유지	-	2~7%
탈지분유	-	2~4%

⑧ 스펀지 도우법의 장단점

장점	단점
• 부피가 크고 속결이 부드러움 • 노화가 느리게 진행됨 • 공정 실수를 수정 가능함 • 발효 내구성이 좋음	• 발효 손실 증가 • 노동력 및 시간 증가 • 시설비 증가

Key point

액체 발효법(액종법) 제조공정
재료개량 → 액종 만들기 → 본 반죽 만들기 → 플로어 타임 → 분할 → 둥글리기 → 중간 발효 → 정형 → 팬닝 → 2차 발효 → 굽기 → 냉각 → 포장

(3) 액체 발효법(액종법)

① 스펀지 도우법에서 생기는 결함을 줄이기 위한 방법으로 스펀지 대신 액종을 사용함
② 액종의 온도 : 30℃
③ 재료 : 물, 이스트, 설탕, 이스트 푸드, 분유
④ 플로어 타임 : 15분
⑤ 액체 발효법의 장단점

장점	단점
• 한 번에 많은 양의 반죽 가능 • 발효 손실이 적음 • 노동력과 공간, 설비 절감 • 발효 내구력이 약한 밀가루도 사용 가능	• 산화제 사용이 늘어남 • 연화제와 환원제가 필요 • 위생관리에 주의

(4) 비상 스트레이트법

① 기계 고장이나 주문 누락, 작업계획에 차질이 생겼을 때 사용하는 방법
② 반죽 온도를 높이고 발효 속도를 빠르게 하여 짧은 시간 내에 제품을 만들어 내는 공정

③ 필수조치사항과 선택조치사항

필수 조치사항	• 반죽시간 20~25% 증가 • 이스트 2배 사용 • 설탕 1% 감소 • 1차 발효 시간 15~30분 • 반죽 온도 30℃ • 물 1% 증가
선택 조치사항	• 소금 1.75% 감소 • 분유 1% 감소 • 이스트 푸드 0.5% 증가 • 식초, 젖산 0.25~0.75% 첨가

④ 비상 스트레이트법의 장단점

장점	단점
• 제조시간이 빠름 • 노동력 감소 • 비상시 빠른 대처 가능	• 이스트 냄새가 남 • 부피가 고르지 못함 • 노화가 빠름

(5) 냉동반죽법

① 반죽을 −40℃에서 급속 냉동 후 −20℃에서 냉동 저장하여 필요시 꺼내어 해동하여 사용할 수 있도록 반죽하는 방법

② 해동은 저온(냉장)에서 함(완만해동)

③ 저율배합보다는 고율배합에 적합

④ 냉동반죽법의 장단점

장점	단점
• 다품종 소량 생산 가능 • 야간, 휴일 작업 가능 • 이동, 운반이 용이 • 신선한 빵을 자주 제공 가능 • 설비, 노동력, 공간 절감	• 이스트 활력 감소 • 반죽이 퍼지기 쉬움 • 가스 발생력 약화 및 가스 보유력 저하 • 많은 양의 산화제 사용 • 굽기 이후 제품의 노화가 빠름

(6) 연속식 제빵법

① 액체 발효법을 이용한 방법

② 자동으로 연속적으로 빵을 제조함(대규모 공장에서 대량 생산 시 적합)

③ 액종 온도 : 30℃

④ 연속식 제빵법의 장단점

장점	단점
• 설비 감소 • 공장면적 감소 • 인력 감소 • 발효 손실 감소	• 초기 단계의 설비투자 비용이 큼 • 산화제 첨가로 인하여 발효향 감소

바로 확인 예제

비상 스트레이트법에서 1차 발효 온도는?

① 24℃ ② 27℃
③ 30℃ ④ 32℃

정답 ③

풀이 비상 스트레이트법에서의 1차 발효 온도는 30℃로 스트레이트법에서 1차 발효의 평균온도인 27℃보다 높다. 이와 같은 높은 발효 온도는 발효 진행을 촉진시켜 전체 공정 시간을 단축시킨다.

(7) 노타임 반죽법

① 발효 시간을 줄여 빠르게 반죽을 완성하는 방법으로 무발효 반죽법이라고도 함
② 산화제(브로민산칼륨), 환원제(L-시스테인)를 사용
③ 조치사항
  ㉠ 물 사용량 1~2% 감소
  ㉡ 설탕 1% 감소
  ㉢ 이스트 사용량 0.5~1% 증가
  ㉣ 반죽 온도 30~32℃
  ㉤ 산화제, 환원제 사용

(8) 찰리우드법

① 초고속 반죽기를 이용한 반죽법
② 화학적 발효 대신에 초고속 반죽기를 이용하여 기계적으로 숙성시키므로 공정시간을 줄일 수 있으나, 향과 풍미가 부족함
③ 플로어 타임 이후 분할해야 함

(9) 사워종법

① 가공된 이스트 대신에 자가 배양된 천연 발효종을 이용하는 방법
② 풍미가 좋고 소화가 잘되며 노화가 지연되어 보존성이 향상됨

(10) 오버나이트 스펀지법

① 밤을 새워 발효시킨다는 뜻에서 이름이 붙여졌으며, 발효 손실(3~5%)이 가장 큰 방법
② 적은 양의 이스트로 12~24시간 동안 장시간 발효시키기 때문에 신장성이 좋고 맛과 향이 풍부함

마스터 스펀지법
• 하나의 스펀지 반죽으로 여러 도우를 제조하는 방법
• 노동력과 시간을 절약할 수 있음

2 1차 발효

(1) 1차 발효

① 발효의 의미 : 효모, 박테리아, 곰팡이 같은 미생물이 당류를 분해하거나 산화, 환원시켜 알코올, 산, 케톤을 만드는 생화학적 변화
② 1차 발효의 목적
  ㉠ 반죽의 팽창
  ㉡ 반죽의 숙성
  ㉢ 빵의 풍미 생성

식빵 제조 시 1차 발효실의 적정 온도 및 습도
• 적정 온도 : 27℃
• 적정 습도 : 75~80%

(2) 발효에 영향을 주는 요인

① 이스트의 양이 많을수록, 신선할수록 발효 시간은 짧아짐

$$이스트\ 조절양 = \frac{기존\ 이스트\ 양 \times 기존\ 발효\ 시간}{변경할\ 발효\ 시간}$$

② 당의 양이 증가하면 발효 시간이 짧아지지만, 5% 이상 되면 가스 발생력이 약해져 발효 시간이 길어짐

③ 반죽 온도가 0.5℃ 상승하면 발효 시간은 15분 단축됨

(3) 1차 발효 중 일어나는 변화

단백질	프로테아제에 의해 아미노산으로 분해
설탕	• 인베르타아제(인버타아제)에 의해 포도당과 과당으로 분해 • 포도당과 과당은 치마아제에 의해 이산화탄소와 알코올로 분해 • 생성된 에너지는 반죽의 온도를 올라가게 함
전분	아밀라아제에 의해 덱스트린과 맥아당으로 분해
유당	발효에 의해 분해되지 않고 잔당으로 남아 캐러멜화 반응

(4) 펀치(가스빼기, Punch)

① 1차 발효에서 반죽의 부피가 2.5~3배 이상 되었을 때 반죽을 눌러 가스를 제거하는 작업

② 펀치를 하는 목적

㉠ 반죽의 산소 공급

㉡ 반죽 온도 균일화

㉢ 이스트의 활성화 및 산화, 숙성을 촉진

㉣ 발효를 촉진하여 발효 시간을 단축하고 발효 속도를 일정하게 함

(5) 플로어 타임

① 발효가 완료된 스펀지는 반죽의 나머지 재료와 반죽하고 휴지하는 것을 말함

② 플로어 타임이 진행되는 동안 반죽이 건조해지며 광택이 줄고, 플로어 타임이 지나면 반죽이 축축하고 끈적거리며 탄력이 없게 됨

(6) 발효 손실

① 발효를 하는 도중 수분 증발 및 효소에 의한 탄수화물 분해과정에서 알코올과 탄산가스 발생으로 반죽 중량이 줄어드는 현상

② 발효 손실의 원인 : 수분 증발, 탄수화물의 발효로 CO_2 가스 발생, 반죽 온도 및 발효 온도, 소금

Key point
일반적인 발효 손실
1~2%

③ 발효 손실에 관계되는 요인

구분	발효 손실이 적은 경우	발효 손실이 큰 경우
발효 시간	짧음	길음
소금, 설탕 사용량	많음	적음
반죽 온도	낮음	높음
발효실 습도	높음	낮음
발효실 온도	낮음	높음

3 정형

(1) 분할

① 1차 발효를 끝낸 반죽을 적당한 무게로 자르는 단계
② 분할은 가능한 한 빠르게 진행함
③ 식빵은 20분, 단과자빵류는 30분 이내에 분할
④ 수동분할과 기계분할

구분	내용
수동분할	• 손으로 무게를 달아 직접 분할하는 방법 • 소규모 제빵집에 적합 • 속도는 느리지만 반죽의 손상이 적고 오븐스프링이 좋아 부피가 양호함 • 단백질 함량이 적은 약한 밀가루를 사용할 때 적합
기계분할	• 분할 전문기계를 사용하여 부피를 기준으로 분할 • 대량 생산 공장에서 사용함 • 속도는 빠르나 기계의 압축으로 글루텐이 파괴됨 • 분당 회전수는 12~16회 정도가 적당하며, 너무 빠르면 기계가 마모되고 너무 느리면 반죽의 글루텐이 파괴됨

Key point
분할 시 주의할 점
• 분할 도중에도 발효는 계속 진행되므로 빠른 시간 안에 하는 것이 좋음
• 분할 시 덧가루를 지나치게 많이 사용하면 빵 속에 줄무늬가 형성됨

(2) 둥글리기

① 분할에 의해 상처를 받은 반죽을 회복시키는 과정으로, 라운더(Rounder)를 이용하여 반죽을 둥글게 만들어 반죽을 재정렬함
② 둥글리기의 목적
㉠ 상처받은 반죽의 글루텐 구조와 방향을 재정돈시킴
㉡ 잘라진 절단면의 점착성을 감소시키고 표피를 형성하여 끈적거림을 제거하여 탄력을 유지함
㉢ 중간 발효 과정에 이산화탄소 가스를 보유할 수 있는 구조가 형성될 수 있게 함

(3) 중간 발효

① 둥글리기 작업 후 성형 전에 잠시 휴지시키는 단계로 벤치타임(Bench time) 또는 오버헤드 프루프(Overhead proof)라고 함

② 반죽의 물리적 특성을 회복시켜 끈적임을 방지하고 신장성을 증가시켜 작업성을 향상시킴

③ 중간 발효의 조건

㉠ 발효 온도 : 27~32℃

㉡ 상대습도 : 75~80%

㉢ 발효시간 : 10~20분간

㉣ 발효가 덜 된 반죽은 중간 발효 시간을 늘림

㉤ 반죽의 수분 증발을 막기 위해 비닐 또는 젖은 헝겊으로 덮거나 도우박스에 넣어둠

Key point
중간 발효 시 상대습도가 높으면 반죽이 끈적거려 덧가루 사용량이 증가함

(4) 정형

① 모양을 일정하게 만드는 공정

② 정형과 성형은 같은 의미를 가짐

성형	분할 → 둥글리기 → 중간 발효 → 정형 → 팬닝
정형	밀기 → 말기 → 봉하기

③ 정형 공정

밀기	반죽을 밀대나 롤러를 사용하여 밀어서 큰 가스를 빼고 분산하여 내부의 기공을 균일하게 만듦
말기	적당한 압력을 주면서 고르게 균형을 맞추어 말거나 접기를 함
봉하기	말아진 끝부분을 이음매가 터지지 않도록 단단하게 봉함

(5) 팬닝

① 정형이 완료된 반죽을 팬에 채우거나 나열하는 공정

② 팬닝 방법

㉠ 반죽의 이음매가 바닥으로 향하게 하여 이음매가 벌어지지 않도록 함

㉡ 적당한 팬의 온도 : 32℃(30~35℃)

㉢ 모양틀이나 철판에 적정량의 기름을 칠함

㉣ 반죽의 무게와 상태를 정하여 비용적에 적당한 반죽량을 넣음

③ 틀의 용적

㉠ 틀의 용적에 알맞은 반죽량을 넣어야 함

㉡ 틀에 넣을 반죽의 적정량은 틀의 용적을 비용적으로 나누어 계산함

$$\text{반죽의 적정분할량} = \frac{\text{틀의 용적}}{\text{반죽의 비용적}}$$

Key point

식빵의 비용적
- 산형 식빵 : 3.2~3.4cm³/g
- 풀만 식빵 : 3.3~4cm³/g

④ 비용적 : 반죽 1g을 구웠을 때 팽창할 수 있는 부피

$$비용적 = \frac{틀\ 부피}{반죽\ 무게(분할량)} \qquad 반죽\ 무게(분할량) = \frac{틀\ 부피}{비용적}$$

⑤ 틀 부피의 계산

㉠ 사각틀의 부피 = 밑판넓이 × 높이

㉡ 원형틀의 부피 = 밑넓이 × 높이 = 반지름 × 반지름 × 3.14 × 높이

㉢ 팬용적을 측정하기 어려운 틀의 부피는 곡류 알갱이 또는 물을 담은 후 메스실린더를 이용하여 측정함

⑥ 팬기름(이형유)

㉠ 제품이 팬에 달라붙지 않고 잘 떨어질 수 있도록 하기 위해 사용함

㉡ 발연점이 높아야 함

㉢ 팬기름을 과다 사용하면 제품의 밑껍질이 두껍고 어둡게 됨

㉣ 이형유의 종류 : 유동파라핀, 정제라드(쇼트닝), 식물성유(면실유, 땅콩기름, 대두유), 혼합유

4 2차 발효

(1) 2차 발효의 의미

성형 단계를 거치면서 상처받은 글루텐을 회복시키고 바람직한 외형과 좋은 식감의 제품을 얻기 위해 글루텐의 숙성과 팽창을 도모하는 과정이자 발효의 최종 단계

(2) 2차 발효의 목적

① 성형 공정을 거치면서 가스가 빠진 반죽을 다시 부풀림

② 이스트와 효소의 재활성화로 알코올 및 유기산을 생성함

③ 바람직한 외형과 식감을 얻을 수 있음

(3) 2차 발효의 온도와 습도

발효실 온도	낮을 때	껍질이 두껍고 거칠어지며 발효 시간이 길어짐
	높을 때	• 발효 시간이 빨라짐 • 반죽이 산성이 됨 • 표피와 내부가 분리되고 속결이 고르지 못함
발효실 습도	낮을 때	• 수분이 증발하여 표피가 말라 겉껍질을 형성함 • 굽기 중 팽창을 작게 하여 터짐 현상이 나타남
	높을 때	• 껍질이 거칠어지고 질김 • 껍질에 줄무늬, 수포, 반점이 나타남 • 윗면이 납작해짐

바로 확인 예제

제빵과정에서 2차 발효가 부족할 때 나타나는 현상은?

① 빵의 부피가 작아진다.
② 기공이 조잡하게 생긴다.
③ 조직이 빈약하다.
④ 엷은 색의 껍질이 나타난다.

정답 ①

풀이 2차 발효의 주목적은 이스트의 의한 최적의 가스 발생과 반죽의 최적의 가스가 보유되도록 일치시키는 것이다. 발효가 부족하면 빵의 부피가 작고 황금갈색이 생기지 않으며 측면이 부서지는 현상이 나타난다.

(4) 발효 시간

발효 시간이 부족할 때	• 부피가 작고 껍질에 균열 발생 • 껍질 색이 짙어짐 • 표면이 갈라지며 옆면이 터질 수 있음
발효 시간이 지나칠 때	• 부피가 너무 크거나 오븐에서 주저앉음 • 산이 많이 생겨 신 냄새가 남 • 노화가 빨라 저장성이 나쁨 • 엷은 색의 껍질이 나타남

5 굽기

(1) 언더 베이킹(Under Baking)

① 고온에서 단시간 굽는 방법
② 발효가 과다하거나 분할량이 작을 때 사용
③ 설탕, 유지, 분유량이 적은 저율배합에 사용
④ 수분이 빠지지 않아 껍질이 쭈글쭈글해지고 속이 거칠어지기 쉬움
⑤ 윗면이 볼록 튀어나오고 갈라짐

(2) 오버 베이킹(Over Baking)

① 저온에서 장시간 굽는 방법
② 발효가 부족하거나 분할량이 많을 때 사용
③ 고율배합에 사용
④ 수분 손실이 커서 노화가 빨리 진행됨
⑤ 속결은 부드러우나 껍질이 두꺼워지고, 윗면이 평평하게 됨

(3) 오븐 온도가 높을 때

① 껍질이 거칠어지고 색이 짙어짐
② 옆면의 힘이 약하고 껍질이 부스러지기 쉬움
③ 빵의 부피가 작고 언더 베이킹되기 쉬움

(4) 오븐 온도가 낮을 때

① 껍질이 두꺼워지고 껍질 색이 연함
② 윗면이 갈라지거나 광택이 부족하여 얼룩이 생기기 쉬움
③ 빵의 부피가 크고 오버 베이킹되기 쉬움

(5) 굽기 중 일어나는 변화

오븐 스프링 (Oven spring)	• 오븐의 온도가 상승하면서 반죽이 급속히 부풀어 오르는 현상 • 반죽 온도가 49℃를 넘어가면 급격히 부풀어 처음 크기의 약 1/3 정도 부피가 팽창함 • 이스트의 활동이 활발해져 다량의 탄산가스와 알코올이 기화되며 가스압이 증가하여 반죽이 팽창함
오븐 라이즈 (Oven rise)	반죽의 온도가 60℃에 이르지 않은 상태에서 이스트의 활동과 효소의 활성으로 조금씩 온도가 상승하면서 부풀어 오르는 현상
전분의 호화 (Gelatinization)	반죽을 가열하면 점차 팽윤하기 시작하여 56~60℃ 사이에서 호화가 시작됨
캐러멜화 반응 (Caramelization)	당류를 고온으로 가열하여 갈색으로 변하는 현상
메일라드(마이야르) 반응 (Maillard reaction)	비효소적 갈변현상으로, 단백질에 열을 가하여 갈색으로 변하는 현상

6 튀기기

① 빵도넛의 적합한 튀김온도 : 180~195℃
② 온도가 낮으면 껍질이 거칠어지고 과다하게 부풀며 기름 흡유량이 많아짐
③ 온도가 높으면 속이 익지 않고 껍질 색이 진하게 됨
④ 기름의 양이 많으면 시간이 오래 걸리고 기름이 낭비되며, 기름이 적으면 고루 익지 않고 뒤집기가 어려움
⑤ 튀기는 제품의 2~3배 많은 기름양이 좋음

바로 확인 예제

한번에 넣고 튀기는 양으로 가장 적절한 것은?

① 튀김 기름의 표면적의 1/3~1/2 이내
② 튀김 기름의 표면적의 1/2~2/3 이내
③ 튀김 기름의 표면적의 3/5~3/4 이내
④ 튀김 기름의 표면적의 3/4~4/5 이내

정답 ①
풀이 튀기는 제품 양 대비 2~3배 많은 기름양이 좋다.

Chapter 02

단원별 출제예상문제

01

스트레이트법으로 일반 식빵을 만들 때 사용하는 생이스트의 양으로 가장 적당한 것은?

① 2%　　② 8%
③ 14%　　④ 20%

해설

- 스트레이트법에서의 생이스트의 양은 2.5% 전후이다.
- 여러 제법에서 사용되는 이스트의 양은 발효 시간과 상관관계가 있다.

02 빈출

제빵의 일반적인 스펀지 반죽방법에서 가장 적당한 스펀지 온도는?

① 12~15℃　　② 18~20℃
③ 23~25℃　　④ 29~32℃

해설

표준 스펀지법의 스펀지 반죽 온도는 24℃, 도우 반죽 온도는 27℃가 적당하다.

03 빈출

다음 중 스트레이트법과 비교한 스펀지 도우법에 대한 설명으로 옳은 것은?

① 노화가 빠르다.
② 발효 내구성이 좋다.
③ 속결이 거칠고 부피가 작다.
④ 발효향과 맛이 나쁘다.

해설

스펀지 도우법의 장점
- 노화가 지연되어 제품의 저장성이 좋다.
- 부피가 크고 속결이 부드럽다.
- 발효 내구성이 강하다.
- 작업공정에 대한 융통성이 있어 잘못된 공정을 수정할 기회가 있다.

04 빈출

액체 발효법에서 액종 발효 시 완충제 역할을 하는 재료는?

① 탈지분유　　② 설탕
③ 소금　　④ 쇼트닝

해설

완충제(탄산칼슘, 염화암모늄, 분유)는 발효하는 동안에 생기는 유기산과 작용하여 반죽의 산도를 조절하는 역할을 한다.

05

연속식 제빵법에 관한 설명으로 틀린 것은?

① 액체 발효법을 이용하여 연속적으로 제품을 생산한다.
② 발효 손실 감소, 인력 감소 등의 이점이 있다.
③ 3~4기압의 디벨로퍼로 반죽을 제조하기 때문에 많은 양의 산화제가 필요하다.
④ 자동화시설이 많이 이용되므로 넓은 공간이 필요하다.

해설

연속식 제빵법은 자동화시설을 많이 이용하지만, 각각의 설비를 갖추는 것보다 면적이 적게 소요된다.

06 빈출

둥글리기의 목적이 아닌 것은?

① 글루텐의 구조와 방향정돈
② 수분 흡수력 증가
③ 반죽의 기공을 고르게 유지
④ 반죽 표면의 얇은 막 형성

해설

둥글리기는 수분 흡수력 증가와는 관계가 없다.

정답 01 ① 02 ③ 03 ② 04 ① 05 ④ 06 ②

07 빈출

도넛의 튀김기름으로 적합하지 않은 것은?

① 옥수수유 ② 면실유
③ 대두유 ④ 압착유

해설

도넛의 튀김기름은 발연점이 높은 기름을 사용하며, 발연점인 낮은 압착유는 사용하지 않는다.

08

중간 발효에 대한 설명으로 틀린 것은?

① 중간 발효는 온도 32℃ 이내, 상대습도 75% 전후에서 실시한다.
② 반죽의 온도, 크기에 따라 시간이 달라진다.
③ 반죽의 상처 회복과 성형을 용이하게 하기 위함이다.
④ 상대습도가 낮으면 덧가루 사용량이 증가한다.

해설

중간 발효 시 습도가 높을수록 끈적거림이 많아 덧가루 사용량이 증가한다.

09 빈출

식빵 제조 시 과도한 부피의 제품이 되는 원인은?

① 소금 양의 부족
② 오븐 온도가 높음
③ 배합수의 부족
④ 미숙성 소맥분

해설

소금의 역할은 맛을 조절하는 것도 있지만 반죽을 단단하게 해주는 역할도 한다. 따라서 소금 양이 부족하면 그만큼 단단하지 못하여 과도한 부피의 원인이 될 수 있다.

10 빈출

식빵 제조 시 1차 발효실의 적합한 온도는?

① 24℃ ② 27℃
③ 34℃ ④ 37℃

해설

1차 발효실의 적정 온도 및 습도
- 적정 온도 : 27℃
- 적정 습도 : 75~80%

11 빈출

냉동반죽법의 장점이 아닌 것은?

① 소비자에게 신선한 빵을 제공할 수 있다.
② 이동, 배달이 용이하다.
③ 가스 발생력이 향상된다.
④ 다품종 소량 생산이 가능하다.

해설

냉동반죽법의 장단점

장점	단점
• 다품종 소량 생산 가능 • 야간, 휴일 작업 가능 • 이동, 운반이 용이 • 신선한 빵을 자주 제공 가능 • 노동력 절감 • 작업장의 설비, 공간 감소	• 이스트 활력 감소 • 가스 발생력 약화 및 가스 보유력 저하 • 반죽이 퍼지기 쉬움 • 많은 양의 산화제 사용 • 굽기 이후 제품의 노화가 빠름

12 빈출

비상 스트레이트법 반죽의 가장 적당한 온도는?

① 20℃ ② 25℃
③ 30℃ ④ 45℃

해설

반죽 온도
- 표준 스트레이트법 : 27℃
- 비상 스트레이트법 : 30℃

정답 07 ④ 08 ④ 09 ① 10 ② 11 ③ 12 ③

13

발효 손실에 관한 설명으로 옳지 않은 것은?

① 반죽 온도가 높으면 발효 손실이 크다.
② 발효 시간이 길면 발효 손실이 크다.
③ 고율배합이면 발효 손실이 크다.
④ 발효 습도가 낮으면 발효 손실이 크다.

해설

설탕, 유지가 많이 들어가 수분량이 많은 고율배합 반죽은 발효 손실이 적다.

14

다음 중 빵 반죽의 발효에 속하는 것은?

① 낙산 발효 ② 부패 발효
③ 알코올 발효 ④ 초산 발효

해설

빵 반죽의 발효는 알코올 발효 과정에 의해 일어난다. 이 과정에서 이스트가 당분을 분해하여 알코올과 이산화탄소를 생성하고, 이산화탄소는 반죽을 부풀게 한다.

15 빈출

빵 발효에 영향을 주는 요소에 대한 설명으로 틀린 것은?

① 사용하는 이스트의 양이 많으면 발효 시간은 감소된다.
② 삼투압이 높으면 발효가 지연된다.
③ 제빵용 이스트는 약알칼리성에서 가장 잘 발효된다.
④ 적정량의 손상된 전분은 발효성 탄수화물을 공급한다.

해설

제빵용 이스트는 약산성에서 가장 잘 발효된다.

16 빈출

3% 이스트를 사용하여 4시간 발효시켜 좋은 결과를 얻는다고 가정할 때 발효 시간을 3시간으로 줄이려 한다. 이때 필요한 이스트 양은? (단, 다른 조건은 같다고 본다.)

① 3.5% ② 4%
③ 4.5% ④ 5%

해설

$$\text{이스트 조절양} = \frac{\text{기존 이스트량} \times \text{기존의 발효 시간}}{\text{변경할 발효 시간}} = \frac{3\% \times 4\text{시간}}{3\text{시간}} = 4\%$$

17 빈출

빵 90g짜리 520개를 만들기 위해 필요한 밀가루의 양은? (단, 제품 배합율 180%, 발효 및 굽기 손실은 무시)

① 10kg ② 18kg
③ 26kg ④ 31kg

해설

- 전체 빵의 총 무게 = 90g × 520개 = 46,800g = 46.8kg
- 밀가루 양 = 46.8kg ÷ 1.8 = 26kg

18 빈출

제빵 공정 중 팬닝 시 틀(팬)의 온도로 가장 적합한 것은?

① 20℃ ② 25℃
③ 32℃ ④ 45℃

해설

제빵에서 팬닝 시 반죽의 온도는 지속적으로 상승해야 하므로 팬의 온도는 32℃가 적합하다.

정답 13 ③ 14 ③ 15 ③ 16 ② 17 ③ 18 ③

19

다음 제품 중 2차 발효실의 습도를 가장 높게 설정해야 되는 것은?

① 호밀빵 ② 햄버거빵
③ 불란서빵 ④ 빵도넛

해설

햄버거 빵은 반죽에 흐름성을 부여하기 위해 2차 발효 시 습도를 높게 설정한다.

20

빵을 굽는 동안 오븐 조건에 영향을 주는 환경요인으로 거리가 먼 것은?

① 습도 ② 공기
③ 시간 ④ 온도

해설

빵을 굽는 공정에 영향을 주는 환경요인은 온도, 습도, 시간이다.

21 빈출

반죽 굽기에 대한 설명으로 틀린 것은?

① 반죽 중의 전분은 호화되고 단백질은 변성되어 소화가 용이한 상태로 변한다.
② 굽기 중 빵의 내부 온도는 105℃ 이상으로 상승하여 구조를 형성한다.
③ 발효로 생성된 알코올, 각종 유기산, 이산화탄소에 의해 빵의 부피가 커진다.
④ 굽기 중 캐러멜화 반응과 메일라드 반응으로 껍질 색이 형성되고 맛과 향이 난다.

해설

굽기 중 빵의 내부 온도는 100℃를 넘지 않는다.

22 빈출

굽기 과정 중 일어나는 현상에 대한 설명으로 틀린 것은?

① 단백질 변성과 효소의 불활성화
② 캐러멜화와 갈변 반응의 억제
③ 오븐 팽창과 전분의 호화 발생
④ 효소의 활성과 향의 발달

해설

굽기 과정에서 150~160℃가 넘어가면 캐러멜화와 메일라드(마이야르) 반응의 갈변 반응이 일어나 껍질 색이 진하게 된다.
①, ④ 굽기 과정 중 효소는 60℃로 오르기까지 활발해지고, 60℃ 이상이 되면 서서히 감소하다가 불활성화된다.

23 빈출

굽기 과정에서 일어나는 변화에 대한 설명으로 틀린 것은?

① 당의 캐러멜화와 갈변 반응으로 껍질 색이 진해지며 특유의 향을 발생한다.
② 굽기가 완료되면 모든 미생물이 사멸하고 대부분의 효소도 불활성화가 된다.
③ 전분입자는 팽윤과 호화의 변화를 일으켜 구조를 형성한다.
④ 빵의 외부 층에 있는 전분이 내부 층의 전분보다 호화가 덜 진행된다.

해설

빵의 외부 층에 있는 전분은 내부 층의 전분보다 고온에 더 많이 노출되므로 호화가 더 많이 진행된다.

24

스펀지 도우법과 비교할 때 스트레이트법의 장점은?

① 노화가 느리다.
② 발효에 대한 내구성이 좋다.
③ 노동력이 감소된다.
④ 기계에 대한 내구성이 증가한다.

해설

스펀지 도우법과 비교할 때 스트레이트법의 장점은 노동력이 감소하여 인건비가 절감된다는 것이다.

정답 19② 20② 21② 22② 23③ 24③

CHAPTER 03

제품 저장관리

1 냉각

(1) 냉각의 목적

① 수분 함량을 낮추어 곰팡이 및 그밖의 균에 피해를 입지 않도록 함

② 절단 및 포장을 용이하게 함

③ 저장성을 높여 줌

(2) 냉각 방법

자연 냉각	• 바람이 없는 실내의 실온에서 3~4시간 냉각 • 수분 손실이 적어 가장 적합한 냉각 방법
터널식 냉각	• 공기 배출기를 이용한 방법으로 2~2.5시간 냉각 • 수분 손실이 큼
에어컨디션식 냉각	온도 22~25.5℃, 습도 85%로 조절한 냉각공기를 불어 넣어 90분간 냉각

(3) 냉각 손실

① 냉각하는 동안 수분이 증발하여 빵의 무게가 줄어드는 현상

② 여름철보다 겨울철에 냉각 손실이 큼

③ 평균 2%의 냉각 손실이 발생

(4) 냉각의 적정 조건

① 냉각의 적정 온도는 35~40℃, 수분 함량은 38%

② 냉각실의 이상적인 습도는 75~85%

③ 냉각 중 습도가 낮으면 냉각 손실이 커지고 껍질에 잔주름이 생기거나 갈라지기 쉬움

2 포장

(1) 빵의 포장

높은 온도의 빵의 포장	• 포장지에 수분이 생기게 되어 곰팡이가 발생할 수 있음 • 수분 함량이 높아 썰기가 힘듦 • 빵의 모양이 찌그러지기 쉬움
낮은 온도의 빵의 포장	껍질이 건조하여 노화가 빠르게 진행됨

Key point

빵의 포장 목적
- 수분 증발 억제
- 빵의 저장성 증대
- 빵의 미생물 오염 방지
- 상품의 가치 향상

바로 확인 예제

제빵용 포장지의 구비조건이 아닌 것은?

① 탄력성 ② 작업성
③ 위생성 ④ 보호성

정답 ①
풀이 빵 포장과 탄력성은 관계가 없다.

(2) 포장 시 적합한 온도와 수분 함량

① 온도 : 35~40℃
② 수분 함량 : 38%

(3) 포장용기의 조건

① 방수성이 좋고 통기성이 없으며, 위생적이어야 함
② 제품의 상품 가치를 높일 수 있어야 함
③ 가격이 낮고 포장에 의해 제품이 변형되지 않아야 함
④ 작업성이 편리하여야 함

3 빵의 노화

(1) 노화의 의미

① 노화는 빵이 구워진 직후부터 시작됨
② 수분이 증발하면서 제품의 맛과 향이 손실되고, 겉면이 마르며 딱딱해지기 시작하는 현상

(2) 껍질의 노화

빵 속의 수분이 표면으로 이동하고, 공기 중의 수분이 껍질에 흡수되어 껍질이 눅눅해지고 질겨지는 현상

(3) 빵 속의 노화

빵 속의 수분이 표피로 이동하면서 빵 속이 건조해지고 탄력성과 향미를 잃게 됨

Key point

노화의 원인
- 전체적인 수분의 증발 및 빵 속 수분의 표피 이동
- 수분과 관계없이 빵의 α-전분이 β-전분이 됨

(4) 노화 지연 방법

① -18℃ 이하에서 냉동 보관
② 모노-디-글리세리드 계통의 유화제 사용
③ 방습 포장재료로 포장함
④ 물의 사용량을 높여 반죽의 수분 함량을 증가시킴
⑤ 질 좋은 재료를 사용하고, 제조공정을 정확히 지킴

Chapter 03

단원별 출제예상문제

PART 01

01

갓 구워낸 빵을 식혀 상온으로 낮추는 냉각에 대한 설명으로 틀린 것은?

① 빵 속의 온도를 35~40℃로 낮추는 것이다.
② 곰팡이 및 기타 균의 피해를 막는다.
③ 절단, 포장을 용이하게 한다.
④ 수분 함량을 25%로 낮추는 것이다.

해설

가장 적합한 냉각은 빵 속의 온도를 35~40℃로 낮추고, 수분 함량을 38%로 낮추는 것이다.

02 빈출

제빵 냉각법 중 적합하지 않은 것은?

① 급속 냉각
② 자연 냉각
③ 터널식 냉각
④ 에어컨디션식 냉각

해설

급속 냉각을 하면 수분 손실이 커져 껍질이 갈라지기 쉬우므로 적합하지 않다.

03

빵 포장의 목적으로 부적합한 것은?

① 빵의 저장성 증대
② 빵의 미생물 오염 방지
③ 수분 증발 촉진
④ 상품의 가치 향상

해설

빵을 포장하는 목적
수분 증발을 억제하고 빵의 저장성을 증대시키며, 미생물 오염을 방지하여 상품의 가치를 향상시킨다.

04 빈출

빵을 포장할 때 가장 적합한 온도와 수분 함량은?

① 30℃, 30% ② 35℃, 38%
③ 42℃, 45% ④ 48℃, 55%

해설

빵을 포장할 때 가장 적합한 온도와 수분 함량은 35~40℃, 38%이다.

05 빈출

다음 중 포장 전 빵의 온도가 너무 낮을 때는 어떤 현상이 일어나는가?

① 노화가 빨라진다.
② 썰기가 나쁘다.
③ 포장지에 수분이 응축된다.
④ 곰팡이, 박테리아의 번식이 용이하다.

해설

포장의 최적온도는 35~40℃로, 이보다 낮은 온도에서 포장하면 껍질이 건조해져서 노화가 빠르게 진행되어 빵이 딱딱해진다.
②, ③, ④ 포장 온도가 높을 때 미치는 영향이다.

정답 01 ④ 02 ① 03 ③ 04 ② 05 ①

06

포장된 케이크의 변패에 가장 중요한 원인은?

① 흡습 환경
② 고온의 환경
③ 저장기간
④ 작업자의 청결

해설

케이크의 변패, 변질은 흡습(습도가 높은) 환경을 방치하는 경우가 가장 직접적인 원인이다.

07

빵의 포장재에 대한 설명으로 틀린 것은?

① 방수성이 있고 통기성이 있어야 한다.
② 포장을 하였을 때 상품의 가치를 높여야 한다.
③ 값이 저렴해야 한다.
④ 포장기계에 쉽게 적용할 수 있어야 한다.

해설

포장재는 방수성은 좋아야 하지만 통기성은 없어야 한다. 통기성이 있으면 수분과 향미 성분이 증발하여 맛과 향을 떨어뜨리며 공기 중의 산소로 인하여 산패가 일어나기 쉽다.

08 빈출

다음 중 노화 속도가 가장 빠른 온도는?

① -18 ~ -1℃
② 0 ~ 10℃
③ 20 ~ 30℃
④ 35 ~ 45℃

해설

-18℃ 이하나 21~31℃에서 보관하면 노화를 지연시킬 수 있으며, 43℃ 이상에서는 노화는 지연시키나 변질될 수 있다.

09 빈출

빵 제품의 노화 지연 방법으로 옳은 것은?

① 냉장 보관
② 저배합, 고속 믹싱 빵 제조
③ -18℃ 냉동 보관
④ 수분 30~60% 유지

해설

노화 지연 방법
- -18℃ 이하에서 냉동 보관
- 모노-디-글리세리드 계통의 유화제 사용
- 반죽에 α-아밀라아제 첨가 또는 물의 사용량을 높여 반죽 중의 수분 함량 증가
- 질 좋은 재료의 사용 및 정확한 제조 공정 준수
- 당류 첨가(고율배합)
- 방습 포장재료 사용

10 빈출

다음 중 빵의 냉각 방법으로 가장 적합한 것은?

① 바람이 없는 실내에서 냉각
② 강한 송풍을 이용한 급냉
③ 냉동실에서 냉각
④ 수분분사 냉각

해설

갓 구워내서 뜨거운 빵을 바람이 없는 실내에서 상온의 온도로 식히는 것이 올바른 빵의 냉각 방법이다.

정답 06 ① 07 ① 08 ② 09 ③ 10 ①

11

노화에 대한 설명으로 틀린 것은?

① 빵 속이 푸석푸석해지는 것
② 빵의 내부에 곰팡이가 피는 것
③ 빵 속의 수분이 감소하는 것
④ α전분이 β전분으로 변하는 것

해설

곰팡이가 피는 것은 노화가 아닌 변질 현상이다.

12

다음 중 공기 배출기를 이용한 냉각으로 2~2.5시간 걸리는 방법은?

① 자연 냉각
② 터널식 냉각
③ 공기조절식 냉각
④ 냉장실 냉각

해설

냉각 방법
- 자연 냉각 : 실온에서 3~4시간 냉각
- 터널식 냉각 : 공기 배출기를 이용하여 2~2.5시간 냉각
- 공기조절식 냉각 : 온도 20~25℃, 습도 85%의 공기를 통과시켜 90분간 냉각

13 빈출

지나친 반죽(과발효)이 제품에 미치는 영향을 잘못 설명한 것은?

① 부피가 크다.
② 향이 강하다.
③ 껍질이 두껍다.
④ 팬 흐름이 적다.

해설

과발효된 반죽은 아주 부드럽기 때문에 팬 흐름이 많다.

14 빈출

빵의 노화를 지연시키는 방법이 아닌 것은?

① 저장 온도를 −18℃ 이하로 유지한다.
② 21~35℃에서 보관한다.
③ 고율배합으로 한다.
④ 냉장고에서 보관한다.

해설

냉장온도인 0~10℃에서 노화 속도가 가장 빠르다.

15

다음 설명 중 틀린 것은?

① 높은 온도에서 포장하면 썰기가 어렵다.
② 높은 온도에서 포장하면 곰팡이 발생 가능성이 높다.
③ 낮은 온도에서 포장하면 노화가 지연된다.
④ 낮은 온도에서 포장된 빵은 껍질이 건조하다.

해설

낮은 온도에서 포장하면 노화가 빨라진다.

정답 11 ② 12 ② 13 ④ 14 ④ 15 ③

제과제빵 기능사 산업기사

필기

핵심내용을 충분히 학습하고 키 포인트와 바로 확인 예제를 통해 완벽하게 이론을 학습한 후 단원별 출제예상문제를 풀어보시기 바랍니다.

02

제과기능사

CHAPTER 01

재료준비

1 제과에 사용하는 기계

(1) 믹서(반죽기, Mixer)

① 믹서에 사용하는 기구

믹싱볼	반죽 재료를 담아 반죽을 할 때 사용
휘퍼(Whipper)	공기를 넣어 부피를 형성할 때 사용
비터(Beater)	유연한 반죽을 만들 때 사용

② 종류

수직형 믹서 (버티컬 믹서)	소규모 제과점에서 주로 사용
에어 믹서	제과 전용 믹서로 공기를 넣어 믹싱하여 일정한 기포를 형성

(2) 오븐(Oven)

① 오븐 내 매입되는 철판 수에 따라 생산 능력을 계산하고, 최종 제품은 200℃ 전후 온도로 굽기를 함

② 종류

데크 오븐	소규모 제과점에서 주로 사용하며, 반죽을 넣는 입구와 구워진 제품을 꺼내는 출구가 같음
컨벡션 오븐	대류식 오븐이라고도 하며, 팬(Fan)을 이용하여 바람으로 굽는 오븐
터널 오븐	반죽을 넣는 입구와 구워진 제품을 꺼내는 출구가 서로 다르며, 단일 품목을 대량 생산하는 공장에서 많이 사용

(3) 파이 롤러(Pie roller, Dough Sheeter)

① 반죽을 밀어 펼 때 사용하는 기계

② 페이스트리나 파이를 만들 때 많이 사용하고, 사용 시 냉장고 옆에 위치하는 것이 좋음

③ 파이 롤러를 사용하는 제품 : 파이, 페이스트리, 스위트롤, 크루아상

(4) 데포지터(Depositor)

짤주머니처럼 짜는 기계로 쿠키를 만드는 데 사용

Key point

소규모 제과점에서 많이 사용하는 믹서
수직형 믹서

바로 확인 예제

거품형 케이크 및 빵 반죽이 모두 가능한 믹서로 주로 소규모 제과점에서 많이 사용하는 믹서는?

① 수평형 믹서
② 스파이럴 믹서
③ 수직형 믹서
④ 핀 믹서

정답 ③
풀이 소규모 제과점에서는 주로 수직형 믹서를 사용한다.

Key point

오븐의 생산 능력
오븐 내 매입 철판 수에 따라 달라짐

Key point

파이 롤러를 사용하지 않는 제품
소프트롤

2 제과에 사용하는 도구

작업대	주방의 중앙부에 위치하도록 배치하여야 여러 방향으로의 동선이 짧아져 작업이 효율적이고 편리함
저울	용기를 올려 영점을 맞추고 사용해야 정확하고 신속하게 무게를 측정할 수 있음
온도계	반죽 온도를 정확하게 측정하기 위해 사용
휘퍼(거품기)	달걀을 풀거나 재료를 섞을 때 사용
스패튤라	케이크 아이싱을 하거나 반죽을 담을 때 사용
고무주걱	• 버터를 풀고 설탕을 넣고 섞을 때 사용 • 가루를 자르듯 섞을 때 사용
스쿱	가루 재료를 퍼내어 계량할 때 사용
베이킹팬	반죽을 성형하고 굽기 위해 사용되며, 이 과정에서 팬에 넣는 작업을 팬닝이라고 함
붓	달걀물이나 이형제를 바를 때 사용되며, 덧가루를 털어 낼 때도 사용
돌림판	케이크를 만들 때 시트를 올려 놓고 아이싱을 하기 위해 사용
디핑포크	초콜릿을 만들 때 사용
짤주머니	반죽이나 크림을 짤 때 사용
모양깍지	케이크나 쿠키를 만들 때 여러 가지 모양을 만들기 위해 사용
스크래퍼	반죽을 자르고 모을 때 사용
체	• 가루를 체로 쳐서 이물질을 제거하고 공기를 넣어 잘 섞이도록 함 • 물에서 건질 때도 사용되며, 가루를 뿌리는 용도로도 사용

Key point
- L자 스패튤라 : 크림이나 잼을 바를 때 사용
- 일자 스패튤라 : 케이크 아이싱 할 때 많이 사용

Key point
- 알뜰주걱 : 크림법을 할 때 많이 사용
- 실리콘 주걱 : 중탕할 때나 냄비에 설탕을 녹일 때 사용

Key point
- 둥근 모양 스크래퍼 : 볼에서 긁어낼 때 사용
- 사각 모양 스크래퍼 : 반죽을 자르거나 모양낼 때 사용

3 재료준비 및 계량

(1) 배합표 작성

① 배합표 : 레시피(Recipe)라고도 하며, 빵과 과자를 만드는 데 필요한 재료, 재료의 비율과 무게 등을 숫자로 정확하게 표로 나타내는 것

② 베이커스 퍼센트(Baker's %) : 밀가루의 양을 100%로 보고 그 외의 재료들이 차지하는 비율을 %로 나타낸 것

③ 트루 퍼센트(True %) : 재료 전체의 양을 100%로 잡고 각 재료가 차지하는 양을 %로 나타낸 것

Key point
고율배합과 저율배합은 반죽형 반죽에만 해당하는 개념

(2) 고율배합(High Ratio)과 저율배합(Low Ratio)

고율배합은 액체량이 설탕량보다 많고, 저율배합은 액체량이 설탕량과 같음

구분	고율배합	저율배합
반죽의 비중	낮음	높음
믹싱 중 공기 포집	공기가 많음	공기가 적음
밀가루와 설탕의 양	밀가루 ≦ 설탕	밀가루 ≧ 설탕
밀가루와 전체 액체의 양	밀가루 < 전체 액체(달걀, 우유)	밀가루 ≧ 전체 액체(달걀, 우유)
달걀과 쇼트닝의 양	달걀 ≧ 쇼트닝	달걀 ≦ 쇼트닝
화학 팽창제 사용량	적음	많음
굽기	낮게 오래 굽기(오버 베이킹)	높게 짧게 굽기(언더 베이킹)

(3) 배합표 계산법(Baker's %)

① 각 재료의 무게(g) = 밀가루 무게(g) × 각 재료의 비율(%)
② 밀가루 무게(g) = 밀가루 비율(%) × 총 재료의 무게(g) ÷ 총 배합률(%)
③ 총 반죽의 무게(g) = 총 배합률(%) × 밀가루 무게(g) ÷ 밀가루 비율(%)

4 재료 전처리 준비와 재료 계량방법

(1) 재료 전처리 준비

가루 재료	가루 재료는 고운 체를 이용하여 바닥 면과 적당한 거리를 두고 쳐서 사용
유지	반죽 속에 넣을 경우 적절한 유연성을 가지게 함
물	• 반죽 온도에 따라 물의 온도를 조절 • 밀가루 단백질의 양에 따라 차이가 있으므로 반죽 온도와 흡수율을 고려하여 물의 양을 조절하여 사용
우유	• 원유 사용 시 : 가열 살균 후 차갑게 사용 • 시유 사용 시 : 데워서 사용
부재료	• 과일 : 과일의 시럽은 짜서 버리고 넣으며, 투입하기 전에 소량의 밀가루로 전처리 후 섞음 • 건과일 : 식감 개선과 풍미 향상, 반죽과 건조 과일 간의 수분의 이동 방지를 목적으로 약간의 밀가루를 묻혀둠 • 견과류 : 제품의 용도에 따라 굽거나 볶아서 사용

(2) 재료 계량방법

① 배합표에 따라 빠른 시간 안에 재료 손실이 없도록 정확하고 깨끗하게 계량함
② 계량 시 가루 재료와 덩어리진 재료는 저울을 이용하여 무게를 측정하고, 액체 재료는 계량컵을 이용하여 부피를 측정함

5 주요 재료의 종류와 기능

(1) 밀가루

종류	• 단백질 함량에 따라 강력분, 중력분, 박력분으로 구분 • 제과용 밀가루 : 박력분(단백질 함량 7~9%)을 사용 • 제빵용 밀가루 : 강력분(글루텐의 함량이 높아서 가스를 조직 내에 잘 보유하고 점탄성을 부여)을 사용 • 퍼프 페이스트리(파이) 제조 시에는 강력분 또는 중력분을 사용 • 경질밀은 연질밀에 비해 단백질 함량이 높아 조밀하고 단단함
기능	• 수분을 흡수하면 호화되어 제품의 구조를 형성하고 재료들을 결합시키는 역할을 함 • 밀가루의 종류에 따라서 제품의 부피나 껍질, 속의 색, 맛 등에 영향을 줌

(2) 달걀(껍데기 약 10%, 흰자 60%, 노른자 30%)

수분 함량	• 전란 : 수분 75%, 고형분 25% • 노른자 : 수분 50.5%, 고형분 49.5% • 흰자 : 수분 88%, 고형분 12%, pH 8.5~9.0
기능	• 구조 형성 : 달걀 단백질이 밀가루와의 결합작용으로 과자제품의 구조를 형성 • 수분 공급 : 전란의 75%가 수분으로 제품에 수분 공급 • 결합제 : 커스터드크림과 같은 제품을 엉기게 하고 농후화시켜, 재료들이 잘 결합될 수 있도록 함 • 팽창작용 : 달걀 믹싱 중 공기를 혼합하게 되어 굽기 중 5~6배의 부피로 늘어나는 팽창작용이 일어남 • 유화제 : 노른자의 레시틴이 유화작용을 하며 반죽의 분리현상을 막음 • 쇼트닝 효과 : 노른자의 레시틴의 유화작용으로 제품을 부드럽게 함 • 색 : 노른자의 황색은 식욕을 돋우는 기능을 가지고 있음

(3) 설탕

종류	과당(이성질화당)	포도당의 일부를 이성화시켜 분리한 단당류
	전화당 시럽	설탕을 가수분해하여 만든 포도당과 과당이 50%씩 함유된 시럽
	설탕	사탕수수로 만든 이당류
	포도당	전분을 가수분해하여 만든 단당류
	물엿	전분의 분해산물인 맥아당, 덱스트린, 포도당 등이 물과 혼합되어 있는 감미제
	유당(젖당)	이스트에 의해 발효되지 않고, 잔류당으로 남아 껍질 색을 냄
기능	• 연화작용 : 밀가루 단백질을 연화시켜 제품의 조직을 부드럽게 함 • 감미제 역할 : 제품에 단맛을 부여하며 독특한 향을 내게 함 • 수분 보유력을 가지고 있어서 노화를 지연시키고 신선도를 오래 유지 • 갈변 반응과 캐러멜화로 껍질 색을 내며 독특한 풍미를 냄 • 퍼짐성 : 쿠키 반죽의 퍼짐률을 조절	

Key point

밀가루 개량제
밀가루 음식의 품질을 개선하기 위해 빵과 과자 등에 들어가는 성분

(4) 소금

종류	• 정제도에 따라 천일염, 호염, 정제염 등으로 구분 • 입자의 크기에 따라 미세, 중간, 거친 입자로 구분
기능	• 캐러멜화의 온도를 낮추고 껍질 색을 조절 • 풍미를 증가시키고 맛을 조절 • 잡균들의 번식을 억제함 • 반죽의 물성을 좋게 함 • 재료들의 향미를 돋움

(5) 유지

쇼트닝 기능	제품에 부드러움을 주는 성질, 제품에 윤활성을 제공
공기 혼입 기능	믹싱 중 유지는 공기를 포집하여 굽기 중 부피를 팽창시킴
안정화 기능	유지를 장시간 방치하면 공기 중의 산소와 결합하여 산패가 일어나는데 장시간 산패에 견딜 수 있도록 하고 비스킷이나 쿠키파이, 크러스트 등과 같은 제품의 품질을 좌우
크림화 기능	믹싱 중 지방 입자 사이사이에 포집된 공기가 미세한 기포가 되어 크림이 되는 성질
신장성	파이 제조 시 반죽 사이에서 밀어 펴지는 성질
가소성	• 고체 지방 성분의 변화에도 단단한 외형을 갖추는 성질 • 고체의 유지를 교반하면 고체 상태가 반죽 상태로 변형되어 유동성을 가지는 성질
식감과 저장성	• 완제품에 부드러운 식감을 줌 • 완제품에서 수분 보유력을 향상시켜 노화를 연장

(6) 우유

구성	• 수분 88%, 고형분 12% • 유단백질 중 80% 정도가 카세인으로 산이나 레닌효소에 의해 응고 • 유당은 젖산균(유산균), 대장균에 의해 발효	
종류	시유	수분 88% 전후의 살균 또는 균질화시킨 우유
	농축우유	우유의 수분을 증발시켜 고형분을 높인 우유
	탈지우유	우유에서 지방을 제거한 우유
	탈지분유	탈지우유에서 수분을 증발시켜 가루로 만든 우유
	전지분유	생우유 속에 든 수분을 증발시켜 가루로 만든 우유
기능	• 우유에 함유된 유당은 캐러멜화 작용으로 껍질에 착색과 제품의 향을 개선 • 수분 보유력이 있어 노화를 지연, 신선도를 연장함	

(7) 팽창제

역할	• 반죽을 부풀게 하는 물질로, 반죽 혼합물 안에서 가스를 분출시켜 반죽을 팽창시키거나 구멍을 뚫어 빵을 부드럽게 하는 역할 • 산염, 탄산수소나트륨(중조), 부형제로 구성되며, 탄산수소나트륨은 산과 작용하여 열을 받으면 탄산가스를 방출	
종류	베이킹파우더	탄산가스를 발생하여 반죽의 부피 팽창
	베이킹소다(암모늄염)	쿠키 제품에서 단백질 구조를 변형시키고 가스를 발생하여 쿠키의 퍼짐성을 좋게 함
	주석산	• 설탕에 첨가하여 끓이면 재결정을 방지함 • 달걀 흰자를 기포할 때 흰자를 강하게 하는 성질

(8) 안정제

① 아이싱 제조 시 끈적거림을 방지하고 크림 토핑물에 부드러움을 제공
② 머랭에서 물이 스며 나오는 것을 방지
③ 점착성을 증가시키고 유화 안정성을 높여 줌
④ 가공 시 신선도 유지와 형체 보존에 도움을 줌
⑤ 미각에 대해서도 점활성을 주어 촉감을 좋게 함
⑥ 케이크나 빵에서 흡수율을 증가시켜 제품을 부드럽게 함

Key point
화학적 팽창제
베이킹파우더, 베이킹소다

Key point
프리믹스
밀가루를 비롯하여 요리에 필요한 재료를 섞어 포장해두어 물만 붓거나 달걀이나 우유를 섞어 반죽할 수 있게 만든 것

Chapter 01

단원별 출제예상문제

01 빈출

다음 기계 설비 중 대량 생산업체에서 주로 사용하는 설비로 가장 알맞은 것은?

① 데크 오븐
② 전자레인지
③ 터널 오븐
④ 생크림용 탁상믹서

해설

대량 생산으로 사용하는 오븐은 터널 오븐이다.

02

오븐의 생산 능력은 무엇으로 계산하는가?

① 오븐의 높이
② 오븐의 단열정도
③ 소모되는 전력량
④ 오븐 내 매입 철판 수

해설

오븐의 제품 생산 능력은 오븐 내 매입 철판 수로 계산한다.

03

소규모 주방설비 중 작업의 효율성을 높이기 위한 작업 테이블의 위치로 가장 적당한 것은?

① 냉장고 옆에 설치한다.
② 주방의 중앙부에 설치한다.
③ 오븐 옆에 설치한다.
④ 발효실 옆에 설치한다.

해설

작업의 효율을 높이기 위해 작업 테이블은 주방의 중앙부에 설치하는 것이 좋다.

04 빈출

제과용 기계 설비와 거리가 먼 것은?

① 라운디
② 에어믹서
③ 데포지터
④ 오븐

해설

라운더는 제빵용으로 반죽을 둥글리기 할 때 사용하는 기계이다.

05

겨울철 굳어버린 버터 크림의 되기를 조절하기에 알맞은 것은?

① 캐러멜 색소
② 초콜릿
③ 분당
④ 식용유

해설

겨울철에 버터 크림이 굳는 것을 방지하기 위해 식용유를 첨가한다.

06 빈출

캔디의 재결정을 막기 위해 사용되는 원료가 아닌 것은?

① 과당
② 물엿
③ 전화당
④ 설탕

해설

설탕은 재결정화를 일으킬 수 있다.

정답 01 ③ 02 ④ 03 ② 04 ① 05 ④ 06 ④

07 빈출

초콜릿 제품을 생산하는 데 필요한 도구는?

① 오븐(Oven)
② 디핑포크(Dipping forks)
③ 파이 롤러(Pie roller)
④ 워터 스프레이(Water spray)

해설

초콜릿 제품을 생산하는 데 필요한 도구는 디핑포크(Dipping forks)이다.

08 빈출

커스터드크림에서 달걀은 주로 어떤 역할을 하는가?

① 결합제
② 팽창제
③ 저장성
④ 쇼트닝 작용

해설

달걀은 커스터드크림을 엉기게 하고 농후화시켜 재료들이 잘 결합될 수 있도록 결합제 역할을 한다.

09

잎을 건조시켜 만든 향신료는?

① 넛메그
② 계피
③ 메이스
④ 오레가노

해설

오레가노는 잎을 건조시킨 향신료로 피자나 파스타에 많이 사용된다.

10

제과 · 제빵용 건조 재료와 팽창제 및 유지 재료를 알맞은 배합율로 균일하게 혼합한 원료는?

① 밀가루 개량제　② 팽창제
③ 프리믹스　④ 향신료

해설

- 프리믹스 : 빵이나 과자를 손쉽게 만들어 먹을 수 있도록 기본이 되는 재료들을 혼합해 놓은 가루
- 밀가루 개량제 : 밀가루 음식의 품질을 개선하기 위해 빵과 과자 등에 들어가는 성분
- 팽창제 : 밀가루 반죽을 부풀게 하는 물질로, 반죽 혼합물 안에서 가스를 분출시켜 반죽을 팽창시키거나 구멍을 뚫어 빵을 부드럽게 하는 역할을 함
- 향신료 : 식물의 열매, 씨앗, 꽃, 뿌리 등을 이용해서 음식의 맛과 향을 북돋게 하는 것

11

다음 중 보관 장소가 나머지 재료와 크게 다른 재료는?

① 소금　② 설탕
③ 생이스트　④ 밀가루

해설

소금, 설탕, 밀가루는 실온에서 보관할 수 있지만, 생이스트는 온도에 민감하여 반드시 냉장 보관한다.

12 빈출

일반적으로 작은 규모의 제과점에서 아용하는 믹서는?

① 커터믹서
② 수평형 믹서
③ 수직형 믹서
④ 초고속 믹서

해설

소규모 제과점에서는 주로 수직형 믹서(버티컬 믹서)를 사용한다.

정답 07 ② 08 ① 09 ④ 10 ③ 11 ③ 12 ③

13 빈출

케이크의 부피가 작아지는 원인은?

① 액체의 새료기 적은 경우
② 강력분을 사용한 경우
③ 달걀 양이 많은 반죽의 경우
④ 크림성이 좋은 유지를 사용한 경우

해설

케이크는 단백질 함량이 7~9%인 박력분을 사용해야 부피가 커지고, 강력분은 글루텐이 생성되어 부피가 작아진다.

14 빈출

베이킹파우더를 많이 사용한 제품의 결과와 거리가 먼 것은?

① 속 색이 어둡다.
② 오븐 스프링이 커서 찌그러들기가 쉽다.
③ 속결이 거칠다.
④ 밀도가 크고 부피가 작다.

해설

베이킹파우더는 팽창제로 많이 사용하면 반죽이 부풀어 오르며 그 결과 밀도가 작고 부피가 커진다.

15 빈출

쿠키에 팽창제를 사용하는 주된 목적은?

① 딱딱한 제품을 만들기 위해
② 제품의 부피를 감소시키기 위해
③ 퍼짐과 크기의 조절을 위해
④ 설탕입자의 조절을 위해

해설

쿠키에 팽창제를 사용하는 목적
- 부드러운 제품 생산
- 제품의 부피 증가
- 크기와 퍼짐 조절
- pH 조절

16 빈출

일반적으로 강력분으로 만드는 것은?

① 스펀지 케이크
② 소프트 롤 케이크
③ 식빵
④ 엔젤 푸드 케이크

해설

강력분(단백질 함량 12~15%)은 제빵에서 사용하고 식빵은 이에 해당한다.

17 빈출

신선한 달걀의 특징으로 옳은 것은?

① 난각에 광택이 있다.
② 난각 표면이 매끈하다.
③ 난각 표면에 광택이 없고 선명하다.
④ 난각 표면에 기름기가 있다.

해설

신선한 달걀은 난각(달걀 껍데기) 표면에 광택이 없고 선명하며 까칠까칠하다.

18 빈출

다음 중 제과용 믹서로 적합하지 않은 것은?

① 버티컬 믹서
② 에어 믹서
③ 스파이럴 믹서
④ 연속식 믹서

해설

스파이럴 믹서는 제빵용에 적합하다.

정답 13② 14④ 15③ 16③ 17③ 18③

과자류 제품제조

1 반죽 및 반죽 관리

(1) 반죽형 반죽의 의의

① 유지의 함량이 많고, 일반적으로 밀가루가 달걀보다 많아서 반죽 비중이 높고 식감이 무거움

② 밀가루, 달걀, 고체 유지, 설탕, 소금을 구성 재료로 하여 화학제 팽창제를 사용하고 부피를 형성하는 반죽

③ **대표적인 제품 : 파운드 케이크, 과일 케이크, 머핀, 마들렌과 각종 레이어 케이크**

④ **제조 방법 : 크림법, 블렌딩법, 복합법, 설탕물법, 1단계법** 등

(2) 반죽형 반죽의 방법

방법	내용
크림법 (Cream Method)	• 가장 기본적이고 안정적인 제법 • 부피를 우선으로 하는 제품에 적합하며, 스크래핑을 많이 해야 하는 제법 • 크림법으로 제조하는 제품 : 쿠키, 파운드 케이크 등
블렌딩법 (Blending Method)	• 조직이 부드럽고 유연한 제품을 만들 때 사용 • 21℃의 품온을 갖는 유지를 사용해야 함 • 파이 껍질을 제조할 때 사용 • 블렌딩법으로 제조하는 제품 : 데블스 푸드 케이크, 마블 파운드 등
복합법 (Combined Method)	• 부피와 식감이 부드러움 • 복합법으로 제조하는 제품 : 치즈 케이크, 과일 케이크 등
설탕물법 (Sugar/Water Method)	• 설탕과 물을 2 : 1의 비율로 배합하여 만든 시럽을 사용하는 방법 • 계량이 편리하고 질 좋은 제품 생산 가능 • 장점 : 액당으로 사용되기 때문에 제조 공정의 단축, 운반의 편리성, 포장비 절감의 효과 • 단점 : 액당 저장 공간과 계량 장치, 이송파이프 등의 시설비가 높아 대량 생산 공장에서만 이용 가능 • 균일한 기공과 조직의 내상이 필요한 제품에 적당하고 베이킹파우더 양을 10% 절약 가능
1단계법 (단단계법, Single Stage Method)	• 모든 재료를 한 번에 투입한 후 믹싱하는 방법으로 베이킹파우더와 유화제가 필요함 • 노동력과 시간 절약 가능 • 기계 성능이 좋은 경우에 많이 이용 • 1단계법으로 제조하는 제품 : 마들렌, 피낭시에 등 구움과자 반죽 제조법

(3) 반죽의 온도

① 반죽의 온도의 영향

과자 반죽의 온도가 높을 경우	기공이 열리고 큰 구멍이 생겨 조직이 거칠고 노화가 빨라짐
과자 반죽의 온도가 낮을 경우	• 기공이 조밀해서 부피가 작아지고 식감이 나빠짐 • 증기압에 의한 팽창작용으로 표면이 터지고 갈라져 거칠어짐

> **Key point**
> 마찰계수(Friction Factor)
> 반죽을 제조할 때 반죽기의 휘퍼나 비터가 회전하면서 두 표면 사이에서 반죽에 의해 생기는 마찰 정도

② 마찰계수

(결과 온도 × 6) − (실내 온도 + 밀가루 온도 + 설탕 온도 + 유지 온도 + 달걀 온도 + 수돗물 온도)

③ 물 온도

(희망 온도 × 6) − (실내 온도 + 밀가루 온도 + 설탕 온도 + 유지 온도 + 달걀 온도 + 마찰계수)

④ 얼음 사용량

$$\frac{\text{물 사용량} \times (\text{수돗물 온도} - \text{사용할 물 온도})}{80 + \text{수돗물 온도}}$$

(4) 반죽의 비중(Specific Gravity)

① 반죽 속에 들어가는 공기의 함량

② 비중의 영향

> **Key point**
> 비중 측정
> 공기가 얼마나 들어가 있으며, 얼마나 부풀 것인지를 측정하는 것

높은 비중	비중이 높으면 공기 함량이 적어서 부피가 작고, 기공은 조밀하며 단단해지고 무거운 제품이 됨 예 파운드 케이크는 비중이 평균 0.8로 숫자가 높으므로 높은 비중이며, 무거움
낮은 비중	비중이 낮으면 공기 함량이 많아서 부피가 크고, 기공은 크고 거칠며 가벼운 제품이 됨 예 스펀지 케이크는 비중이 평균 0.45로 숫자가 낮으므로 낮은 비중이며, 가벼움

③ 비중 구하는 공식

$$\frac{\text{같은 부피의 반죽 무게}}{\text{같은 부피의 물 무게}} = \frac{\text{반죽 무게}}{\text{물 무게}}$$

④ 제품별 비중

레이어 케이크	0.8~0.9(0.85 전후)
파운드 케이크	0.7~0.8(0.75 전후)
스펀지 케이크	0.45~0.55
롤 케이크	0.45~0.55

(5) 거품형 반죽의 방법

공립법	전란을 사용하여 설탕을 넣고 믹싱하는 방법	
	찬 믹싱	• 일반적인 믹싱방법으로 중탕하지 않고 달걀과 설탕을 거품내어 사용 • 반죽 온도 : 22~24℃ • 저율배합에 적합
	더운 믹싱(가온법)	• 달걀과 설탕을 중탕하여 43℃까지 데운 후 거품을 내는 방법 • 주로 고율배합에 사용 • 기포성이 양호하고 설탕의 용해도가 좋아 껍질 색이 균일함
별립법	• 흰자와 노른자를 분리하여 설탕을 넣고 각각 거품을 내는 방법 • 저율배합에 적합하고, 공립법에 비해 제품의 부피가 크고 부드러운 것이 특징	

(6) 시폰형 반죽의 방법

① 흰자와 노른자를 분리하여 흰자에 설탕을 넣어 믹싱하여 머랭을 만든 후 노른자는 거품을 내지 않고 두 가지를 혼합하여 제조하는 방법
② 반죽형의 부드러움과 거품형의 가벼운 식감을 가지고 있는 것이 특징
③ 물리적 + 화학적으로 팽창하는 반죽법

(7) 머랭

① 달걀 흰자에 설탕을 넣고 거품을 낸 것으로, 크림용으로 광범위하게 사용
② 흰자에 기포성을 증가하기 위해 주석산 크림을 넣어 사용
③ 제법에 따른 머랭의 종류

프렌치 머랭 (French Meringue)	냉제 머랭, 가장 기본이 되는 머랭
이탈리안 머랭 (Italian Meringue)	• 거품을 낸 달걀 흰자에 115~118℃에서 끓인 설탕시럽을 조금씩 넣어주면서 거품을 냄 • 주로 크림이나 무스, 케이크 데코레이션용으로 사용
스위스 머랭 (Swiss Meringue)	• 달걀 흰자와 설탕을 잘 혼합한 후에 43~49℃에서 중탕하여 설탕이 녹으면 팽팽하게 거품을 만들어줌 • 각종 장식모양을 만들 때 사용

Key point

제품의 적정 비중
반죽형 케이크 : 0.8±0.05의 값
거품형 케이크 : 0.5±0.05의 값

Key point

거품형 반죽의 필수재료
밀가루, 설탕, 달걀, 소금

Key point

머랭의 제조

냉제 머랭	가장 일반적인 흰자 100에 설탕 100의 비율로 머랭을 만드는 방법
온제 머랭	흰자 100, 설탕 200의 비율로 만들고 흰자 + 설탕을 섞어 43℃로 가온한 후 휘핑하여 거품을 형성시키는 방법
스위스 머랭	흰자 100, 설탕 180의 비율로 만들고 흰자 1/3과 설탕 2/3를 섞어 43℃로 가온하여 휘핑한 후 남은 흰자와 설탕으로는 냉제 머랭을 만들어 이 두 가지를 혼합하는 방법

• 프렌치 머랭 = 흰자 : 설탕 = 1 : 1
• 온제 머랭 = 흰자 : 설탕 = 1 : 2
• 스위스 머랭 = 흰자 : 설탕 = 1 : 1.8
• 이탈리안 머랭 = 흰자 : 설탕 = 1 : 2

(8) 충전물 반죽

① 충전물 : 타르트, 파이, 슈 등에 내용물을 채우는 것으로, 일반적으로 필링(Filling)이라고 함

② 충전물의 형태 : 성형할 때 넣어서 굽거나 구운 후 충전하는 두 가지의 형태가 있음

③ 충전물 종류

<table>
<tr><td rowspan="5">크림 충전물</td><td colspan="2">우유나 생크림을 주재료로 하여 달걀, 설탕, 버터 등의 재료를 더한 것</td></tr>
<tr><td>커스터드크림</td><td>달걀, 우유, 설탕 등으로 만든 부드러운 크림</td></tr>
<tr><td>버터크림</td><td>버터에 설탕 또는 시럽을 넣고 섞어 만든 크림</td></tr>
<tr><td>가나슈크림</td><td>초콜릿과 생크림을 섞어 만든 크림</td></tr>
<tr><td>아몬드크림</td><td>아몬드 가루, 버터, 설탕, 달걀 등을 섞어 만든 크림</td></tr>
<tr><td>과일 충전물</td><td colspan="2">• 과일에 설탕을 넣고 조려 만든 것
• 타르트나 파이, 페이스트리 등에 충전물로 많이 사용</td></tr>
</table>

2 분할 팬닝 방법

Key point
반죽 분할량 구하는 공식
틀 용적 ÷ 비용적

(1) 분할

제품의 형태를 고려하여 반죽의 짜기, 찍기, 접어 밀기, 절단, 팬닝, 냉각 등을 하는 것

(2) 팬 용적(부피) 계산법

① 원형 팬

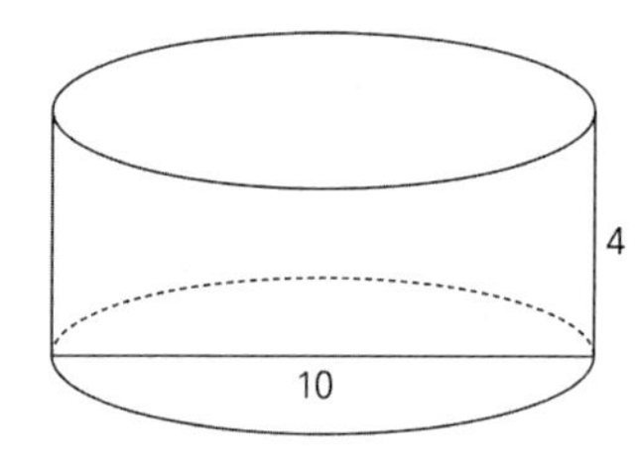

팬의 용적(cm^3) = 반지름 × 반지름 × 3.14 × 높이

예 5cm × 5cm × 3.14 × 4cm = 314cm^3

② 경사진 옆면을 가진 원형 팬

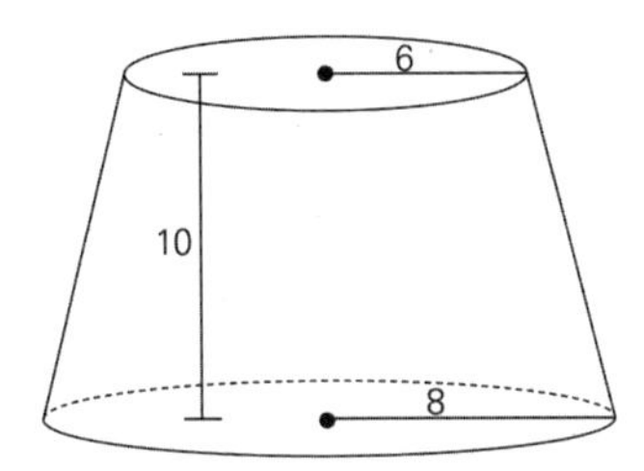

팬의 용적(cm³) = 평균 반지름 × 평균 반지름 × 3.14 × 높이

③ 경시진 옆면과 안쪽에 경사진 관이 있는 원형 팬

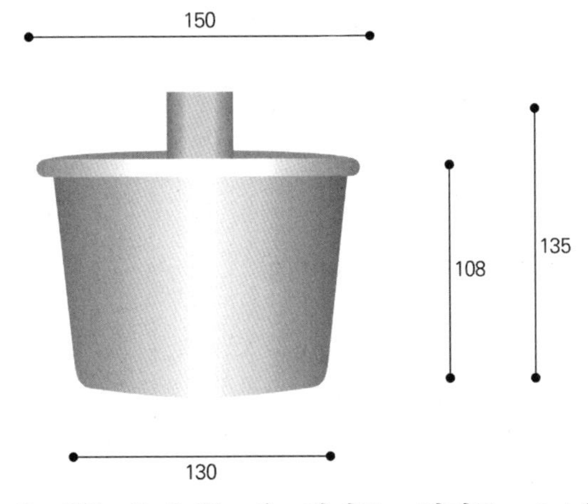

㉠ 외부 팬 용적(cm³) = 반지름 × 반지름 × 3.14 × 높이

㉡ 내부 팬 용적(cm³) = 반지름 × 반지름 × 3.14 × 높이

㉢ 실제 팬 용적(cm³) = 외부 팬 용적 − 내부 팬 용적

④ 사각 팬

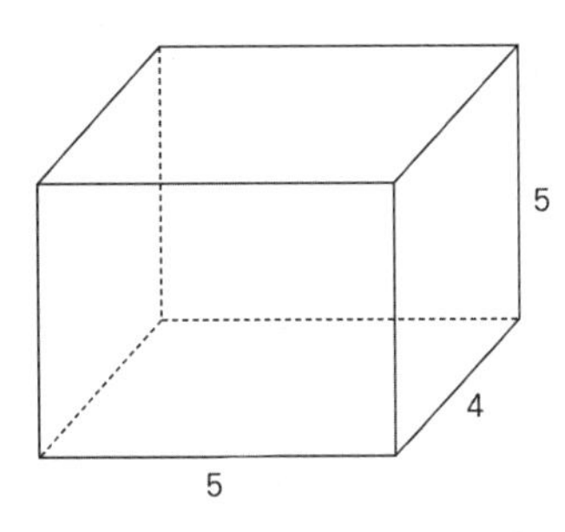

팬의 용적(cm³) = 가로 × 세로 × 높이

예 5cm × 4cm × 5cm = 100cm³

Key point

- 파운드 케이크
  반죽 1g당 팬 용적 : 2.40cm³
- 레이어 케이크
  반죽 1g당 팬 용적 : 2.96cm³
- 스펀지 케이크
  반죽 1g당 팬 용적 : 5.08cm³

⑤ 경사진 옆면을 가진 사각 팬

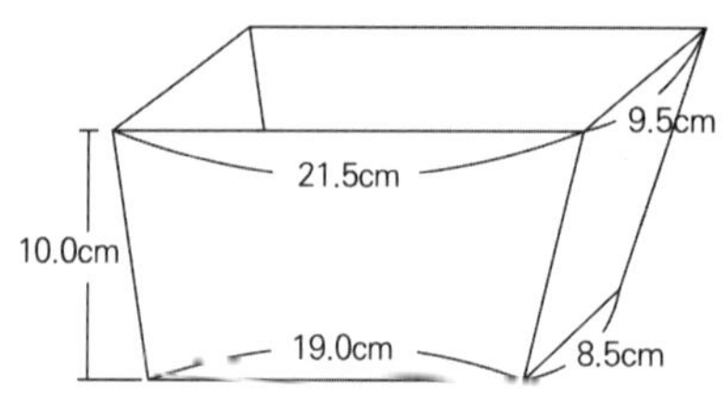

팬의 용적(cm^3) = 평균 가로 × 평균 세로 × 높이

㉠ 외부 팬 용적(cm^3) = 평균 반지름 × 평균 반지름 × 3.14 × 높이

㉡ 내부 팬 용적(cm^3) = 평균 반지름 × 평균 반지름 × 3.14 × 높이

㉢ 실제 팬 용적(cm^3) = 외부 팬 용적 − 내부 팬 용적

⑥ 치수 측정이 어려운 팬

㉠ 제품별 비용적에 따라 적정한 반죽의 양을 결정

㉡ 물을 수평으로 담아 계량

(3) 각 반죽의 비용적

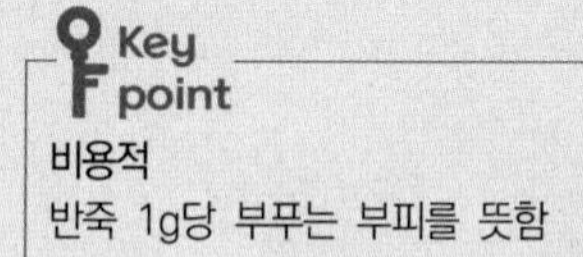

비용적
반죽 1g당 부푸는 부피를 뜻함

① 비용적 : 반죽 1g이 차지하는 부피(단위 : cm^3/g)

② 각 제품별 비용적

㉠ 비용적이 클수록 가벼운 제품(팬닝 양 적게)

㉡ 비용적이 적을수록 무거운 제품(팬닝 양 많게)

구분	스펀지 케이크	엔젤 푸드 케이크	파운드 케이크
반죽의 무게(g)	242	261	511
비용적(cm^3/g)	5.08	4.71	2.40

③ 각 제품의 적정 팬닝 양(팬 높이)

㉠ 제품의 반죽량 : 팬 용적(틀 부피) ÷ 비용적

㉡ 팬의 부피를 계산하지 않을 경우

거품형 반죽	반죽형 반죽	푸딩
50~60%	70~80%	95%

(4) 팬 관리

① 제품 팬닝 시 사용하는 팬(틀)은 팬 오일(이형유)을 바른 후 사용

② 팬 오일(이형유)의 역할 : 이형유는 제품이 팬에 들러 붙지 않고 구운 후에 팬에서 잘 떨어지도록 함

③ 팬 오일의 종류 : 정제 라드(쇼트닝), 유동파라핀(백색광유), 식물유(면실유, 대두유, 땅콩기름), 혼합유 등

④ 팬 오일의 조건

㉠ 발연점(210℃ 이상)이 높아야 함

㉡ 고온이나 장시간의 산패에 잘 견디며 안정성이 있어야 함

㉢ 무색, 무미, 무취로 제품의 맛에 영향을 주지 않아야 함

㉣ 바르기 쉽고 골고루 잘 발라져야 함

⑤ 팬 오일 사용량 : 반죽 무게의 0.1~0.2%

3 성형

(1) 제품별 성형 방법 및 특징

① 쿠키류 성형

반죽형 쿠키	드롭 쿠키 (Drop Cookie)	• 달걀과 같은 액체 재료의 함량이 높아 반죽형 쿠키 중 수분 함량이 높음 • 반죽을 짜서 성형하며, 소프트 쿠키라고도 함 • 저장 중에 건조가 빠르며 잘 부서짐
	스냅 쿠키 (Snap Cookie)	• 달걀 함량이 적어 수분 함량이 낮음 • 반죽을 밀어 펴서 원하는 모양으로 찍어 성형
	쇼트 브레드 쿠키 (Short bread Cookie)	• 버터와 쇼트닝 같은 유지 함량이 높음 • 반죽을 밀어 펴서 정형기에 원하는 모양을 찍어 성형 • 유지 사용량이 많아 바삭하고 부드러움
거품형 쿠키	머랭 쿠키 (Meringue Cookie)	• 달걀 흰자와 설탕을 주재료로 만듦 • 페이스트리 백에 넣어 짜서 성형하고 낮은 온도에서 건조시켜 색을 많이 내지 않게 구워내는 쿠키
	스펀지 쿠키 (Sponge Cookie)	• 스펀지 케이크 배합률과 비슷하나 밀가루 함량을 높여 분할 시 팬에서 모양이 유지되도록 구워냄 • 짜는 형태의 쿠키로 분할 후 상온에서 건조하여 구우면 모양 형성이 잘 됨

② 제조 방법에 따라 짜내는 쿠키, 밀어 펴 찍어내는 쿠키, 냉장(냉동) 쿠키, 손으로 만드는 쿠키, 프랑스식 쿠키, 마카롱 쿠키 등이 있음

③ 쿠키의 퍼짐성

㉠ 고운 입자의 설탕은 퍼짐성이 나쁘며 조밀하고 밀집된 기공을 만듦

㉡ 반죽 중 남아있는 설탕은 굽기 중에 오븐 열에 의해 녹아 쿠키의 표면을 크게 하고, 단맛과 밀가루의 단백질을 연화시키는 역할을 함

㉢ 퍼짐률이 클수록 쿠키의 크기는 증가하고, 유화 쇼트닝을 넣으면 반죽을 퍼지게 함

Key point

퍼짐률

• 지름 ÷ 두께

• 수치가 클수록 퍼짐이 큼

㉣ 영향을 주는 요인

과도한 경우	부족한 경우
• 알칼리성 반죽 • 묽은 반죽 • 부족한 믹싱 • 낮은 오븐 온도 • 입자가 크거나 많은 양의 설탕	• 산성 반죽 • 된 반죽 • 과도한 믹싱 • 높은 오븐 온도 • 입자가 곱거나 적은 양의 설탕

4 반죽 익히기

(1) 반죽 굽기

① 부적당한 온도와 굽기

오버 베이킹 (Over Baking)	• 오븐 온도가 너무 낮은 상태에서 장시간 구운 경우 윗면이 평평하고 수분 손실이 크며 노화가 빨리 진행됨 • 고율배합이나 다량의 반죽 등에 적합
언더 베이킹 (Under Baking)	• 오븐 온도가 너무 높은 상태에서 단시간 구운 경우 윗면이 올라오거나 갈라지고 조직이 거칠어져 설익거나 주저 앉기 쉬움 • 저율배합이나 소량의 반죽 등에 적합

② 굽기 중 일어나는 색 변화

캐러멜화 반응 (Caramelization)	설탕의 경우 고온(160℃)에서 가열하면 여러 단계의 화학 반응을 거쳐 열에 의해 당류가 진한 갈색이 되고 향미의 변화가 일어남
메일라드 반응 (Maillard Reaction)	• 비효소적 갈변 반응으로 당류와 아미노산이 결합하여 갈색 색소인 멜라노이딘을 만드는 반응 • 대부분의 모든 식품에서 자연 발생적으로 일어남

③ 굽기 손실률(%)

(오븐에 넣기 전 무게 − 오븐에서 꺼낸 직후 무게) ÷ 오븐에 넣기 전 무게 × 100

(2) 반죽 튀기기

① 튀김유가 갖춰야 할 조건

㉠ 색이 연하고 투명하며 광택이 있는 것
㉡ 산패취가 없고 기름의 원만한 맛을 가진 것
㉢ 거품의 생성이나 연기가 나지 않는 것
㉣ 저장 중 안정성이 높은 것
㉤ 열 안정성이 높은 것
㉥ 산화와 가수분해가 잘 일어나지 않는 것
㉦ 튀김유 중의 리놀렌산은 산패취를 일으키기 쉬우므로 리놀렌산이 적은 것

바로 확인 예제

언더 베이킹(Under Baking)에 대한 설명으로 틀린 것은?

① 제품의 윗부분이 평평하다.
② 제품의 윗면이 올라간다.
③ 케이크 속이 익지 않고 주저 앉는다.
④ 제품의 중앙 부분이 터지기 쉽다.

정답 ①

풀이 언더 베이킹은 오븐 온도가 너무 높은 상태에서 단시간 구운 경우 윗면이 올라오거나 갈라지며 조직이 거칠어져서 설익거나 주저 앉기가 쉽다.

Key point

튀김유의 4대 적
• 온도(열)
• 수분(물)
• 공기(산소)
• 이물질

② 튀기기 중 튀김유의 변화

㉠ 열로 인해 가수분해적 산패와 산화적 산패가 촉진되며 유리지방산과 이물의 증가로 발연점이 점점 낮아짐

㉡ 처음 튀길 때는 비교적 큰 거품이 생성되고 금방 사라지지만 여러 번 사용할수록 작은 거품이 생성되며 쉽게 사라지지 않음

③ 튀김유의 온도 : 175~195℃(평균 180℃)

④ 튀김유 관련 현상

발연 현상	• 온도가 219℃ 이상으로 올라가면 푸른 연기가 나는 현상 • 발연점이 높은 튀김유를 사용해야 함
황화(회화) 현상	• 기름이 도넛 설탕을 녹이는 현상 • 튀김 온도가 낮아 기름 흡수가 많아졌을 때 발생함
발한 현상	• 수분이 도넛 설탕을 녹이는 현상 • 튀김 온도가 높아 수분이 많이 남아 있을 때 발생함 • 튀김 시간을 늘려 도넛의 수분 함량을 줄이거나 도넛을 충분히 식힌 후 설탕을 뿌려야 함

Key point

발한에 대한 대책

• 도넛에 묻히는 설탕량을 증가
• 튀김 시간을 늘려 도넛의 수분 함량을 줄임
• 도넛을 40℃ 전후로 식혀 설탕을 묻힘

(3) 반죽 찌기

① 수증기를 이용하여 식품을 가열하는 방법으로 수증기가 식품에 닿으면 액화되며 열을 방출함

② 주요 열 전달 방식 : 대류

③ 찌기의 장단점

장점	• 수용성 성분의 손실이 적어 식품 자체의 맛이 보존됨 • 온도 관리에 용이하여 물이 있는 한 탈 염려가 없고 모양도 망가지지 않음 • 수분이 적은 식품은 물을 흡수하고, 수분이 많은 식품은 물의 유출이 일어남
단점	가열 도중 조미하기가 어려움

④ 찜기에 찔 때 물의 양은 물을 넣는 부분의 70~80% 정도가 적당함

⑤ 85~90℃로 가열하며, 그릇의 재질은 금속보다 열의 전도가 적은 도기가 좋음

⑥ 찜류 제품 : 찜 케이크, 푸딩, 중화만두, 호빵 등

Chapter 02

단원별 출제예상문제

01 빈출

고율배합의 제품을 굽는 방법으로 알맞는 것은?

① 저온단시간
② 저온장시간
③ 고온단시간
④ 고온장시간

해설

고율배합의 제품을 굽는 방법으로는 저온장시간인 오버 베이킹이 적합하다. 고율배합의 제품을 너무 높은 온도에서 구우면 겉은 타고 속은 제대로 익지 않을 수 있기 때문에 저온에서 장시간 구워야 한다.

02

어떤 과자반죽의 비중을 측정하기 위해 다음과 같이 무게를 달았다면 이 반죽의 비중은? (단, 비중컵 = 50g, 비중컵 + 물 = 250g, 비중컵 + 반죽 = 170g)

① 0.60
② 0.40
③ 0.58
④ 1.48

해설

- 비중을 구하는 공식 : 반죽 무게 ÷ 물 무게
- 물의 무게 = 250 − 50 = 200g
- 반죽의 무게 = 170 − 50 = 120g

∴ 비중 = 120 ÷ 200 = 0.6

03 빈출

비중컵의 물을 담은 무게가 300g이고 반죽을 담은 무게가 260g일 때 비중은? (단, 비중컵의 무게는 50g이다.)

① 0.84　② 0.64
③ 1.04　④ 0.74

해설

- 비중을 구하는 공식 : 반죽 무게 ÷ 물 무게
- 물의 무게 = 300 − 50 = 250g
- 반죽의 무게 = 260 − 50 = 210g

∴ 비중 = 210 ÷ 250 = 0.84

04 빈출

파이의 껍질이 질기고 단단하였다면, 그 원인이 아닌 것은?

① 자투리 반죽을 많이 사용했다.
② 반죽시간이 길었다.
③ 밀어 펴기를 덜 하였다.
④ 강력분을 사용하였다.

해설

밀어 펴기를 많이 하면 글루텐이 생성되어 파이 껍질이 단단하고 질기게 만들어진다.

05 빈출

반죽의 비중에 대한 설명으로 옳지 않은 것은?

① 비중이 낮으면 부피가 커진다.
② 비중이 낮으면 기공이 열려 조직이 거칠어진다.
③ 비중이 높으면 부피가 작아진다.
④ 비중이 높으면 기공이 커지고 노화가 느리다.

해설

비중이 높으면 반죽 속에 포집된 공기의 양이 적어 기공이 작아진다.

정답 01 ② 02 ① 03 ① 04 ③ 05 ④

06 빈출

다음 쿠키 중에서 상대적으로 수분이 적어서 밀어 펴는 형태로 만드는 제품은?

① 스냅 쿠키
② 머랭 쿠키
③ 드롭 쿠키
④ 스펀지 쿠키

해설

밀어 펴는 쿠키에는 스냅 쿠키, 쇼트 브레드 쿠키가 있다.

07 빈출

퍼프 페이스트리의 팽창은 주로 무엇에 기인하는가?

① 이스트 팽창
② 증기압 팽창
③ 화학 팽창
④ 공기 팽창

해설

퍼프 페이스트리는 유지의 수분을 이용하여 증기압 팽창이 일어난다.

08 빈출

일반적으로 슈 반죽에 사용되지 않는 재료는?

① 달걀
② 이스트
③ 밀가루
④ 버터

해설

이스트는 주로 제빵에 사용된다.

09

다음 쿠키 반죽 중 가장 묽은 반죽은?

① 마카롱 쿠키
② 짜는 형태의 쿠키
③ 밀어 펴서 정형하는 쿠키
④ 판에 등사하는 쿠키

해설

판에 등사하는 쿠키는 철판에 올려 놓은 그림이나 글자가 있는 틀에 묽은 상태의 반죽을 넣고 굽는다.

10

머랭을 만드는 주요 재료는?

① 전란
② 달걀 흰자
③ 박력분
④ 달걀 노른자

해설

머랭은 달걀 흰자로 만든다.

11

제조 공정 시 표면 건조를 하지 않는 제품은?

① 슈
② 밤과자
③ 마카롱
④ 핑거 쿠키

해설

- 슈 : 굽기 전에 물을 분무 또는 침지하여 빠른 껍질 형성을 막는 제품
- 밤과자, 마카롱, 핑거 쿠키 : 표면을 건조하는 제품

정답 06 ① 07 ② 08 ② 09 ④ 10 ② 11 ①

12

다음 중 제품의 비중이 틀린 것은?

① 파운드 케이크 : 0.7~0.8
② 레이어 케이크 : 0.8~0.9
③ 젤리 롤 케이크 : 0.7~0.8
④ 시폰 케이크 : 0.45~0.5

해설

젤리 롤 케이크는 거품형 반죽으로 비중은 0.45~0.55로 낮다.

13 빈출

비용적이 가장 큰 제품은?

① 레이어 케이크
② 스펀지 케이크
③ 파운드 케이크
④ 식빵

해설

- 비용적은 반죽 1g이 차지하는 부피로, 단위는 cm^3/g이다.
- 스펀지 케이크의 비용적은 $5.08cm^3/g$로 비용적이 가장 큰 케이크이다.

14 빈출

반죽의 비중과 관계가 가장 적은 것은?

① 제품의 기공
② 제품의 점도
③ 제품의 조직
④ 제품의 부피

해설

- 반죽의 비중은 주로 기공, 조직, 부피와 관련이 있다.
- 제품의 점도는 믹싱 과정 중에서 일어나는 물리적 성질로 비중과는 관계가 적다.

15

다음 재료들을 동일한 크기의 그릇에 측정했을 때 중량이 가장 높은 것은?

① 우유
② 분유
③ 분당
④ 쇼트닝

해설

우유는 밀도가 높아 같은 부피에 대해 중량이 가장 높다.

16 빈출

반죽형 반죽 방법 중 크림법에 적합하지 않은 것은?

① 버터 쿠키
② 파운드 케이크
③ 초코머핀
④ 마블 파운드

해설

마블 파운드는 블렌딩법이 적합하다.

17 빈출

반죽형 쿠키 중 수분을 가장 많이 함유하는 쿠키는?

① 드롭 쿠키
② 스냅 쿠키
③ 스펀지 쿠키
④ 쇼트 브레드 쿠키

해설

- 드롭 쿠키는 소프트 쿠키라고도 하며 달걀양이 많아 수분 함량이 많다.
- 스펀지 쿠키는 거품형에 해당하는 쿠키이다.

정답 12 ③ 13 ② 14 ② 15 ① 16 ④ 17 ①

18

다음 중 반죽형 케이크의 반죽 제조법에 해당하는 것은?

① 블렌딩법
② 머랭법
③ 별립법
④ 공립법

해설

블렌딩법
유지에 가루를 넣고 피복하는 방식으로 반죽의 부드러움을 우선시하며 21℃ 정도의 품온을 갖는 유지를 사용하여 배합하는 반죽형 케이크에 사용하는 제조법이다.

19

거품형 반죽에 해당되는 필수재료가 아닌 것은?

① 밀가루
② 달걀
③ 설탕
④ 버터

해설

거품형 반죽의 필수재료는 밀가루, 설탕, 달걀, 소금이다.

20 빈출

도넛의 흡유량이 높았을 때 그 원인은?

① 고율배합 제품이다.
② 튀김 온도가 높았다.
③ 튀김 시간이 짧았다.
④ 휴지 시간이 짧았다.

해설

고율배합은 설탕, 유지가 많아 튀김 시 설탕이 녹으면서 많은 기공을 만들어서 흡유량이 높다. 과도한 흡유의 또 다른 원인으로는 묽은 반죽, 팽창제 과다 사용, 어린 반죽, 튀김 온도가 낮아 튀김 시간이 길어지는 것 등이 있다.

21

반죽형 케이크를 구웠더니 너무 가볍고 부서지는 현상이 나타났을 때 그 원인은 아닌 것은?

① 반죽의 크림화가 지나쳤다.
② 반죽에 밀가루 양이 많았다.
③ 팽창제 사용량이 많았다.
④ 쇼트닝 사용량이 많았다.

해설

반죽에 밀가루 양이 많으면 무거워서 단단한 제품이 만들어진다. 반죽형 케이크의 비중은 0.8±0.05로 맞추면 적당하다.

22

구워낸 케이크 제품이 너무 딱딱한 경우 그 원인으로 틀린 것은?

① 높은 온도에서 구웠을 때
② 장시간 굽기를 했을 때
③ 밀가루의 단백질 함량이 너무 많을 때
④ 배합비에서 설탕의 비율이 많을 때

해설

쿠키나 케이크에서 설탕의 비율이 많으면 반죽이 바삭해진다.

케이크가 딱딱하게 구워지는 이유
- 거품을 덜 올렸을 때
- 케이크 반죽이 덜 구워졌을 때
- 반죽에 가루를 과도하게 섞었을 때
- 오랜 시간 구웠을 때

정답 18 ① 19 ④ 20 ① 21 ② 22 ④

CHAPTER 03

제품 저장관리

1 제품의 냉각 및 포장

(1) 냉각의 정의 및 목적

① 냉각의 정의 : 오븐에서 구워 바로 꺼낸 과자류 제품의 온도는 약 100℃로, 이를 상온에서 35~40℃ 정도의 온도로 내리는 것을 냉각이라 함

② 냉각의 목적

㉠ 곰팡이 및 기타 균의 피해를 방지

㉡ 절단 및 포장을 용이하게 함

(2) 냉각 방법

① 자연 냉각 : 실온에서 3~4시간 냉각시키는 방법

② 냉각기를 이용한 냉각

구분	내용
냉장고	0~5℃의 온도를 유지, 제과 제품의 보관에 많이 사용
냉동고	• 완만 냉동고 : -20℃ 이상으로 냉동 • 급속 냉동 : -40℃ 이하에서 냉동
냉각 컨베이어	• 냉각실에 22~25℃의 냉각공기를 불어넣고 냉각시키는 방법 • 대규모 공장에서 많이 사용

(3) 냉각 환경

구분	내용
온도	15~20℃ 사이를 유지
습도	일반적으로 80% 정도면 적당
시간	15분~1시간이면 대부분 제과류의 냉각이 이루어짐
장소	환기와 통풍이 잘되고, 병원성 미생물의 혼입이 없는 곳이어야 함

(4) 제품의 포장

① 포장의 정의 : 제품의 유통 과정에서 취급상의 위험과 외부환경으로부터 제품의 가치 및 상태를 보호하고 다루기 쉽도록 적합한 용기에 넣는 과정

② 포장의 목적

㉠ 변질이나 변색 등의 품질 변화를 방지

㉡ 제품의 수명을 연장

㉢ 위생적으로 안전하게 보호

③ 포장의 요건

㉠ 제품 내용의 품질을 보호할 수 있어야 함

㉡ 기호성이 강한 식품이므로 소비자의 구매 욕구를 일으켜야 함

④ 포장 방법 : 함기 포장(상온 포장), 진공 포장, 밀봉 포장
⑤ 포장 용기 선택 시 고려해야 할 조건
㉠ 방수성이 있고 통기성이 없을 것
㉡ 유해물질이 없고, 포장재로 인하여 내용물이 오염되지 않을 것
㉢ 상품의 가치를 높일 것
㉣ 유통 기간 중 노화를 방지하여 제품의 수명을 연장시킬 것
㉤ 취급이 용이할 것
㉥ 단가가 낮고 포장에 의해 제품이 변형되시 않을 것
㉦ 포장 온도는 38~40℃가 적합하고, 수분 함량은 38%일 것
㉧ 식품에 접촉하는 포장은 청결할 것
⑥ 제과제빵에서 포장재 : 주로 폴리에틸렌, 폴리프로필렌, 오리엔티드 폴리프로필렌, 폴리스틸렌 등의 합성수지를 사용함

2 제품의 저장 및 유통

(1) 저장방법의 종류 및 특징

실온 저장 관리	• 실온 저장 관리 기준에 따라 정기적으로 재료와 제품을 관리 • 건조 창고 온도는 10~20℃, 상대습도 50~60%를 유지하고, 채광과 통풍이 잘되어야 함 • 방충·방서시설과 환기시설을 구비하고 창고의 내부에 온도계와 습도계를 부착함 • 선입선출 기준에 따라 재료를 관리 • 작업 편의성을 고려하여 정리정돈을 함 • 재료 보관 선반의 재질은 목재나 스테인리스로 선택하고, 선반은 4~5단으로 60cm 이내 바닥에서 15cm 이상, 벽에서 15cm의 공간을 띄우도록 함
냉장 저장 관리	• 냉장 저장 관리 기준에 따라 정기적으로 재료와 제품을 관리 • 냉장 저장 온도는 0~10℃로, 습도는 75~95%에서 저장 관리 • 냉장고 내부에 온도계와 습도계를 부착하고 주기적으로 확인함 • 선입선출 기준에 따라 재료를 관리 • 작업 편의성을 고려하여 정리정돈을 함 • 냉장고 용량의 70% 이하로 식품을 보관하며, 우유와 달걀 같은 재료는 냄새가 심한 식자재와 함께 보관하지 않음 • 식품 보관 시 모든 식품은 식힌 다음 보관하고, 투명 비닐 또는 뚜껑을 덮어 낙하물질로부터 오염을 방지하도록 함 • 재료와 완제품은 바닥에 두지 않고 냉장고 바닥으로부터 25cm 위에 보관

<table>
<tr><td rowspan="2">냉동 저장 관리</td><td>• 냉동 저장 온도는 −23~−18℃, 습도는 75~95%에서 관리
• 냉동 방법 : 에어블라스트 냉동법(급속 냉동, Air Blast), 컨덕트 냉동법(급속 냉동, Conduct), 나이트로겐 냉동법(순간 냉동, Nitrogen)
• 냉동 해동 방법 : 해동 중에는 맛과 향, 감촉, 영양, 모양 등의 변화가 없어야 함
<table><tr><td>완만 해동</td><td>냉장고 내에서 해동하는 방법, 대량으로 해동할 경우 이용</td></tr><tr><td>상온 해동</td><td>실내에서 해동하는 방법, 공기 중의 수분이 제품에 직접 응결되지 않도록 주의하며 해동</td></tr><tr><td>액체 중 해동</td><td>10℃ 정도의 물 또는 식염수로 해동하는 방법, 흐르는 물에 해동</td></tr></table></td></tr>
<tr><td>• 급속 해동 : 건열 해동, 전자레인지 해동, 스팀 해동(증기), 보일 해동(뜨거운 물속), 튀김 해동(고온기름)</td></tr>
</table>

(2) 제품의 유통

① 제품 유통 시 안전한 소비기한 설정 및 적정한 표시를 해야 함

㉠ 소비기한 : 식품 등(식품, 식품첨가물, 축산물, 기구 또는 용기 · 포장을 말함)에 표시된 보관방법을 준수할 경우 섭취하여도 안전에 이상이 없는 기한

㉡ 소비기한에 영향을 주는 요인

내부적 요인	외부적 요인
원재료, 제품의 배합 및 조성, 수분 함량 및 수분활성도, pH 및 산도, 산소의 이용성 및 산화 환원 전위 등	제조 공정, 포장 재질 및 포장 방법, 위생 수준, 저장 · 유통 · 진열 조건(온도, 습도, 빛, 취급 등), 소비자 취급 등

② 제품 유통 중 온도 관리 기준에 따라 적정 온도를 설정함

실온 유통 적정 온도	실온은 1~35℃를 말하며, 제품의 특성과 계절(봄, 여름, 가을, 겨울)을 고려하여 설정
상온 유통 적정 온도	상온은 15~25℃
냉장 유통 적정 온도	냉장은 0~10℃를 말하며, 보통 5℃ 이하로 유지
냉동 유통 적정 온도	• 냉동은 −18℃ 이하를 말하며, 품질 변화가 최소화될 수 있도록 냉동온도를 설정 • 냉동 제품은 −20℃ 정도의 냉기를 유지하고 있기에 운반과 보존할 때 유의하고 유통 시 온도가 상승하여 품질을 저하시킬 수 있으므로 적정 온도를 유지하여 신속하게 운반함

Chapter 03

단원별 출제예상문제

01 빈출

케이크 제품 평가 시 외부적 특성이 아닌 것은?

① 향
② 부피
③ 껍질 색
④ 형태의 균형

해설

향은 제품의 내부적 특성으로 내부 평가 항목이다.

02 빈출

도넛에 설탕 아이싱을 사용할 때의 적합한 온도는?

① 20℃
② 25℃
③ 40℃
④ 55℃

해설

도넛에 설탕으로 아이싱할 때의 온도는 40℃ 전후가 좋다.

03 빈출

퍼프 페이스트리의 굽기 후 결점과 원인으로 틀린 것은?

① 충전물이 흘러 나옴 - 충전물 양 과다, 부적절한 봉합
② 수포 생성 - 단백질 함량이 높은 밀가루 사용
③ 수축 - 과다한 밀어 펴기, 너무 높은 오븐 온도
④ 작은 부피 - 수분이 없는 경화 쇼트닝을 충전용 유지로 사용

해설

페이스트리와 케이크의 경우 단백질 함량이 낮은 밀가루를 사용해야 부드럽게 만들 수 있다.

04 빈출

식빵의 포장에 가장 적합한 온도는?

① 20~24℃　② 25~29℃
③ 30~34℃　④ 35~40℃

해설

포장온도는 35~40℃가 적합하다. 높은 온도에서 포장을 하면 형태가 변하고, 곰팡이가 발생하기 쉬우며, 썰기가 어렵다. 반면 낮은 온도에서 포장을 하면 껍질이 건조하여 단단해지고, 노화가 빠르다.

05

퐁당 크림을 부드럽게 하고 수분 보유력을 높이기 위해 일반적으로 첨가하는 것은?

① 물, 레몬
② 물엿, 전화당 시럽
③ 소금, 크림
④ 한천, 젤라틴

해설

수분 보유력을 높이기 위해서는 물엿, 전화당과 같은 시럽 형태의 당을 사용한다.

06 빈출

도넛과 케이크의 글레이즈(Glaze) 사용 온도로 가장 적합한 것은?

① 34℃
② 49℃
③ 23℃
④ 68℃

해설

도넛과 케이크의 글레이즈 사용 온도는 43~49℃가 적당하다.

정답　01 ①　02 ③　03 ②　04 ④　05 ②　06 ②

07 빈출

젤리 롤 케이크를 말아서 성형할 때 표면이 터지는 결점에 대한 보완 사항이 아닌 것은?

① 화학적 팽창제 사용량을 감소시킨다.
② 배합의 점성을 증가시킬 수 있는 덱스트린을 첨가한다.
③ 설탕의 일부를 물엿으로 대체한다.
④ 노른자 함량을 증가하고 전란 함량을 감소시킨다.

해설

노른자는 유연성을 나쁘게 하므로 노른자 함량은 감소시키고 전란 함량을 증가시킨다.

08 빈출

쿠키 포장지의 특성으로 옳지 않은 것은?

① 통기성이 있어야 한다.
② 방습성이 있어야 한다.
③ 내용물의 색, 향이 변하지 않아야 한다.
④ 독성 물질이 생성되지 않아야 한다.

해설

공기가 통하면 노화가 빨리 진행되기 때문에 쿠키 포장지는 통기성이 없어야 한다.

09

제품의 유통 기간 연장을 위해 포장에 이용되는 불활성 가스는?

① 질소
② 산소
③ 수소
④ 염소

해설

제품의 유통 기간 연장을 위해 포장에 이용되는 불활성 가스는 질소다.

10 빈출

식품의 부패 요인과 가장 거리가 먼 것은?

① 산소
② pH
③ 이중결합
④ 수분

해설

식품의 부패에 영향을 주는 요인은 온도, 수분, pH, 산소 등이다.

11 빈출

시폰 케이크 제조 시 냉각 전에 팬에서 분리되는 결점이 나타났을 때의 원인과 거리가 먼 것은?

① 굽기 시간이 짧다.
② 반죽에 수분이 많다.
③ 오븐 온도가 낮다.
④ 밀가루 양이 많다.

해설

시폰 케이크의 제조 시 수분 함량이 많으면 냉각 전에 팬에서 잘 분리가 된다. 굽기 시간이 짧거나 오븐 온도가 낮아도 오래 굽지 않으면 수분이 많다. 밀가루 양이 많으면 구조가 단단하여 쉽게 떨어지지 않는다.

정답 07 ④ 08 ① 09 ① 10 ③ 11 ④

12 빈출

퐁당 아이싱이 끈적거리거나 포장지에 붙는 경향을 감소시키는 방법으로 옳지 않은 것은?

① 아이싱에 최대의 액체를 사용한다.
② 젤라틴, 한천 등과 같은 안정제를 적절하게 사용한다.
③ 아이싱을 다소 덥게 하여 사용한다.
④ 굳은 것은 설탕시럽을 첨가하거나 데워서 사용한다.

해설

아이싱에 최소의 액체를 사용한다.

13 빈출

포장에 대한 설명 중 틀린 것은?

① 미생물에 오염되지 않은 환경에서 포장한다.
② 온도, 충격 등에 대한 품질변화에 주의한다.
③ 뜨거울 때 포장하여 냉각손실을 줄인다.
④ 포장은 제품의 노화를 지연시킨다.

해설

뜨거울 때 포장하면 포장지 안쪽에 수분이 응축되고 제품이 눅눅해진다.

14 빈출

다음 중 포장 시에 일반적인 빵, 과자 제품의 냉각 온도로 가장 적합한 것은?

① 32℃
② 38℃
③ 22℃
④ 47℃

해설

포장하기 가장 알맞은 온도는 35~40℃이며, 수분 함량은 38%이다.

15 빈출

케이크 제품 평가 시 외부적 특성이 아닌 것은?

① 방향　　② 껍질
③ 부피　　④ 균형

해설

방향은 내부 평가에 속한다.

16 빈출

다음 제품 중 건조 방지를 목적으로 나무틀을 사용하여 굽기를 하는 제품은?

① 슈
② 카스텔라
③ 밀푀유
④ 퍼프 페이스트리

해설

나가사끼 카스텔라는 나무틀을 사용하여 굽기를 한다.

정답 12 ① 13 ③ 14 ② 15 ① 16 ②

제과제빵 기능사 산업기사

필기

핵심적인 빈출내용 정리와 심화학습이 가능하도록 요약하여 정리된 이론을 충분하게 학습한 후 단원별 출제예상문제를 풀어보시기 바랍니다.

03

제과제빵산업기사

CHAPTER 01

빵류 제품제조

1 기타 빵류 제조

(1) 잉글리쉬 머핀(English Muffin)

① 이스트로 부풀린 영국식과 베이킹파우더를 이용한 미국식 머핀이 있음

② 특징

㉠ 햄버거빵과 같은 원리로 틀을 사용하여 굽기 때문에 흐름성이 중요함

㉡ 흐름성을 좋게 하기 위하여 믹싱을 렛다운까지 오래하고 2차 발효 시 온도와 상대습도를 높게 함

(2) 바게트(프랑스빵, 불란서빵)(French Bread)

① 바게트빵의 기본재료 : 밀가루, 물, 이스트, 소금의 4가지 재료로 풍미를 살려 제조(설탕, 유지, 달걀은 거의 사용하지 않음)

② 제조공정

믹싱	모든 재료를 넣고 발전 단계(80%)까지 믹싱
1차 발효	온도 27℃, 상대습도 65~75%에서 70~120분간 발효
분할	빠른 시간 안에 분할하여 타원 모양으로 둥글리기 완료
중간 발효	15~30분간 발효
팬닝	가스빼기 후 팬닝
2차 발효	온도 30~33℃, 상대습도 75~80%에서 1시간 내외로 발효
자르기 (쿠프, Coupe)	• 신장성이 적기 때문에 불규칙으로 터짐 • 자른 면의 규칙적인 팽창으로 프랑스빵 특유의 형태를 나타냄
스팀	• 불규칙한 터짐 방지 • 겉껍질에 광택을 줌 • 얇고 바삭한 껍질을 만들 수 있음 • 껍질 형성 시간을 늦춰주므로 팽창이 커질 수 있음

(3) 데니시 페이스트리(Danish Pastry)

① 과자용 반죽인 퍼프 페이스트리에 설탕, 달걀, 버터와 이스트를 넣어 반죽을 만들어서 냉장 휴지시킨 후 충전용 마가린을 넣어 밀어 편 후 접기를 반복하여 구운 제품

② 믹싱 : 발전 단계(초기)까지 믹싱(반죽 온도 18~22℃)

③ 롤인용 유지 사용

㉠ 가소성이 뛰어난 롤인용 유지를 반죽 무게의 20~40% 사용(미국식)

㉡ 롤인용 유지의 가소성은 완제품에 층상구조를 만듦

Key point

하드롤

• 하드롤은 껍질이 딱딱한 빵으로 프랑스빵처럼 하스브레드에 속함

• 고율배합의 빵으로 40~60%으로 분할하여 반죽의 봉합부분을 잘 매듭하고 매끄럽게 둥글리기를 함

바로 확인 예제

불란서빵에서 스팀을 사용하는 이유로 부적당한 것은?

① 반죽의 유동성을 증가시킨다.
② 거칠고 불규칙하게 터지는 것을 방지한다.
③ 겉껍질에 광택을 내준다.
④ 수분이 첨가되어 빵이 촉촉하고 부드럽게 만들 수 있다.

정답 ①

풀이 불란서빵에 스팀을 분사함으로써 껍질 형성이 늦게 이루어져 팽창이 커진다.

④ 제조 시 유의사항

㉠ 충전용 유지가 녹지 않도록 작업장의 온도를 20℃, 2차 발효실의 온도와 습도를 낮게 유지함

㉡ 과량의 덧가루는 결을 안 좋게 함

㉢ 2차 발효 시간은 롤인 유지에 의한 팽창을 고려하여 일반 빵 반죽 발효의 75~80% 정도만 발효

㉣ 다른 제품보다 높은 온도에서 구워야 형태가 좋고 유지가 흐르지 않음

(4) 건포도 식빵

① 일반적인 식빵반죽의 밀가루 기준 50% 이상의 건포도를 넣어 만든 빵

② 건포도의 전처리 : 건포도가 물을 흡수할 수 있도록 미리 하는 조치

건포도의 전처리 방법	• 건포도 중량의 12%의 물이나 술을 부어 4시간 정도 담가둠 • 27℃의 물에 담가둔 후 체로 걸러 물기를 제거하고 4시간 정도 방치
건포도의 전처리 이유	• 제품 내에서 빵의 수분이 건포도로 이동하여 건조해지지 않게 함 • 건포도 본래의 향과 맛을 더욱 높일 수 있음 • 씹는 촉감 개선

③ 공정상 주의점

㉠ 건포도는 반죽의 최종 단계에 넣음

㉡ 반죽을 밀어 펼 때 건포도가 상하지 않도록 주의하여 느슨하게 밀어 폄

㉢ 당 함량이 높으므로 팬닝할 때 팬기름을 많이 칠함

㉣ 색이 진하게 날 수 있으므로 때문에 윗불을 약하게 함

(5) 호밀빵

① 밀가루에 호밀가루를 넣어 배합한 빵으로 독특한 맛과 진한 색이 특징

② 제조공정

㉠ 호밀가루가 많을수록 반죽을 짧게(발전 단계) 믹싱함

㉡ 반죽 온도 23℃

㉢ 오븐 팽창이 적으므로 팬 위로 2cm 정도 올라오도록 발효

Key point
하스브레드 형태로 호밀빵을 제조하고자 할 때는 굽기 중 불규칙한 터짐을 방지하기 위하여 스팀을 분사하고 윗면에 커팅함

2 충전물 제조

가나슈크림	용해된 초콜릿과 가열한 생크림을 1 : 1 비율로 섞어 만든 크림
버터크림	버터에 연유와 설탕이나 주석산을 114~118℃로 끓인 설탕시럽을 넣고 만든 크림
생크림	우유에서 지방을 농축시켜 지방함량이 35~40% 정도의 크림을 휘핑하여 만듦
휘핑크림	식물성 또는 동물성 지방 40% 이상인 크림을 3~5℃ 정도의 차가운 상태에서 휘핑해서 만든 크림
커스터드크림	우유, 달걀, 설탕을 섞고 안정제로 옥수수 전분이나 밀가루를 넣어 끓인 크림
디프로매트크림	커스터드크림과 무가당 생크림을 1 : 1 비율로 혼합한 조합형 크림
아이싱	• 장식재료를 가르키는 명칭 • 설탕을 위주로 한 재료를 빵이나 과자 제품에 덮거나 한 겹 씌우는 등 장식하는 데 사용
글레이즈	• 과자류 표면에 광택을 내는 일 • 표면이 마르지 않도록 젤라틴, 젤리시럽, 초콜릿 등을 덮거나 바름

3 제품평가

(1) 제품평가의 기준

① 외부평가

부피	팬의 크기에 알맞은 비용적에 의해 팬닝된 반죽의 부피가 알맞아야 함
껍질 색	황금 갈색이 고르게 착색되어야 하고 색상이 고르지 못하거나 줄무늬, 반점 등이 없어야 함
외형의 균형	한쪽으로 기울거나, 가운데가 솟아 오르거나 꺼지지 않고 좌우, 앞뒤 대칭을 이루어야 함
굽기의 균일화	식빵은 육면체이므로 윗면의 색깔과 옆면, 바닥면이 고르게 착색되어야 함
터짐성	옆면에 적당한 터짐과 찢어짐이 있어야 함

② 내부평가

조직	탄력성이 있으면서 부드럽고 실크와 같은 느낌이 있어야 함
기공	기공이 균일하고 작은 기공과 얇은 기공벽으로 이루어져 있어야 함
속결색상	크림색을 띤 흰색이 가장 이상적
맛	제품 고유의 맛이 나면서 만족스러운 식감이 있음
향	신냄새가 나지 않고 고소한 향이 남

③ 반죽에 따른 제품 비교

항목	어린 반죽 (발효, 반죽이 덜 된 것)	지친 반죽 (발효, 반죽이 많이 된 것)
부피	작음	커진 뒤 주저앉음
껍질 색	어두운 적갈색	밝은 색깔
속색	무겁고 어두운 속색	색이 희고 윤기가 부족함
향	생밀가루 냄새가 남	신 냄새가 남
외형	예리한 모서리, 매끄러운 옆면	둥근 모서리, 움푹 들어간 옆면

(2) 식빵류의 결함과 원인

엷은 껍질 색	• 설탕 사용량 부족 • 오븐 속 습도와 온도가 낮은 경우 • 연수 사용 • 굽기 시간 부족	• 오븐에서 거칠게 다룬 경우 • 오래된 밀가루 사용 • 부적당한 믹싱 • 1차 발효 시간 초과
납작한 윗면과 날카로운 모서리	• 미성숙한 밀가루 사용 • 지나친 믹싱 • 질은 반죽	• 소금 사용량이 많은 경우 • 발효실의 높은 습도
브레이크와 슈레드현상 부족	• 발효가 부족했거나 지나치게 과다한 경우 • 효소제의 사용량이 지나치게 과다한 경우	

Chapter 01

단원별 출제예상문제

01

식빵 제조 시 과도한 부피의 제품이 되는 원인은?

① 소금양의 부족
② 오븐 온도가 높음
③ 배합수의 부족
④ 미숙성 소맥분

해설

소금의 역할은 맛을 조절하는 것도 있지만 반죽을 단단하게 해주는 역할도 한다. 소금양이 부족하면 그만큼 반죽이 단단하지 못하여 과도한 부피의 원인이 될 수 있다.

02 빈출

빵의 관능적 평가법에서 외부적 특성을 평가하는 항목으로 틀린 것은?

① 대칭성
② 껍질 색상
③ 껍질특성
④ 맛

해설

맛은 내부 평가에 해당한다.

03 빈출

빵 반죽이 발효되는 동안 이스트는 무엇을 생성하는가?

① 물, 초산
② 산소, 알데하이드
③ 수소, 젖산
④ 탄산가스, 알코올

해설

이스트는 발효 과정에서 알코올과 탄산가스(이산화탄소)를 생성한다. 즉, 알코올 발효 과정에서 당분이 분해되어 알코올과 이산화탄소가 생성되며, 이산화탄소는 반죽을 부풀게 한다.

04 빈출

발효 손실에 관한 설명으로 틀린 것은?

① 반죽 온도가 높으면 발효 손실이 크다.
② 발효 시간이 길면 발효 손실이 크다.
③ 고율배합일수록 발효 손실이 크다.
④ 발효 습도가 낮으면 발효 손실이 크다.

해설

수분량이 많은 설탕, 유지가 많이 들어간 고율배합 반죽은 발효 손실이 적다.

05

빵 굽기 과정에서 오븐 스프링(Oven Spring)에 의한 반죽 부피의 팽창 정도로 가장 적당한 것은?

① 본래 크기의 약 1/2까지
② 본래 크기의 약 1/3까지
③ 본래 크기의 약 1/5까지
④ 본래 크기의 약 1/6까지

해설

오븐 스프링은 반죽 온도가 49℃에 도달하면 본래 크기의 약 1/3 정도까지 부피가 팽창한다.

정답 01 ① 02 ④ 03 ④ 04 ③ 05 ②

06

다음 중 빵 굽기의 반응이 아닌 것은?

① 이산화탄소의 방출과 노화를 촉진시킨다.
② 빵의 풍미 및 색깔을 좋게 한다.
③ 제빵 제조공정의 최종 단계로 빵의 형태를 만든다.
④ 전분의 호화로 식품의 가치를 향상시킨다.

해설

노화는 굽기 과정이 끝나고 시간이 지나면서 나타나는 현상이다.

07 빈출

프랑스빵에서 스팀을 사용하는 이유로 옳지 않은 것은?

① 거칠고 불규칙하게 터지는 것을 방지한다.
② 겉껍질에 광택을 내준다.
③ 얇고 바삭거리는 껍질이 형성되도록 한다.
④ 반죽의 흐름성을 크게 증가시킨다.

해설

구울 때 스팀을 분사하면 팽창할 수 있는 시간이 늘어나므로 볼륨 있는 빵을 만들 수 있으나 흐름성과는 관계가 없다.

08 빈출

데니시 페이스트리 제조 시의 설명으로 틀린 것은?

① 소량의 덧가루를 사용한다.
② 발효실 온도는 유지의 융점보다 낮게 한다.
③ 고배합 제품은 저온에서 구우면 유지가 흘러나온다.
④ 2차 발효 시간은 길게 하고, 습도는 비교적 높게 한다.

해설

유지가 녹아 흘러내릴 수 있으므로 2차 발효 시간은 짧게 하고, 습도는 보통 75%로 낮게 유지한다.

09 빈출

다음의 제품 중에서 믹싱을 가장 적게 해도 되는 것은?

① 불란서빵
② 식빵
③ 단과자빵
④ 데니시 페이스트리

해설

데니시 페이스트리는 정형 중 글루텐의 생성이 많기 때문에 믹싱을 너무 많이 하면 유지가 흘러내릴 수 있다. 따라서 믹싱은 발전 단계(초기)까지만 하는 것이 좋다.

10

미국식 데니시 페이스트리 제조 시 반죽 무게에 대한 충전용 유지(롤인 유지)의 사용 범위로 가장 적합한 것은?

① 10~15%
② 20~40%
③ 45~60%
④ 60~80%

해설

미국식 데니시 페이스트리 제조 시 반죽 무게에 대한 충전용 유지(롤인 유지)의 사용 범위로 가장 적합한 것은 20~40%이다.

정답 06 ① 07 ④ 08 ④ 09 ④ 10 ②

11 빈출

건포도 식빵을 만들 때 건포도를 전처리하는 목적이 아닌 것은?

① 수분을 제거하여 건포도의 보존성을 높인다.
② 제품 내에서의 수분 이동을 억제한다.
③ 건포도의 풍미를 되살린다.
④ 씹는 촉감을 개선한다.

해설

건포도의 전처리 목적으로는 식감 개선, 풍미 향상, 수분 이동 방지가 있다.

12 빈출

제빵 시 팬오일로 유지를 사용할 때 다음 중 무엇이 높은 것을 선택하는 것이 좋은가?

① 가소성
② 크림성
③ 발연점
④ 비등점

해설

팬오일은 발연점이 높아야 한다.

13

빵의 부피가 너무 작은 경우 어떻게 조치하면 좋은가?

① 발효 시간을 증가시킨다.
② 1차 발효를 감소시킨다.
③ 분할 무게를 감소시킨다.
④ 팬 기름칠을 넉넉하게 증가시킨다.

해설

빵의 부피가 작은 경우 발효 시간을 증가시키면 효모가 더 많은 이산화탄소를 생성하여 빵의 부피가 커지게 된다.

14

식빵에서 설탕을 정량보다 많이 사용하였을 때 나타나는 현상은?

① 껍질이 엷고 부드러워진다.
② 발효가 느리고 팬의 흐름성이 많다.
③ 껍질 색이 연하며 둥근 모서리를 보인다.
④ 향미가 적으며 속 색이 회색 또는 황갈색을 보인다.

해설

설탕은 제빵에서 반죽을 부드럽게 해주는 연화작용을 하고, 이스트의 먹이로써 이스트의 분해를 돕는다. 그러나 5% 이상 사용 시 삼투압 작용으로 이스트의 활동이 저해되어 발효가 느려진다.

15 빈출

일반적인 스펀지 도우법으로 식빵을 만들 때 도우의 가장 적당한 온도는?

① 17℃
② 27℃
③ 37℃
④ 47℃

해설

스펀지 도우법에서 스펀지 온도는 24℃이며, 도우 온도는 27℃이다.

정답 11 ① 12 ③ 13 ① 14 ② 15 ②

16 빈출

건포도 식빵, 옥수수 식빵, 야채 식빵을 만들 때 건포도, 옥수수, 야채는 믹싱의 어느 단계에 넣는 것이 좋은가?

① 최종 단계 후
② 클린업 단계 후
③ 발전 단계 후
④ 렛 다운 단계 후

해설

믹싱 시 충전물(건포도, 옥수수, 야채 등)은 항상 최종 단계에 넣어야 글루텐 생성에 영향을 미치지 않는다.

17

빵의 제품평가에서 브레이크와 슈레드 부족현상의 이유가 아닌 것은?

① 발효 시간이 짧거나 길었다.
② 오븐의 온도가 높았다.
③ 2차 발효실의 습도가 낮았다.
④ 오븐의 증기가 너무 많았다.

해설

브레이크와 슈레드 부족현상
- 발효 부족
- 발효 과다
- 2차 발효실의 습도 부족
- 너무 높은 오븐 온도

18

팬 기름칠을 다른 제품보다 더 많이 하는 제품은?

① 베이글
② 바게트
③ 단팥빵
④ 건포도 식빵

해설

식빵틀은 조금만 코팅이 벗겨지면 식빵과 틀이 분리되기 어렵기 때문에 다른 제품에 비해 기름을 더 많이 칠해줘야 한다. 팬기름의 적정량은 반죽의 0.1~0.2%이다.

19 빈출

불란서빵의 필수재료와 거리가 먼 것은?

① 밀가루
② 분유
③ 물
④ 이스트

해설

불란서빵의 4가지 필수재료는 밀가루, 물, 이스트, 소금이다.

20 빈출

다음 중 이스트가 오븐 내에서 사멸되기 시작하는 온도는?

① 40℃
② 60℃
③ 80℃
④ 100℃

해설

이스트는 60℃에서 사멸한다.

정답 16① 17④ 18④ 19② 20②

PART 03

CHAPTER 02

과자류 제품제조

1 쿠키류 성형

(1) 반죽 상태에 따른 쿠키의 분류

① 반죽형 쿠키

구분	내용
드롭 쿠키 (Drop Cookie)	• 달걀과 같은 액체 재료의 함량이 높아 반죽을 페이스트리 백에 넣어 짜서 성형 • 소프트 쿠키라고도 하며, 반죽형 쿠키 중 수분 함량이 가장 많고 저장 중에 건조가 빠르고 잘 부스러짐
스냅 쿠키 (Snap Cookie)	• 드롭 쿠키에 비해 달걀의 함량이 적어 수분 함량이 낮음 • 반죽을 밀어 펴서 원하는 모양을 찍어 성형 • 슈가 쿠키라고도 하며, 낮은 온도에서 구워 수분 손실이 많아 바삭바삭한 것이 특징
쇼트 브레드 쿠키 (Short bread Cookie)	• 버터와 쇼트닝과 같은 유지 함량이 높음 • 반죽을 밀어 펴서 정형기(모양틀)로 원하는 모양을 찍어 성형 • 유지 사용량이 많아 바삭바삭하고 부드러운 것이 특징

② 거품형 쿠키

구분	내용
머랭 쿠키 (Meringue Cookie)	• 달걀 흰자와 설탕을 주재료로 만들고 낮은 온도에서 건조시키는 것처럼 착색이 지나치지 않게 구워내는 쿠키 • 밀가루는 흰자와 1/3 정도를 사용할 수 있고 페이스트리 백에 넣어 짜서 성형
스펀지 쿠키 (Sponge Cookie)	• 스펀지 케이크 배합률과 비슷하나 밀가루 함량을 높여 분할 시 팬에서 모양이 유지되도록 구워냄 • 짜는 형태의 쿠키로 분할 후 상온에서 건조하여 구우면 모양 형성이 더 잘 됨

2 퍼프 페이스트리 반죽

(1) 퍼프 페이스트리(Puff pastry)

① 구울 때 반죽 사이의 유지가 녹아 생긴 공간을 수증기압으로 부풀리며, 반죽이 늘어지는 성질이 좋기 때문에 결을 많이 만들 수 있음

② 최고 250결까지 만들 수 있으며, 매우 바삭바삭함

③ 반죽 제조법에 따라 접이형과 반죽형으로 구분

(2) 퍼프 페이스트리의 반죽 분류

접이형 반죽 (프랑스식)	• 반죽에 충전용 유지를 넣고 밀어 펴고 접기를 반복하는 방법 • 롤인업(Roll-in Type)이라고도 함 • 공정이 어려운 대신 큰 부피와 균일한 결을 얻을 수 있음
반죽형 반죽 (스코틀랜드식)	• 밀가루 위에 유지를 넣고 잘게 자르듯 혼합하여 유지가 콩알 크기 정도가 되면 물을 넣고 반죽을 만들어 밀어 펴는 방법 • 각종 파이를 제조할 때 많이 사용 • 작업이 간편하나 덧가루를 많이 사용하고 결이 균일하지 않아 단단한 제품이 되기 쉬움

(3) 충전용 유지

① 충전용 유지는 외부의 힘에 의해 형태가 변한 물체가 외부 힘이 없어져도 원래의 형태로 돌아오지 않는 물질의 성질, 즉 가소성의 범위가 넓은 것이 작업하기 좋음

② 풍미가 뛰어난 버터를 전통적으로 사용하였으나, 버터는 고온에서 액체가 되고 저온에서 너무 단단해지기 때문에 가소성의 범위가 넓은 제품을 개발하여 파이용 마가린으로 유통되고 있음

3 퍼프 페이스트리 성형

(1) 퍼프 페이스트리 성형 공정

• 냉장 휴지 → 반죽 밀어 펴기 → 충전용 유지 감싸기 → 밀어 펴기 → 3겹 접기(1회)
• 냉장 휴지 → 밀어 펴기 → 3겹 접기(2회) → 냉장 휴지 → 밀어 펴기 → 3겹 접기(3회)
• 냉장 휴지 → 밀어 펴기 → 3겹 접기(4회) → 최종 밀어 펴기 → 정형 및 패닝 → 휴지 → 굽기

① 휴지

㉠ 비닐에 싸서 냉장(0~4℃)에서 20~30분간 휴지시킴

㉡ 휴지의 목적 : 재료의 수화로 글루텐 안정, 밀어 펴기 용이, 반죽과 유지의 되기 조절, 반죽 절단 시 수축 방지

㉢ 휴지 과정을 거치면 반죽 내의 전 재료의 수화를 돕고 퍼프 페이스트리 반죽과 충전용 유지의 되기를 맞출 수 있으며, 밀어 펴기가 용이하고 끈적거림을 방지하여 작업성이 향상됨

② 접기

㉠ 반죽을 정사각형으로 만들고 충전용 유지를 넣어 밀어 편 후 접음

㉡ 밀어 펴기 후 최초 크기로 4회 반복

㉢ 휴지 - 밀어 펴기 - 접기를 4회 반복

㉣ 반죽의 가장자리는 항상 직각이 되도록 함

바로 확인 예제

퍼프 페이스트리 제조에 사용하는 유지에 대한 설명으로 옳지 않은 것은?

① 롤인용 유지는 경도 변화가 커야 한다.
② 접기 조작을 할 때 유지는 형태를 유지할 수 있어야 한다.
③ 롤인용 유지는 가소성 범위가 넓어야 한다.
④ 페이스트리 부피를 증가시키기 위하여 주로 사용하는 방법은 롤인용 유지량을 증가시키는 것이다.

정답 ①

풀이 롤인용 유지는 경도 변화가 크면 온도에 민감하여 빨리 녹아 형태를 유지하기 힘들다.

③ 밀어 펴기

㉠ 유지를 배합한 반죽을 냉장고(0~5℃)에서 3분 이상 휴지시킴

㉡ 휴지 후 균일한 두께(1~1.5cm 정도)가 되도록 밀어 펴기를 함

㉢ 수작업인 경우 밀대로, 기계는 파이 롤러를 이용함

㉣ 밀어 펴기, 접기는 일반적으로 3겹 4회 접기를 함

④ 정형

㉠ 칼이나 파이 롤러를 이용하여 원하는 크기, 모양으로 절단함

㉡ 굽기 전 30~60분간 휴지시킨 후 굽기를 함

㉢ 굽는 면적이 넓은 경우 또는 충전물이 있는 경우 껍질에 작은 구멍을 냄

⑤ 반죽 보관

㉠ 성형한 반죽은 포장하여 냉장고(0~5℃)에서 4~7일까지 보관이 가능

㉡ 20℃ 이하의 냉동고에서는 수분 증발을 방지하여 장기간 보존이 가능

(2) 반죽 접기 시 주의할 점

① 온도 관리

② 과도한 덧가루 금지

③ 90°씩 방향을 바꿔 밀기

④ 반죽이 마르지 않도록 유지

4 파운드 케이크

(1) 파운드 케이크의 정의

① 제과 반죽의 기본 재료인 밀가루 : 설탕 : 달걀 : 버터의 비율이 1 : 1 : 1 : 1로 각 재료를 1파운드씩 사용하여 제조한 것에 유래

② 반죽형 반죽 과자의 대표적인 제품으로 저율배합 반죽에 속함

예 응용제품 : 마블케이크, 모카 파운드, 과일 파운드

(2) 사용 재료의 특성

① 밀가루 종류는 주로 박력분을 사용, 식감에 따라 중력분과 강력분을 사용할 수 있음

② 기타 가루를 섞을 수는 있으나 찰진 가루는 사용하지 않음

③ 크림성과 유화성이 좋은 유지를 사용함

(3) 제조방법 : 크림법

① 순서 : 유지 → 설탕 → 달걀 → 체 친 가루

② 반죽온도 : 23℃

③ 비중 : 0.75~0.85

④ 팬닝 : 70%

(4) 굽기

① 2중팬을 사용 : 제품의 옆면과 바닥의 두꺼운 껍질 형성 방지 및 제품의 식감과 맛을 좋게 함

② 윗면이 자연스럽게 터지도록 구움

③ 굽기 시 윗면이 터지는 이유 : 반죽의 수분 부족, 높은 온도에서 구워 위 껍질이 빨리 생김, 반죽 속 설탕이 다 녹지 않음, 굽기 전 위 껍질이 건조된 경우

5 스펀지 케이크

(1) 스펀지 케이크의 정의

달걀의 기포성을 이용한 대표적인 거품형 반죽 과자

예 응용제품 : 카스텔라, 롤 케이크

(2) 사용 재료의 특성

① 거의 박력분을 사용하지만 전분을 소량(12% 이하) 섞어 사용할 수 있음

② 달걀의 기포성이 좋아 따로 팽창제를 첨가하지 않아도 됨

(3) 제조방법 : 공립법이나 별립법

① 반죽온도 : 25℃

② 비중 : 0.45~0.55

③ 반죽의 마지막 단계에서 녹인 버터(60℃ 정도)를 넣고 가볍게 섞기(제노와즈)

④ 팬닝 : 50~60%

6 엔젤 푸드 케이크

(1) 엔젤 푸드 케이크의 정의

달걀 흰자만을 사용하여 만든 거품형 케이크로, 비중이 가장 낮음

(2) 사용 재료의 특성

① 밀가루는 특급 박력분을 사용

② 설탕량의 2/3는 입상형으로 머랭 반죽 시 사용하고, 1/3은 분당으로 밀가루와 혼합해 체를 쳐서 사용

(3) 제조방법

① 머랭 반죽 제조 시 주석산 크림을 넣는 시기에 따라 산전처리법과 산후처리법으로 나눌 수 있음

② 팬닝 : 틀에 이형제로 물을 분무하고 60~70%로 팬닝함

7 쿠키

(1) 쿠키의 정의

수분이 적고 크기가 작은 과자

(2) 반죽 온도 및 보관 온도

① 반죽 온도 : 18~24℃

② 보관 온도 : 10℃

(3) 반죽 특성에 따른 분류

반죽형 쿠키	• 드롭 쿠키(소프트 쿠키) • 스냅 쿠키(슈가 쿠키) • 쇼트 브레드 쿠키(모양 틀에 찍는 부드러운 쿠키)
스펀지 쿠키 (거품형 쿠키)	• 스펀지 쿠키(핑거 쿠키) • 머랭 쿠키(마카롱)

(4) 쿠키의 퍼짐성을 좋게 하기 위한 방법

① 팽창제 사용

② 입자가 큰 설탕 사용

③ 오븐 온도를 낮게 설정

④ 알칼리성 재료의 사용량 증가

8 슈

(1) 슈의 정의

구워진 형태가 양배추와 비슷하다 하여 프랑스어로 "슈"라 하고, 텅 빈 내부에 크림을 충전함

예 응용제품 : 에클레어, 추러스, 파리브레스트

(2) 사용 재료의 특성

① 먼저 밀가루를 충분히 익힌 뒤 구움

② 기본 재료에는 설탕이 들어가지 않음

③ 슈에 설탕을 넣게 되면 윗면이 둥글고 내부 구멍 형성이 좋지 않으며, 표면에 균열이 생기지 않고 색이 빨리 나게 됨

(3) 굽기

① 슈는 팽창률이 매우 크므로 팬에 배치할 때 간격이 넓어야 함

② 처음에는 아랫불을 높여 굽다가 충분히 팽창하고 표피가 터지면 아랫불을 줄이고 윗불을 높여 구움

③ 굽기 중 오븐 문을 열게 되면 슈가 주저앉을 수 있으므로 문을 열지 않아야 함

9 타르트

(1) 타르트의 정의

얇은 원형 틀에 반죽을 깔고 크림을 채워서 구운 것

(2) 제조 공정

① 반죽법은 크림법으로 제조

② 껍질은 글루텐이 형성되지 않도록 반죽하고 냉장 휴지해야 바삭한 껍질을 만들 수 있음

③ 타르트 반죽을 틀에 깔 때 손가락으로 틀 안쪽으로 끝까지 밀어줘야 수축을 방지할 수 있음

④ 크림을 너무 많이 짜지 않도록 주의함

10 케이크 도넛

(1) 제조 공정

① 공립법으로 제조

② 반죽 온도 : 22~24℃

③ 도넛 반죽을 휴지시키는 이유

㉠ 표피가 쉽게 마르지 않고, 밀어 펴기가 쉬움

㉡ 반죽이 잘 부풀도록 하기 위해

④ 튀김 온도 : 180℃ 전후

⑤ 튀김 기름의 적정 깊이 : 12~15cm

(2) 도넛에 기름이 많은 이유

① 튀김 온도가 낮은 경우

② 반죽에 수분이 많아 질은 경우

③ 설탕, 유지, 팽창제의 사용량이 많은 경우

④ 튀김 시간이 긴 경우

⑤ 믹싱 시간이 짧아 글루텐이 약한 경우

(3) 도넛의 부피가 작은 경우

① 튀김 온도가 높아 튀김 시간이 짧은 경우

② 반죽 온도가 낮은 경우

③ 강력분을 사용한 경우

11 냉과

(1) 냉과의 정의

제품을 굽거나 튀기거나 찌지 않고 냉장고에 넣어 차게 굳혀 마무리하는 제품

(2) 냉과의 종류

무스	• 프랑스어로 '거품'을 뜻함 • 크림을 거품 내어 달걀, 설탕, 안정제로 젤라틴 등을 넣고 만든 디저트
블랑망제	'하얀 음식'이란 뜻으로 생크림과 젤라틴, 우유를 섞어 만든 부드러운 디저트
바바루아	설탕, 노른자, 젤라틴을 뜨거운 우유에 넣고 식힌 다음, 거품을 낸 달걀 흰자와 생크림을 넣고 틀에 넣어 다시 식혀서 굳히는 디저트
젤리	펙틴이나 젤라틴 등의 안정제를 과일과 섞어 얼린 디저트
푸딩	달걀, 설탕, 우유 등을 혼합하여 중탕으로 구운 제품

12 다양한 성형

(1) 슈의 정형 공정 시 실패 원인

① 크기와 모양이 균일하지 않음 → 짜 놓은 반죽의 크기가 일정하지 않거나 간격을 너무 좁게 짜면 구울 때 서로 퍼지면서 붙게 됨

② 부피가 작음 → 표면의 수분이 적정하면 껍질 형성을 지연시켜 부피를 좋게 하지만, 수분이 너무 많으면 과다한 수증기로 인해 부피가 작은 제품이 됨

③ 슈의 껍질이 불균일하게 터짐 → 짜 놓은 반죽을 장시간 방치하면 표면이 건조되어 마른 껍질이 형성되며, 굽는 동안 팽창압력을 견디는 신장성을 잃게 되어 터지거나 불균일하게 터짐

④ 바닥 껍질에 공간이 생김 → 팬 오일이 과다하면 구울 때 슈 반죽이 팬으로부터 떨어지려 하여 바닥 껍질 형성이 느리고 공간이 생김

(2) 타르트의 정형 공정 시 실패 원인(바닥 껍질에 공간이 생겼을 경우)

① 팬에 반죽을 넣을 때 밑바닥에 반죽을 밀착시켜 공기를 빼 주어야 하며, 공기가 빠지지 않으면 밑바닥이 뜨는 원인이 됨

② 타르트 반죽을 밀어 편 후 피케(Piquer) 롤러(파이 롤러)나 포크로 구멍을 내 주어야 빈 공간이 생기지 않음

(3) 파이의 정형 공정 시 실패 원인

① 반죽을 너무 얇게 밀어 펴면 정형 공정 시 또는 구울 때 방출되는 증기에 의해 찢어지기 쉽고, 파치 반죽을 많이 사용하게 되면 수축되기 쉬움

② 밀어 펴기가 부적절하거나 고르지 않아도 찢어지기 쉬움

③ 성형 시 작업을 너무 많이 하거나 덧가루를 과도하게 사용한 반죽은 글루텐 발달에 의해 질긴 반죽이 되기 쉽고, 위 껍질을 너무 과도하게 늘려 파이 껍질의 가장자리를 봉합하면 구운 후 수축함

④ 파이 껍질의 둘레를 잘 봉하지 않거나 윗면에 구멍을 뚫어 놓지 않으면 구울 때 발생하는 수증기가 빠지지 못해 충전물이 흘러나오고, 바닥 껍질이 너무 얇으면 충전물이 넘침

⑤ 파이 껍질에 구멍을 뚫어 놓지 않거나 달걀물을 너무 과하게 칠하면 물집이 생김

(4) 도넛의 정형 공정 시 실패 원인

① 강력분이 많이 들어간 케이크 도넛 반죽은 단단하여 팽창을 저해하고, 10~20분간의 플로어 타임을 주지 않으면 반죽을 단단하게 함

② 반죽 완료 후부터 튀김 시간 전까지의 시간이 지나치게 경과한 경우엔 부피가 작음

③ 케이크 도넛 반죽이 너무 질거나 연하면 튀김 중 반죽의 퍼짐이 커져서 더 넓은 표면적이 기름과 접촉하게 되므로 도넛에 기름이 많아짐

④ 밀어 펴기 시 두께가 일정하지 않거나 많은 양의 파치(Waste) 반죽을 밀어서 성형한 경우 파치의 상에 따라 얇거나 두껍게 되어 모양과 크기가 균일하지 않음

⑤ 밀어 펴기 시 과다한 덧가루는 튀긴 후에도 표피에 밀가루 흔적이 남아 튀긴 후 색이 고르지 않음

⑥ 튀기기 전에 플로어 타임을 주지 않으면 도넛 껍질이 터지는 현상이 발생함

(5) 아이싱(Icing)

① 설탕을 위주로 안정제를 혼합하여 빵 또는 과자 제품의 표면에 바르거나 피복하여 설탕 옷을 입혀 모양을 내는 장식

② 아이싱은 물, 유지, 설탕, 향료, 식용색소 등의 재료를 섞은 혼합물로 프랑스어로는 글라사주(Glacage)라 불림

③ 안정제 사용 목적 : 아이싱 반죽에 안정제를 사용하면 아이싱 반죽의 끈적거림과 부서짐을 방지함

④ 아이싱의 종류

구분	내용
워터 아이싱 (Water Icing)	케이크나 스위트롤에 바르는 아이싱으로, 물과 설탕으로 만듦
로열 아이싱 (Royal Icing)	• 케이크에 고급스러운 순백색의 장식을 위해 사용 예 웨딩 케이크, 크리스마스 케이크 • 흰자와 머랭 가루를 분설탕과 섞고, 색소나 향료, 아세트산을 더해 만듦
퐁당 아이싱 (Fondant Icing)	• 설탕과 물(10 : 2의 비율)을 115℃까지 가열하여 끓인 시럽을 40℃로 급랭시켜 치대면 결정이 희뿌연 상태의 퐁당이 됨 • 각종 양과자의 표면과 아이싱에 사용
초콜릿 아이싱 (Chocolate Icing)	초콜릿을 녹여 물과 분당을 섞은 것

Key point
단순 아이싱(Flat Icing)
분당, 물, 물엿, 향료를 섞어 43℃로 가열해 만듦

13 냉각

(1) 냉각의 정의

① 오븐에서 나온 제품의 온도를 상온의 온도로 낮추는 것

② 냉각하는 동안 손실률은 2%

③ 냉각하는 장소의 온도는 20~25℃, 상대습도는 75~85%

④ 냉각된 제품의 온도는 35~40℃, 수분 함량은 약 38%

(2) 냉각의 목적

① 곰팡이 및 세균 등의 피해 억제

② 제품의 재단 및 포장 용이

③ 상품가치 향상

(3) 냉각의 방법

구분	내용
자연 냉각	• 상온 온도와 습도로 냉각하는 방법 • 3~4시간 걸림
터널식 냉각	• 공기 배출기를 이용하여 냉각하는 방법 • 120~150분 걸림
에어컨디션식 냉각	• 공기 조절식 냉각 방법 • 온도 20~25℃, 습도 85%의 공기를 통과시켜 60~90분 냉각시키는 방법 (냉각 방법 중 가장 빠름)

14 포장 및 포장재

Key point

포장의 적합한 온도 : 35~40℃

(1) 포장의 목적

① 미생물, 세균에 의한 오염 방지

② 제품의 가치 및 상태를 보호하고 상품의 가치 향상

③ 수분 손실을 막아 제품의 노화 지연으로 저장성 향상

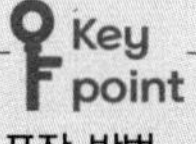

Key point

포장 방법

• 함기 포장(상온 포장)
• 밀봉 포장
• 진공 포장

(2) 포장재의 조건

① 포장 시 상품의 가치를 높일 수 있어야 함

② 세균과 곰팡이의 침입을 막을 수 있어야 함

③ 포장재에 의해서 모양이 유지되어야 함

④ 단가가 낮아야 함

(3) 포장재의 종류

① 종이 및 판지 제품

㉠ 종이 제품의 종류

구분	내용
크라프트지 (kraft paper)	• 표백되지 않은 크라프트 펄프로 만든 갈색 종이 • 설탕 포대, 밀가루 포대, 곡물 포대 등

황산지 (parchment paper)	• 황산 처리로 강력하고 내유성 및 내수성을 지닌 가공지 • 물리적 강도가 크며, 탄력성과 신축성이 비교적 좋아 속포장지로 사용 • 버터, 마가린 등의 유지 식품
글라신지 (glassine paper)	• 투명도와 내유성이 높은 종이 • 유리와 같이 매끄러운 표면을 가지고 있음 • 양과자, 초콜릿, 쿠키 등
왁스지 (waxing paper)	• 파라핀 왁스 또는 합성수지를 투입한 왁스를 가공한 종이 • 항습성과 내유성, 열 접착성이 있어 포장에 유리하나 접는 부분에 금이 갈 수 있음 • 방습, 방수 포장재

㉡ 판지
- 판지는 평량 100g/m² 또는 두께 1mm 이상의 것으로 식품의 외포장재로 가장 많이 사용됨
- 골의 종류에 따라 분류하고, 일반적으로 여러 겹의 판지 층으로 만드는 다층 판지이므로 두껍고 단단하며, 플라스틱 필름이나 다른 종이와 결합하여 사용하기도 함

② 셀로판(cellophane)

㉠ 셀로판은 펄프를 용해하고 소다를 가해 만든 비스코스(viscos)를 압출한 후 글리세롤, 에틸렌글리콜, 솔비톨 등의 유연제로 처리, 건조시켜 부드럽게 만듦

㉡ 이때 사용되는 유연제의 종류와 양에 따라 셀로판의 물성이 달라짐

㉢ 셀로판은 표면의 광택, 색채의 투명성이 아주 좋고, 인쇄 적성이 뛰어나며 먼지가 잘 묻지 않으나 찢어지기 쉬운 단점이 있음

㉣ 한 면이나 양면에 니트로셀룰로스(나이트로셀룰로스)나 폴리염화비닐리덴을 코팅한 셀로판은 강도, 투명도, 열 접착성이 우수하며, 수분 및 산소 차단성, 인쇄성이 좋음

③ 플라스틱 포장재

㉠ 플라스틱 포장재의 발달

초기	파라핀을 입힌 기름종이를 사용
1930년대	투명한 셀로판 재질의 포장재가 개발됨
1950년대	폴리에틸렌을 비롯한 여러 플라스틱 포장재가 개발됨

㉡ 플라스틱 포장재는 가볍고 가소성이 있으며, 산, 알칼리, 염 등의 화학 물질에 매우 안정적

㉢ 인쇄성, 열 접착성이 좋고 가격이 저렴하여 대량 생산이 가능하므로 가장 많이 사용됨

㉣ 빵의 포장 재질은 저밀도의 폴리에틸렌이며, 주로 봉투 형태가 사용됨

Key point

종이 제품의 특징
- 장점 : 위생적이고 편리하며 자외선 차단이나 산화 방지의 보호성이 있고, 가볍고 가격이 저렴하여 경제적임
- 단점 : 내수성, 내습성, 방습성이 약하여 액체나 기체의 차단성이 약함
- 이를 보완하기 위하여 다른 재료를 코팅하거나 접합하여 사용하기도 함

Key point

평량(basic weight)
- 종이 또는 판지를 가로 및 세로를 각 1m를 잘라 낸 1m²의 무게를 환산한 수치
- 품질을 구분하는 일종의 척도

바로 확인 예제

포장된 제품의 품질변화 현상이 아닌 것은?

① 전분의 호화
② 향의 변화
③ 촉감의 변화
④ 수분의 이동

정답 ①

풀이 전분의 호화는 전분이 수분을 만나 가열하면 일어나는 현상으로 포장과는 상관이 없다.

(4) 플라스틱 포장재의 종류

폴리에틸렌 (PE : polyethylene)	• 열에 강한 소재로 주방용품에 많이 사용 • 가공이 쉬워 다양한 제품군에 사용되며, 페트병의 주원료가 됨 • 장시간 햇빛에 노출되어도 변색이 거의 일어나지 않음 예 페트병
폴리프로필렌 (PP : polypropylene)	• 가볍고 열에 강한 소재로 식기, 제품 케이스 등 다양한 용도에 사용 • 유해 물질이 발생하지 않는 친환경 소재로 향균 기능도 갖추고 있음 예 일회용 컵
폴리스티렌 (PS : polystyrene)	• 플라스틱 중 표준이 되는 수지로 광택이 좋고 투명하며, 독성이 없음 • 내열성이 떨어져 뜨거운 것에 닿으면 쉽게 녹음 예 일회용 컵, 과자의 포장 용기
오리엔티드 폴리프로필렌 (OPP : oriented polypropylene)	• 열에 의해 수축은 되나 가열로 접착은 불가능함 • 투명성, 방습성, 내유성이 우수함 예 쿠키 봉투

Chapter 02

단원별 출제예상문제

01

슈 껍질의 굽기 후 밑면이 좁고 공과 같은 형태를 가졌다면 그 원인은?

① 반죽이 질고 글루텐이 형성된 반죽이다.
② 온도가 낮고 팬에 기름칠이 적다.
③ 밑불이 윗불보다 강하고 팬에 기름칠이 적다.
④ 반죽이 되거나 윗불이 강하다.

해설

팬에 기름칠이 적거나 오븐 열이 부족한 경우, 슈가 제대로 부풀지 못하고 밑면이 좁고 공과 같은 모양이 된다.

02 빈출

다음 중 쿠키의 과도한 퍼짐 원인이 아닌 것은?

① 유지 함량이 적을 때
② 반죽의 되기가 너무 묽을 때
③ 설탕 사용량이 많을 때
④ 굽는 온도가 너무 낮을 때

해설

유지량이 적으면 크림화가 덜 되어 퍼짐이 작다.

03 빈출

반죽형 쿠키 중 수분을 가장 많이 함유하는 쿠키는?

① 스펀지 쿠키
② 드롭 쿠키
③ 스냅 쿠키
④ 쇼트 브레드 쿠키

해설

전체 쿠키 중에서는 스펀지 쿠키가 수분이 가장 많지만, 반죽형 쿠키 중에서는 드롭 쿠키가 수분이 가장 많다.

04 빈출

팬에 바르는 기름은 다음 중 무엇이 높은 것을 선택해야 하는가?

① 가소성 ② 산가
③ 크림성 ④ 발연점

해설

팬에 바르는 기름은 발연점이 높은 기름을 사용해야 한다.

05

푸딩을 제조할 때 경도의 조절은 어떤 재료에 의하여 결정되는가?

① 설탕 ② 달걀
③ 소금 ④ 우유

해설

푸딩은 달걀의 열변성에 의한 농후화 작용을 이용하여 만드는 제품으로, 달걀을 이용하여 단단하고 부드러운 정도를 조절한다.

06

단순 아이싱(Flat Icing)을 만드는 데 필요한 재료가 아닌 것은?

① 설탕 ② 물
③ 분당 ④ 물엿

해설

단순 아이싱은 분당, 물, 물엿, 향료를 섞어 43℃로 가열해 만든다.

정답 01 ② 02 ① 03 ② 04 ④ 05 ② 06 ①

PART 03

07

슈 재료의 계량 시 같이 계량해서는 안 될 재료로 짝지어진 것은?

① 물 + 소금
② 버터 + 물
③ 밀가루 + 베이킹파우더
④ 버터 + 소금

해설

슈 반죽은 도중에 밀가루를 호화시키는 과정이 있으므로, 열에 의해 팽창 작용을 일으키는 베이킹파우더를 밀가루와 같이 계량하는 것은 옳지 않다. 베이킹파우더를 넣을 경우 마지막에 넣는다.

08

아이싱에 사용하는 안정제 중 적정한 농도의 설탕과 산이 있어야 쉽게 굳는 것은?

① 젤라틴
② 로커스트빈검
③ 한천
④ 펙틴

해설

당분 60~65%, 펙틴 0.1~1.5%, pH 3.2의 산이 되면 젤리 형태로 굳는다.

09 빈출

퍼프 페이스트리 제조 시 다른 조건이 같을 때 충전용 유지에 대한 설명으로 틀린 것은?

① 충전용 유지가 많을수록 밀어 펴기가 쉬워진다.
② 충전용 유지가 많을수록 결이 분명해진다.
③ 충전용 유지는 가소성 범위가 넓은 파이용이 적당하다.
④ 충전용 유지가 많을수록 부피가 커진다.

해설

충전용 유지가 많을수록 결이 분명해지고 제품의 부피가 커지면서 밀어 펴기는 어려워진다. 퍼프 페이스트리에 사용하는 충전용 유지는 가소성의 범위가 넓어야 한다.

10

퍼프 페이스트리 반죽을 만드는 데 꼭 들어가지 않아도 되는 재료는?

① 소금
② 설탕
③ 찬물
④ 쇼트닝

해설

퍼프 페이스트리 반죽에는 설탕을 거의 사용하지 않는다.

11 빈출

롤 케이크를 말 때 표면이 터지는 결점을 방지하기 위한 조치 방법이 아닌 것은?

① 설탕의 일부를 물엿으로 대체한다.
② 노른자를 줄이고 전란을 증가시킨다.
③ 덱스트린을 적당량 첨가한다.
④ 오버 베이킹이 되도록 한다.

해설

오버 베이킹을 하면 수분 손실이 많아 건조해지고 노화가 빠르며 말기 중 터질 수 있다.

정답 07 ③ 08 ④ 09 ① 10 ② 11 ④

12

설탕 공예용 당액 제조 시 고농도화된 당의 결정을 막아주는 재료는?

① 주석산
② 포도당
③ 중조
④ 베이킹파우더

해설

설탕 공예 시럽을 끓일 때 주석산을 소량 넣으면 당의 결정을 늦추어 준다.

13 빈출

반죽의 비중과 관계가 적은 것은?

① 제품의 기공
② 제품의 점도
③ 제품의 부피
④ 제품의 조직

해설

비중이 높으면 부피가 작고 기공이 조밀하며, 비중이 낮으면 부피가 많이 부풀었다 주저 앉으면서 기공이 거칠어지고 가벼워진다.

14 빈출

다음 중 케이크의 아이싱에 주로 사용되는 것은?

① 휘핑크림
② 마지팬
③ 프랄린
④ 글레이즈

해설

휘핑크림은 지방이 40% 이상인 생크림에 거품을 내어 케이크 아이싱이나 장식에 사용한다.

15

아이싱 크림에 많이 쓰이는 퐁당(Fondant)을 만들 때 끓이는 온도로 가장 적합한 것은?

① 97~100℃
② 85~97℃
③ 114~118℃
④ 126~132℃

해설

퐁당을 만들 때 끓이는 온도는 114~118℃가 적합하다.

16 빈출

다음 제품 중 팬닝할 때 제품의 간격이 가장 넓어야 하는 제품은?

① 슈
② 마카롱
③ 오믈렛
④ 쇼트 브레드 쿠키

해설

슈는 팽창률이 매우 크므로 팬에 배치할 때 제품의 간격이 넓어야 골고루 팽창할 수 있다.

17

흰자 100에 대하여 설탕 180의 비율로 만든 머랭으로, 하루 두었다가 사용해도 무방한 머랭은?

① 이탈리안 머랭
② 냉제 머랭
③ 스위스 머랭
④ 온제 머랭

해설

스위스 머랭은 구우면 표면에 광택이 난다.

정답 12 ① 13 ② 14 ① 15 ③ 16 ① 17 ③

18

아이싱에 사용되는 재료 중 다른 세 가지와 조성이 다른 것은?

① 버터크림
② 스위스 머랭
③ 이탈리안 머랭
④ 퐁당

해설

버터크림은 버터, 달걀 노른자, 설탕, 우유 등을 넣어서 만든 크림으로 케이크나 빵, 과자 샌드크림으로 많이 사용된다.

19 빈출

퍼프 페이스트리 제조 시 휴지의 목적이 아닌 것은?

① 저온처리를 하여 향이 좋아진다.
② 반죽과 유지의 되기를 같게 한다.
③ 밀어 펴기를 쉽게 한다.
④ 밀가루가 수화를 완전히 하여 글루텐을 안정시킨다.

해설

퍼프 페이스트리 제조 시 휴지를 하는 것과 향이 좋아지는 것은 관계가 없다.

20 빈출

머랭을 제조할 때 주석산 크림을 사용하는 이유가 아닌 것은?

① 머랭의 pH를 낮춘다.
② 맛과 조직을 좋게 한다.
③ 색을 희게 한다.
④ 흰자를 강하게 한다.

해설

주석산 크림을 사용하면 pH를 낮춰 안정성을 높이고 흰자를 강하게 한다.

21

포장재로 적합하지 않은 것은?

① 알루미늄 ② 종이
③ 사기그릇 ④ 천

해설

포장재로 종이, 알루미늄, 사기그릇, 유리, 자기 등이 있다.

22

포장 방법이 아닌 것은?

① 함기 포장 ② 진공 포장
③ 냉장 포장 ④ 밀봉 포장

해설

포장 방법에는 함기 포장(상온 포장), 밀봉 포장, 진공 포장이 있다.

23 빈출

소비기한에 영향을 미치는 외부적 요인이 아닌 것은?

① 포장 재질 ② 위생 수준
③ pH ④ 소비자 취급

해설

소비기한에 영향을 미치는 외부적 요인으로는 제조공정, 위생 수준, 포장 재질 및 방법, 저장, 유통, 진열조건, 소비자 취급 등이 있다.

24 빈출

포장의 목적이 아닌 것은?

① 품질 변화를 도움 ② 제품의 수명 연장
③ 제품 보호 ④ 위생 안전

해설

포장은 품질 변화를 방지한다.

정답 18 ① 19 ① 20 ② 21 ④ 22 ③ 23 ③ 24 ①

CHAPTER
03 매장관리 및 베이커리경영

1 인력관리

(1) 베이커리 인적자원관리

① 베이커리 인적자원관리의 정의 : 베이커리 경영에 있어 필요로 하는 인력의 조달과 유지, 활용, 개발에 관한 계획적이고 조직적인 총체적 관리 활동

② 베이커리 인적자원관리의 목적

㉠ 제과점에서 필요한 인력을 효율적으로 조달하고 관리하는 데 중점을 둠

㉡ 베이커리 조직의 목적과 베이커리 종업원의 욕구를 통합하여 극대화하여야 함

㉢ 인당 생산성을 높일 수 있는 생산성 목표와 인간관계, 직무만족을 유지시키는 유지 목표를 동시에 추구하여야 함

㉣ 근로 생활의 질을 충족시키며 근로의 질적 향상을 추구함으로써 근로자의 작업환경, 직무내용, 최저 소득수준 증가 및 개인과 사회복지에 기여하여야 함

㉤ 베이커리 경영전략과의 적합관계가 유지되도록 인적자원전략의 목표를 설정

㉥ 베이커리 기업의 경영활동에 필요한 유능한 인재를 확보하고 육성・개발하며 이들에 대한 공정한 보상과 유지 활동을 이룩하는 데 중점을 둠

(2) 베이커리 인력관리

① 인력관리는 베이커리에서 필요로 하는 인력의 조달과 유지・활용・개발에 관한 계획적이고 조직적인 관리활동

② 고용 과정

㉠ 채용 : 채용이 결정되면 지원자에게 고용 통보를 하고 근무 시작 날짜와 오리엔테이션 및 훈련 스케줄, 업무내용, 근무 스케줄, 임금과 복지 등에 대해 안내

㉡ 근로 계약 : 근무 여부를 최종적으로 확인한 후 노사 간에 근로 계약서를 작성

㉢ 배치와 이동

배치	고용이 결정되면 직무에 배속시키는 것
이동	현재의 직무에서 다른 직무로 전환시키는 것

(3) 직업윤리

① 직업윤리의 정의

㉠ 직업을 수행하는 사람들에게 요구되는 행동규범

㉡ 자기가 맡은 일에 투철한 사명감과 책임감을 가지고 일을 충실하게 수행하고 도덕적으로 행동함을 의미함

② 직업윤리의 5대 원칙 : 객관성의 원칙, 고객중심의 원칙, 전문성의 원칙, 정직과 신용의 원칙, 공정경쟁의 원칙

③ 고객 만족

㉠ 고객의 욕구와 기대에 최대한 부응하고 그 결과에 따라 상품과 서비스의 재구입이 이루어지며 고객의 신뢰감이 연속적으로 이어지는 상태를 말함

㉡ 고객의 기대 수준은 개인마다 차이가 있고 지속적으로 고객의 욕구 수준을 파악해야 고객의 만족도를 높일 수 있음

㉢ 고객 만족의 3요소

하드웨어적 요소	제과점 인테리어시설, 제과점의 상품, 기업 이미지와 브랜드 파워, 주차시설 등
소프트웨어적 요소	제과점의 서비스 절차, 제과점의 상품과 서비스, 예약과 업무처리 능력, 접객시설, 고객관리 시스템, 사전 · 사후관리 등
휴먼웨어적 요소	제과점 직원이 가지고 있는 서비스 마인드와 접객태도, 직원의 행동 매너, 능력과 권한 등 인적자원을 말함

④ 고객 접점(MOT)

㉠ 제과점 등의 서비스업에서 고객 접점은 고객과 접하는 모든 순간을 말함

㉡ 현장에서 고객과 접하는 최초의 순간을 의미하며, 15초 동안의 고객 응대 태도에 따라 고객의 의사결정뿐만 아니라 기업의 이미지가 결정됨

MOT
Moment Of Truth의 약자로, 진실의 순간 혹은 결정적인 순간을 말함

2 판매관리

(1) 원가관리

① 원가 : 특정 재화의 제조나 용역을 제공하기 위해 소비되는 경제가치를 화폐 단위로 표시한 것

② 원가의 3요소

재료비	제품의 제조 활동에 소비되는 재료비용	
	직접 재료비	제품 생산에 직접 소비된 비용(주 · 부원료)
	간접 재료비	보조 재료비(포장재, 수선용 재료)
노무비	제품의 생산 활동에 직 · 간접적으로 종사하는 인건비	
	직접 노무비	제품 생산에 직접 종사한 인건비(월급, 상여금 등)
	간접 노무비	보조 작업 노무비(수당, 급여 등)
경비	재료비, 노무비를 제외한 비용	
	직접 경비	제품에 직접 사용된 경비
	간접 경비	판매비와 일반관리비, 감가상각비, 세금 등

③ 원가의 구성 : 직접원가, 제조원가, 총원가

④ 원가를 줄이기 위한 방법

원재료비 줄이기	꼼꼼한 구매관리와 재고 파악으로 재료비 줄이기, 선입선출 관리하에 재료 손실의 최소화, 원료 사용량 대비 제품 제조량 확대, 철저한 품질관리하에 불량률 최소화, 구매를 위한 시장조사와 구매 거래처 선정의 합리화
노무비(인건비) 줄이기	생산 기술면에서 제조 방법 개선, 설계 및 작업의 표준화와 단순화, 생산 소요 시간과 공정 시간 단축에 의한 생산성 향상, 꾸준한 신기술 교육과 직업의식 강화
경비 줄이기	운반방법의 개선, 설비관리 철저, 출장비, 수선비, 통신비, 임차료 등의 절약

3 고객 응대관리

(1) 고객관리

고객 중심의 사고를 통해서 고객의 욕구와 기대에 부응하고 제품과 서비스에 만족감을 주어 재구매와 신뢰감을 이어갈 수 있도록 관리하는 것

(2) 고객 응대 예절

① 첫인상에서 친절한 이미지와 정성스러운 마음가짐 필요

② 단정한 용모와 깨끗한 복장

③ 인사 : 목례(상체를 15도 정도 굽혀 인사), 보통례(상체를 30도 숙여 인사), 정중례(상체를 45도 정도 깊게 숙여 인사)로 상황에 맞추어 인사를 함

(3) 고객관리 방법

고객 선별하기 (고객의 세분화)	• 성별과 연령, 행동 특성 등을 파악 • 타겟팅, 포지셔닝 가능 여부 및 실행 가능성 타진 • 단골고객과 일반고객의 세분화 • 구매력 여부 파악
신규고객 확보	• 고객 접점(MOT)이 고객 만족과 직결됨 • 고객을 위한 감동 서비스 정신으로 신규고객을 확보 • 시식과 쿠폰, 마일리지 적립 등을 활용 • 온라인을 적극 활용

4 생산관리

(1) 생산관리의 정의

① 사람(Man), 재료(Material), 자금(Money)의 3요소를 유효 적절하게 사용하여 좋은 물건을 저렴한 비용으로, 필요한 양을 필요한 시기에 만들어 내기 위한 관리 또는 경영(Management)

② 거래 가치가 있는 물건을 납기 내에 공급할 수 있도록 필요한 제조를 하기 위한 수단과 방법

(2) 생산활동의 구성요소(4M)

① Man(사람, 질과 양) ② Material(재료, 물질)
③ Machine(기계, 시설) ④ Method(방법)

(3) 생산관리의 기능

<table>
<tr><td rowspan="3">품질 보증 기능</td><td colspan="2">• 품질의 요구 사항이 충족될 것이라는 신뢰를 제공하는 데 중점을 둔 품질 경영의 한 부분
• 사회나 시장의 요구를 조사하고 검토하여 그에 알맞은 제품의 품질을 계획, 생산하며 더 나아가 고객에게 품질을 보증하는 기능</td></tr>
<tr><td>품질</td><td>제품 고유 특성의 집합이 고객의 요구 사항을 충족시키는 정도</td></tr>
<tr><td>품질 보증</td><td>품질 요구 사항이 충족될 것이라는 신뢰를 제공하는 데 중점을 둔 품질 경영의 한 부분</td></tr>
<tr><td>적시 적량 기능</td><td colspan="2">시장의 수요 경향을 헤아리거나 고객의 요구에 바탕을 두고 생산량을 계획하며 요구 기일까지 생산하는 기능</td></tr>
<tr><td>원가 조절 기능</td><td colspan="2">• 제품을 기획하는 데서부터 제품 개발, 생산 준비, 조달, 생산까지 제품 개발에 드는 비용을 계획된 원가에 맞추는 기능
• 기획과 개발 단계에서 대부분의 원가가 결정됨</td></tr>
</table>

(4) 재고관리

① 재고관리의 정의

㉠ 식재료의 제조 과정에 있는 것과 판매 이전에 있는 보관 중인 것을 포함하며, 이들 모두가 재고로 관리됨

㉡ 상품 구성과 판매에 지장을 초래하지 않는 범위 내에서 재고 수준을 결정하고, 재고상의 비용이 최소가 되도록 계획 · 통제하는 경영 기능을 의미함

② 재고관리 방법

㉠ 재고 관리를 확실히 하려면 관리 시 생기는 경제 효과와 관리에 필요한 비용을 비교하여 실시 여부를 검토해야 함

㉡ 재고관리 방법의 종류

정량 주문 방식	• 베이커리 부서에서 가장 많이 쓰이는 방식으로, 원재료의 재료량이 줄어들면 일정량을 주문하는 방식 • 재고량도 사용 또는 판매의 형태로 소비되므로 그만큼 보충하지 않으면 안 됨
ABC 분석	• 자재의 품목별 사용금액을 기준으로 하여 자재를 분류하고 그 중요도에 따라 적절한 관리 방식을 도입하여 자재의 관리 효율을 높이는 방안 • 즉, 자재의 소비 금액이 큰 순서로 나열한 후 누계 곡선을 작성하고, 상위의 약 10%를 A그룹, 다음의 20%를 B그룹, 나머지 70%를 C그룹으로 함 • 이와 같이 중요도의 순서로 나누는 것을 ABC 분석이라고 함

5 마케팅

이미 생산된 제품의 판매를 촉진하기 위한 홍보에서 벗어나 시장의 요구를 파악하여 이에 부응하는 제품이나 서비스를 설계하거나, 더 나아가 시장이 수요를 창출하는 경영 기법

6 마케팅의 SWOT

(1) SWOT의 개념

① SWOT은 강점(Strengths), 약점(Weaknesses), 기회(Opportunities), 그리고 위협(Threats)의 약자로, 기업의 환경 분석을 통해 마케팅 전략을 수립하는 기법

② 비즈니스 내부 환경 분석을 통한 강점과 약점뿐 아니라 외부 환경으로 인한 기회와 위협 요인까지 분석하여 보다 효과적인 전략을 마련할 수 있음

(2) 4P와 4C

4P	• Product(제품) • Place(유통경로)	• Price(가격) • Promotion(판매촉진)
4C	• Customer value(고객가치) • Convenience(고객편의성)	• Cost to the customer(구매비용) • Communication(고객과의 소통)

7 매출손익관리

(1) 손익 계산서(Profit and Loss Statement)

① 손익 계산서는 일정 기간의 경영 성과를 나타내는 표를 의미함

② 여기서 경영 성과란 일정 기간의 수익, 손실 산정 및 순손실의 결정이라는 세 가지 과정이 포함된 것으로 즉, 수익과 비용이라는 경영 활동의 흐름을 일정 기간 집계하여 나타낸 흐름량(Flow) 개념의 계산서로 흐름표라고 말할 수 있음

(2) 수익

매출액	• 상품 등의 판매 또는 용역의 제공으로 실현된 금액 • 손익 계산서상의 매출액은 순매출액으로 총매출액이 아님 • 총매출액(Gross Sales) : 상품 판매 시 또는 용역 제공 시 받을 화폐액으로 수익 차감 항목인 매출 에누리와 환입을 차감하기 전의 금액, 송장 가격(Invoice Price)이 되는 경우가 많음 • 순매출액 : 총매출액에서 매출 에누리와 환입을 차감한 것으로 손익 계산서상에서 매출액으로 계산되는 것 • 즉, 매출액은 기업의 주요 영업 활동 또는 정상적 활동으로부터 얻은 수익이나 매출액으로부터 매출 원가를 차감하면 매출 총이익이 산출됨 • 매출 총이익은 손익 계산서에 표시되는 이익 중에서 첫 단계에 산출되는 것으로 상품, 제품 등의 판매액과 그 원가를 대비시킴으로써 판매비와 일반관리비 등 다른 비용을 고려하지 않은 상태에서 상품, 제품 등의 수익성 여부를 판단할 수 있는 중요한 이익 지표가 됨
영업 외 수익	기업의 주요 영업 활동과 관련 없이 발생하는 수익
특별 이익	고정자산 처분 이익 등과 같이 불규칙적이고 비반복적으로 발생하는 이익

Chapter 03

단원별 출제예상문제

01

제과 생산의 원가를 계산하는 목적으로만 연결된 것은?

① 이익 계산, 가격 결정, 원가관리
② 노무비, 재료비, 경비 산출
③ 순이익과 총매출의 계산
④ 생산량 관리, 재고관리, 판매관리

해설

생산성 향상으로 원가를 절감할 수 있도록 관리하고, 얼마의 이익을 산출할 수 있을지, 적절한 판매가격을 책정하기 위해서 원가를 계산해야 한다.

02

같은 직업에 종사하는 조직 간의 상호관계 그리고 대외의 여러 조직들과의 관계에서 일어나는 선택의 문제들에 관한 윤리는?

① 개인윤리
② 사회윤리
③ 직업윤리
④ 공익윤리

해설

- 개인윤리 : 일상생활에서 자신의 내면적 양심, 도덕성, 타인과의 관계에 관한 윤리
- 사회윤리 : 사회라는 말에 강조를 두는 것으로 사회이론적 내지 사회철학적 사실과 관련된 윤리

03 빈출

원가의 절감방법이 아닌 것은?

① 제조 공정 설계를 최적으로 한다.
② 불량률을 최소화한다.
③ 구매관리를 엄격하게 한다.
④ 창고의 재고관리를 최대로 한다.

해설

창고에 있는 재고를 가능한 한 최소화시키는 것이 원가 절감의 한 방법이다.

04

인사의 종류 중 목례에 대한 설명이 아닌 것은?

① 상체를 15도 정도 굽혀 인사
② 가장 일반적인 인사
③ 인사했던 고객을 다시 만난 경우
④ 여자는 두 손을 모아 하복부에 위치

해설

가장 일반적인 인사는 보통례이다.

05

고객관리 방법에서 고객 선별 및 고객의 세분화에 대한 내용이 아닌 것은?

① 성별, 연령, 행동 특성을 파악
② 온라인을 적극 활용
③ 구매력 여부 파악
④ 단골고객과 일반고객 세분화

해설

온라인을 적극 활용하는 것은 신규고객 확보에 대한 방법이다.

정답 01 ① 02 ③ 03 ④ 04 ② 05 ②

06 빈출

직업윤리의 5대 원칙이 아닌 것은?

① 고객중심의 원칙
② 전문성의 원칙
③ 고객 만족
④ 객관성의 원칙

해설

직업윤리의 5대 원칙은 객관성의 원칙, 고객중심의 원칙, 전문성의 원칙, 정직과 신용의 원칙, 공정경쟁의 원칙이다.

07 빈출

제과점에서 고객 응대 시 일반적인 인사법으로 적당한 것은?

① 목례
② 보통례
③ 정중례
④ 입례

해설

보통례는 상체를 30도 굽히고 어른이나 상사, 내방객을 맞이할 때 하는 인사이다.

08

제품 진열 중 손님이 왔을 때 올바른 대처 방법은?

① '어서 오세요' 하고 인사한다.
② 멀뚱히 본다.
③ 따라다닌다.
④ 하던 일을 한다.

해설

작업 중일 때 손님이 오면 하던 일을 멈추고, 눈을 맞추고 웃으며 '어서오세요' 하고 반갑게 인사를 건넨다.

09

공개 채용의 장점이 아닌 것은?

① 일정한 자격이 있는 모든 사람에게 지원할 수 있는 공정한 기회를 제공한다.
② 차별 금지, 능력을 기초로 한 채용이 가능하다.
③ 지원자의 적격성에 관한 선발기준을 현실화하여야 한다.
④ 시간, 노동력, 채용 비용을 절감할 수 있다.

해설

시간, 노동력, 채용 비용 절감 및 채용 절차의 간소화 등은 비공개 수시 채용 방식과 관련이 있다.

10 빈출

원가에 대한 설명 중 옳지 않은 것은?

① 판매원가는 총원가에 판매 이익과 마케팅비를 더한 것이다.
② 원가의 3요소는 재료비, 노무비, 경비이다.
③ 총원가는 제조원가에 판매비와 일반관리비를 더한 것이다.
④ 제조원가는 직접 원가에 제조 간접비를 더한 것이다.

해설

판매가격은 총원가에 이익을 더한 것이다.

정답 06 ③ 07 ② 08 ① 09 ④ 10 ①

PART 03

11

구매관리 기법이 아닌 것은?

① 가치분석법
② 표준화 및 다양화법
③ 시장조사법
④ ABC 분석법

해설

구매관리의 과학화, 근대화의 일환으로 구매시장조사, 가치분석, 단순화, ABC 분석, 표준화, 경제적 주문량 결정법 등의 기법이 개발, 도입되고 있다.

12

생산관리 체계와 거리가 먼 것은?

① 기업 환경 분석
② 제품 품질관리
③ 제품의 표준화
④ 원가관리

해설

생산관리란 생산과 관련된 계획 수립, 집행, 통솔 등의 활동을 실행하는 것으로, 생산 준비, 생산량 확인, 제품 품질관리, 제품의 표준화, 제품의 단순화, 제품의 전문화, 원가관리 등이 있다.

13 빈출

소규모 베이커리에서 매출 부진 전략으로 잘못된 것은?

① 자신의 매장에 맞는 원가 분석
② 고객과 소통하는 마케팅 전략 수립
③ 정기적 이벤트와 광고, 시식, 서비스 등의 확대
④ 온라인 및 배달 판매 확대

해설

정기적 이벤트와 광고 등은 추가비용이 과하게 소비되므로 주의한다.

14 빈출

마케팅의 4P가 아닌 것은?

① Price
② Promotion
③ Person
④ Product

해설

마케팅의 4P
Product(제품), Price(가격), Place(유통), Promotion(판촉)

15 빈출

원가에 대한 설명 중 옳은 것은?

① 총원가는 직접 원가에 판매비와 일반관리비를 더한 것이다.
② 직접 원가는 직접 재료비에 직접 노무비, 직접 경비를 더한 것이다.
③ 제조원가는 총원가에서 이익을 뺀 것이다.
④ 판매원가는 총원가에서 이익을 뺀 것이다.

해설

- 직접 원가 = 직접 재료비 + 직접 노무비 + 직접 경비
- 제조원가 = 직접 원가 + 제조 간접비
- 총원가 = 제조원가 + 판매비 + 일반관리비
- 판매가격 = 총원가 + 이익

정답 11 ② 12 ① 13 ③ 14 ③ 15 ②

16 빈출

일반적으로 고객 응대 시 가장 많이 사용하는 인사법으로, 고객을 맞이하거나 배웅할 때 많이 사용하는 인사법은?

① 보통례
② 정중례
③ 목례
④ 입례

해설

보통례는 상체를 30도 숙여 인사하는 방법으로 가장 일반적이며, 고객을 환영, 배웅할 때 많이 사용한다.

17 빈출

신규고객 확보방법에 해당하지 않는 것은?

① On-line을 적극 활용한다.
② 고객 만족을 위해 고객을 위한 감동 서비스 정신으로 신규고객을 확보한다.
③ 시식, 쿠폰, 마일리지 적립 등을 활용한다.
④ 일반고객과 신규고객을 세분화한다.

해설

고객 세분화는 단골고객과 일반고객으로 나누는 것으로 신규고객 확보방법에는 해당하지 않는다.

18

목례에 대한 설명으로 옳지 않은 것은?

① 상체를 30도 숙여 인사
② 여자는 두 손을 모아 하복부에 위치
③ 남자는 차렷 자세
④ 통로나 실내에서 만난 경우

해설

상체를 30도 숙여 인사하는 것은 보통례이고, 목례는 상체를 15도 정도 굽히고 가볍게 머리를 숙여서 인사하는 것이다.

정답 16 ① 17 ④ 18 ①

제과제빵 기능사 산업기사

필기

제과와 제빵에 공통적인 이론학습이 가능하도록 정리하였으므로 충분하게 학습한 후 단원별 출제예상문제를 풀어보시기 바랍니다.

04

제과제빵 공통

CHAPTER 01

기초과학

01 영양소

1 영양소의 정의

식품에 함유되어 있는 여러 성분 중 체내에 흡수되어 성장, 유지, 번식 등 생활 유지를 위한 생리적 기능에 이용되는 물질

Key point

영양소의 종류

열량 영양소	탄수화물, 지방, 단백질
조절 영양소	무기질, 비타민, 물
구성 영양소	단백질, 무기질, 물

2 영양소의 종류

열량 영양소	탄수화물, 지방, 단백질과 같은 에너지원으로 이용
조절 영양소	비타민, 물처럼 열량을 내지는 않지만 체내에서 생리작용을 조절하고 대사를 원활하게 하는 영양성분
구성 영양소	구성성분인 근육과 골격, 호르몬, 효소 등을 이루고 있는 영양성분으로 단백질, 무기질, 물이 여기에 속함

02 탄수화물(당질)

Key point

탄수화물의 급원 식품

- 동물성 급원 : 우유 및 유제품
- 식물성 급원 : 곡류, 감자류, 과실류

1 탄수화물의 성질 및 기능

성질	• 탄소(C), 수소(H), 산소(O)의 3원소로 구성된 유기화합물 • 당질이라고도 하며 단당류, 이당류, 다당류 등 자연계에 널리 분포함 • 1일 적정 섭취량 : 총열량의 55~70%
기능	• 1g당 4kcal의 에너지 발생 • 간에서 지방의 완전 대사를 도움

2 탄수화물의 분류 및 특성

(1) 단당류

탄수화물이 가수분해에 의해 더 이상 분해되지 않는 가장 단순한 당(탄수화물)

포도당 (Glucose)	• 주로 과일에 함유되어 있으며, 특히 포도에 많이 들어 있음 • 포유동물의 혈액 내에 0.1% 존재하며 혈당이라고도 함 • 남은 포도당은 체내의 간장, 근육에 글리코겐 형태로 저장됨 • 환원당이며, 전분을 가수분해하여 생성됨

과당 (Fructose)	• 과일과 꿀에 많이 들어 있으며, 감미도는 170으로 당류 중 단맛이 가장 강함 • 용해성이 좋고, 가장 빨리 소화 · 흡수됨
갈락토오스 (Galactose)	• 포유동물의 젖에 존재하는 성분 • 감미도는 32로 낮으며, 용해성이 좋지 않음

(2) 이당류

단당류 2분자가 화학적으로 결합된 당

자당 (설탕, Sucrose)	• 사탕수수, 사탕무에서 추출한 당 • 비환원당이며, 감미도는 100으로 상대적 감미도의 측정 기준이 됨 • 효소인 인버테이스(Invertase, 인베르타아제)에 의해 포도당과 과당으로 가수분해됨
맥아당 (엿당, Maltose)	• 주로 발아한 보리, 엿기름 속에 존재 • 효소인 말테이스(Maltase, 말타아제)에 의해 포도당과 포도당으로 가수분해됨 • 환원당이며, 감미도는 32로 낮음 • 전분의 노화 방지 효과와 보습 효과가 있음
유당 (젖당, Lactose)	• 포유동물의 젖에 자연 상태로 함유된 동물성 당 • 효소인 락테이스(Lactase, 락타아제)에 의해 포도당과 갈락토오스로 가수분해됨 • 이스트에 의해 분해되지 않아 영양원으로는 쓰이지 못하나 빵의 착색에 효과적 • 유산균에 의해 유산을 생성하고 정장작용을 함 • 환원당이며, 감미도는 16으로 낮음

(3) 다당류

3개 이상의 단당류가 결합된 고분자 화합물로, 단맛이 없음

전분 (녹말, Starch)	• 식물계(곡류, 고구마, 감자 등)에 널리 분포하는 저장 탄수화물 • 물에 잘 녹지 않고 쉽게 가라앉음
섬유소 (셀룰로오스, Cellulose)	• 포도당으로 이루어진 다당류로, 해조류, 채소류에 많이 분포 • 식물체의 세포벽 골격을 형성하며 초식동물만 에너지원으로 사용
펙틴 (Pectin)	• 식품 조직을 구성하는 세포벽의 구성 물질로 과일류의 껍질에 다량 존재 • 당과 산이 결합 시 젤(Gel)을 형성해 젤리나 잼을 만드는 데 점성을 부여
글리코겐 (Glycogen)	• 포도당으로 이루어진 다당류 • 간이나 근육에서 합성, 저장되며 필요시 포도당으로 가수분해되어 동물의 에너지원으로 사용
한천 (Agar)	• 홍조류인 우뭇가사리를 주원료로 함 • 펙틴과 같은 젤(Gel) 형성 능력이 있어 안정제로 사용
덱스트린 (Dextrin)	전분 형태의 탄수화물이 분해되기 전 모든 중간 산물의 총칭
이눌린(Inulin)	과당의 결합체로 돼지감자에 많이 함유되어 있음

Key point

감미도

• 설탕의 단맛이 100이라 가정할 때 사람이 느끼는 상대적인 단맛을 표시한 것
• 감미도의 순서
과당(170) > 전화당(130~135) > 설탕(100) > 포도당(75) > 맥아당(32) = 갈락토오스(32) > 유당(16)

Key point

환원당

• 당의 분자상에 알데히드기(알데하이드기)와 케톤기가 유리되어 있거나 헤미아세탈형으로 존재하는 것
• 환원당의 종류에는 포도당, 과당, 갈락토오스, 맥아당, 유당 등이 있음
• 환원성은 은거울 반응과 펠링 용액 반응으로 확인함

3 전분(녹말)

전분은 다당류로 옥수수, 보리 등의 곡류와 감자, 고구마, 타피오카 등의 뿌리에 존재하며, 아밀로오스와 아밀로펙틴 두 가지 구조로 이루어져 있음

(1) 전분의 구조

구분	아밀로오스	아밀로펙틴
분자량	적음	많음
함유량	일반 곡물 : 17~28%	• 일반 곡물 : 72~83% • 찹쌀, 찰옥수수 : 100%
포도당 결합 형태	직쇄상 구조(α-1, 4)	직쇄상 구조(α-1, 4) 측쇄상 구조(α-1, 6)
아이오딘 용액 반응	청색 반응	적자색 반응
호화 및 노화	빠름	느림
β-아밀라아제에 의한 소화	대부분 맥아당으로 전환	52%까지만 분해

(2) 전분의 성질

전분의 호화	• 덱스트린화, 젤라틴화, α화라고도 함 • 호화된 전분은 α전분, 호화 전분이라고 함 • 전분에 물을 넣고 가열하면 전분 입자가 수분을 흡수하면서 팽윤하여 점성이 증가하고, 투명도가 증가하여 반투명의 풀 상태(α-전분 상태)가 됨 예 밥, 떡, 과자, 빵 등 • 수분이 많을수록 호화를 촉진함 • pH가 높을수록(알칼리성) 호화를 촉진함
전분의 노화	• 호화된 α-전분이 β-전분으로 돌아가면 노화가 일어남 • 식품이 딱딱해지거나 거칠어지는 현상의 주요 원인은 수분 증발로, 미생물의 변질과는 다름 • 빵 껍질의 변화, 풍미 저하 등의 변화를 보이며, 오븐에서 나오자마자 노화가 시작됨

(3) 전분의 가수분해

① 전분에 묽은 산을 넣고 가열하면 가수분해되어 당화됨

② 전분에 효소를 넣고 호화온도(55~60℃)를 유지하면 가수분해되어 당화됨

③ 전분을 가수분해하는 과정에서 생성된 최종 산물로 만드는 식품과 당류

물엿	옥수수 전분을 가수분해하여 부분적으로 당화시켜 만든 것
포도당	전분을 가수분해하여 얻은 최종 산물로, 설탕을 사용하는 배합에 설탕의 일부분을 포도당으로 대체하면 재료비도 절약하고 황금색으로 착색되어 껍질 색도 좋아짐
이성화당	전분당(포도당) 분자의 분자식은 변화시키지 않으면서 분자구조를 바꾼 당

Key point

밀가루의 전분 구성
- 아밀로오스 17~28%, 아밀로펙틴 72~83%
- 대부분의 천연 전분은 아밀로펙틴 구성비가 높음

Key point

전분의 호화 시작 온도
- 밀가루 전분 : 56~60℃
- 감자 전분 : 60℃
- 옥수수 전분 : 80℃

Key point

전분의 노화 조건
- 수분 함량 : 30~60%
- 저장 온도 : -7~10℃

Key point

노화 방지(지연)법
- -18℃ 이하로 급랭하거나 21~35℃에서 보관
- 계면활성제는 표면장력을 변화시켜 빵, 과자의 부피와 조직을 개선하고 노화를 지연함
- 레시틴은 유화작용을 하고, 노화를 지연함
- 설탕, 유지의 사용량을 증가시키면 빵의 노화를 억제할 수 있음
- 모노-디-글리세리드는 식품을 유화, 분산시키고 노화를 지연함
- 탈지분유와 달걀을 이용하여 단백질을 증가시킴
- 수분 함량을 10% 이하로 조절하거나, 물의 사용량을 늘려 반죽의 수분 함량을 38% 이상으로 증가시킴
- 방습 포장재료로 포장함

03 지방(지질)

1 지방의 성질 및 기능

성질	• 탄소(C), 수소(H), 산소(O)의 3원소로 구성된 유기화합물 • 3분자의 지방산과 1분자의 글리세린(글리세롤)의 에스터(Ester, 에스테르) 결합 • 산, 알칼리, 효소에 의해 글리세롤과 지방산으로 분해 • 1일 적정 섭취량 : 총열량의 20%
기능	• 1g당 9kcal의 에너지 발생 • 지용성 비타민 A, D, E, K의 흡수, 운반을 도움 • 장 내 윤활제 역할, 변비 예방 • 내장기관 보호 • 피하지방은 체온조절

2 지방의 분류 및 특성

(1) 단순 지방

지방산과 알코올의 에스터 화합물

중성 지방	• 3분자의 지방산과 1분자의 글리세린으로 결합된 트리글리세리드 • 상온에서 고체(지) 또는 액체(유)로 존재하며, 포화지방산과 불포화지방산이 있음
납(왁스)	고급 지방산과 고급 알코올이 결합된 형태로, 상온에서 고체 형태인 단순 지방
식용유	중성 지방으로 되어 있고 상온에서 액체 형태인 단순 지방

(2) 복합 지방

지방산과 알코올 이외에 다른 분자군을 함유한 지방

인지질	난황, 콩, 간 등에 존재하며, 유화제로 쓰이고 노른자의 레시틴이 대표적임
당지질	중성 지방과 당류가 결합한 것으로 뇌, 신경 조직에 존재함
지단백	중성 지방, 단백질, 콜레스테롤과 인지질이 결합된 것

(3) 유도 지방

중성 지방, 복합 지방을 가수분해할 때 유도되는 지방

지방산	글리세린과 결합하여 지방을 구성
콜레스테롤	• 동물성 스테롤로 뇌, 골수, 신경계, 담즙, 혈액 등에 존재 • 자외선에 의해 비타민 D_3로 변환
글리세린 (글리세롤)	• 지방산과 함께 지방을 구성하는 성분 • 흡습성, 안전성이 좋아 용매, 유화제로 작용
에르고스테롤	• 식물성 스테롤로 버섯, 효모, 간유 등에 함유되어 있음 • 자외선에 의해 비타민 D_2로 변환

Key point

동물성 유지와 식물성 유지

• 동물성 유지

동물성 지방 (고체)	우지, 돈지, 버터 등
동물성 유 (액체)	어유, 경유, 간유 등

• 식물성 유지

구분	아이오딘가	종류
건성유	130 이상	아마인유, 들기름, 잣기름, 호두기름
반 건성유	100~130	옥수수유, 대두유, 채종유, 면실유, 참기름
불 건성유	100 이하	올리브유, 야자유(팜유), 피마자유, 낙화생유

Key point

지질을 녹이는 유기 용매

에테르, 클로로포름, 벤젠, 톨루엔 등

3 지방의 구조

포화 지방산	• 탄소와 탄소의 결합이 전자가 1개인 단일결합으로 이루어져 있음 • 산화되기 어렵고 융점이 높아 상온에서 고체 상태 • 동물성 유지에 다량 존재 • 종류 : 부티르산, 카프르산, 미리스트산, 스테아르산, 팔미트산 등 • 포화지방산의 탄소 수가 적을수록 유지의 녹는점인 융점이 낮아짐
불포화 지방산	• 탄소와 탄소의 결합에 이중결합이 1개 이상 있는 지방산 • 산화되기 쉽고 융점이 낮아 상온에서 액체 상태 • 식물성 유지에 다량 존재 • 종류 : 올레산, 리놀레산, 아라키돈산 등 • 필수지방산 - 체내에서 합성되지 않아 음식물로 섭취해야 하는 지방산 - 종류 : 리놀레산, 리놀렌산, 아라키돈산 등

Key point

유지의 융점(발연점)을 낮게 하는 요인
- 탄소의 수가 적은 것
- 탄소의 수가 같으면 수소의 수가 적은 유지의 융점(발연점)이 가장 낮음

Key point

부티르산의 특징
- 일명 낙산이라고도 하며, 버터를 구성하는 총 지방산 중 3.7%를 차지
- 천연의 지방을 구성하는 산 중에서 탄소 수가 4개로 가장 적음
- 자연계에 널리 분포된 지방산 중 융점이 가장 낮음

04 단백질

1 단백질의 성질 및 기능

성질	• 수소(H), 질소(N), 산소(O), 탄소(C) 등의 원소로 구성된 유기화합물 • 평균 16%의 질소를 포함하고 있음 • L-형 아미노산은 천연 단백질을 구성하며, 아미노산의 종류가 단백질의 특성을 부여함 • 1일 적정 섭취량 : 총열량의 10~20%
기능	• 1g당 4kcal의 에너지 발생 • 체조직, 혈액단백질, 효소, 호르몬 등 구성 • 삼투압을 높게 유지시켜 체내 수분 균형 조절 • 성장기에 더 많은 단백질이 요구됨 • 필수아미노산인 트립토판으로부터 비타민 B_3(나이아신) 합성

Key point

불완전 단백질에 필수아미노산 첨가
불완전 단백질에 필수아미노산을 첨가하면 완전 단백질 식품을 만들 수 있음
- 밀가루 + 라이신
- 옥수수 제인(zein) + 라이신/트립토판

Key point

식품별 제한아미노산(부족한 필수아미노산)
- 쌀, 밀가루 : 라이신, 트레오닌
- 옥수수 : 라이신, 트립토판
- 두류, 채소류, 우유 : 메티오닌

2 단백질 조직

함황 아미노산	• 황(S)을 포함하는 아미노산 • 시스테인, 시스틴, 메티오닌 등
필수 아미노산	• 체내에서 생성할 수 없으며 반드시 음식물을 통해서 얻어지는 아미노산 • 성인 필수 아미노산 8가지 : 라이신(Lysine), 트립토판(Tryptophan), 류신(Leucine), 이소류신(Isoleucine), 페닐알라닌(Phenylalanine), 트레오닌(Threonine), 메티오닌(Metionine), 발린(Valine) • 성장기 어린이에게는 히스티딘(Histidine)과 아르기닌(Arginine)이 추가로 필요함

Key point

시스테인과 시스틴
빵 반죽의 탄력성(경화)과 신장성(연화)에 영향을 미치는 아미노산

3 단백질의 분류 및 특성

(1) 단순 단백질

가수분해에 의해 아미노산만이 생성되는 단백질로 용매에 따라 분류됨

알부민	• 물이나 묽은 염류에 녹고, 열과 강한 알코올에 응고됨 • 달걀 흰자, 우유
글로불린	• 물에는 녹지 않으나, 묽은 염류 용액에 녹고, 열에 응고됨 • 혈청, 근육, 달걀
글루텔린	• 물과 중성 용매에는 녹지 않으나, 묽은 산, 알칼리에는 녹고, 열에 응고됨 • 밀의 글루테닌에 해당하며, 70~80%의 알코올에 절대 용해되지 않음
프롤라민	• 물과 중성 용매에는 녹지 않으나, 70~80%의 알코올, 묽은 산, 알칼리에 용해됨 • 밀의 글리아딘, 옥수수의 제인, 보리의 호르데인 등

(2) 복합 단백질

단순 단백질에 다른 물질이 결합되어 있는 단백질

핵단백질	세포의 활동을 지배하는 세포핵을 구성하는 단백질
당단백질	탄수화물과 단백질이 결합한 화합물로, 일명 글루코프로테인이라고 함
인단백질	단백질이 유기인과 결합한 화합물 예 카세인(우유)
색소단백질	발색단을 가지고 있는 단백질 화합물로, 일명 크로모단백질이라고 함 예 헤모글로빈
금속단백질	철, 구리, 아연, 망가니즈 등과 결합한 단백질로, 호르몬의 구성성분

(3) 유도 단백질

① 효소, 산, 알칼리, 열 등에 의한 분해로 얻어지는 단백질의 제1차, 2차 분해 산물

② 종류 : 메타단백질(메타프로테인), 프로테오스, 펩톤, 폴리펩타이드, 펩타이드 등

> **Key point**
> 펩타이드 결합
> 아미노산과 아미노산 간의 결합

05 효소

1 효소의 성질

(1) 생물체 속에서 일어나는 유기화학 반응의 촉매 역할

(2) 효소는 단백질로 구성되어 있으며, 온도, pH, 수분 등의 영향을 받음

(3) 효소는 어느 특정 기질에만 반응하는 선택성에 따라 분류됨

> **Key point**
> 효소와 온도의 관계
> • 적정 온도 범위에서 온도가 낮아질수록 반응속도가 느려짐
> • 적정 온도 범위에서 온도가 10℃ 증가하면 효소 활성은 약 2배 증가함
> • 적정 온도 범위를 벗어나면 활성이 감소 또는 불활성화됨

2 효소의 분류 및 특성

(1) 탄수화물 분해효소

① 이당류 분해효소

효소	특성
인베르타아제 (인버테이스, Invertase)	• 설탕을 포도당과 과당으로 분해 • 이스트에 존재함
말타아제 (말테이스, Maltase)	• 맥아당을 2개의 포도당으로 분해 • 장에서 분비되며, 이스트에 존재함
락타아제 (락테이스, Lactase)	• 동물성 당인 유당을 포도당과 갈락토오스로 분해 • 소장에서 분비되며, 단세포 생물인 이스트에는 존재하지 않음

② 다당류 분해효소

효소	특성
아밀라아제 (Amylase)	• 전분을 분해하는 효소로 디아스타아제(Diastase)라고도 함 • α-아밀라아제(액화효소, 내부아밀라아제) : 전분을 덱스트린으로 전환시키는 액화작용을 함 • β-아밀라아제(당화효소, 외부아밀라아제) : 전분을 맥아당으로 전환시키는 당화작용을 함
셀룰라아제 (Cellulase)	식물의 형태를 만드는 구성 탄수화물인 섬유소를 포도당으로 분해
이눌라아제 (Inulase)	돼지감자를 구성하는 이눌린을 과당으로 분해

③ 산화효소

효소	특성
치마아제 (Zymase)	• 포도당, 갈락토오스, 과당과 같은 단당류를 에틸알코올과 이산화탄소로 산화시키는 효소 • 제빵용 이스트에 존재함
페록시다아제 (Peroxydase)	• 카로틴계의 황색 색소를 무색으로 산화시키는 효소 • 대두에 존재함

(2) 지방 분해효소

효소	특성
리파아제(Lipase)	지방을 지방산과 글리세린으로 분해
스테압신(Steapsin)	• 지방을 지방산과 글리세린으로 분해 • 췌장에 존재함

(3) 단백질 분해효소

효소	특성
프로테아제(Protease)	• 단백질을 펩톤, 폴리펩타이드, 펩타이드, 아미노산으로 분해 • 글루텐을 연화시켜 믹싱을 단축하고, 내성도 약하게 함
펩신(Pepsin)	위액에 존재하는 단백질 분해효소
레닌(Renin)	위액에 존재하는 단백질 응고효소
트립신(Trypsin)	췌액에 존재하는 단백질 분해효소
펩티다아제(Peptidase)	췌장에 존재하는 단백질 분해효소
에렙신(Erepsin)	장액에 존재하는 단백질 분해효소

Key point

인베르타아제(Invertase)
수크라아제(Sucrase) 또는 사카라아제(Saccharase)라고도 함

Key point

제빵용 아밀라아제
pH 4.6~4.8에서 맥아당 생성량이 가장 많지만 pH와 온도는 동시에 일어나기 때문에 적정 온도와 적정 pH가 되어야 최대 효과를 기대할 수 있음

06 비타민

1 비타민의 성질 및 기능

성질	• 성장과 생명 유지에 필수적인 물질 • 대부분 조절제로 작용하여 신체기능을 조절함 • 열량소로 작용하지 않음 • 체내에서 합성되지 않아 반드시 음식물을 통해 섭취해야 함
기능	• 탄수화물, 지방, 단백질 대사에 조효소 역할 • 신체기능을 조절하는 조절 영양소 • 에너지를 발생하거나 체조직을 구성하지는 못함

2 수용성 비타민

비타민 B_1 (티아민)	기능	• 탄수화물 대사에서 조효소로 작용 • 말초신경계의 기능에 관여
	결핍증	각기병, 식욕감퇴, 피로, 혈압 저하, 체온저하, 부종 발생 등
	급원식품	돼지고기, 통곡물, 콩류, 견과류, 간, 난황
비타민 B_2 (리보플라빈)	기능	성장 촉진, 피부 및 점막 보호
	결핍증	구순구각염, 설염 등
	급원식품	우유, 간, 달걀, 살코기, 녹색 채소
비타민 B_3 (나이아신)	기능	• 체내 대사에 중요한 역할 • 필수아미노산인 트립토판으로부터 나이아신 합성
	결핍증	펠라그라(피부병, 식욕부진, 설사, 우울증 등)
	급원식품	간, 육류, 콩류, 생선
비타민 B_6 (피리독신)	기능	단백질 대사 과정에서 보조효소로 작용
	결핍증	피부염
	급원식품	육류, 생선, 곡류, 난황
비타민 B_9 (엽산)	기능	헤모글로빈, 적혈구를 비롯한 세포의 생성 도움
	결핍증	빈혈, 장염, 설사 등
	급원식품	간, 달걀
비타민 C (아스코르브산)	기능	• 산소의 산화 능력을 비활성화시키는 기능 • 항산화 작용의 보조제로 사용 • 백혈구 면역 활동 향상, 혈관 노화 방지 효과
	결핍증	괴혈병, 상처 회복 지연, 면역체계 손상 등
	급원식품	시금치, 딸기, 감귤류, 토마토
판토텐산	기능	• 비타민 B의 복합체 • 조효소 형성 및 지질 대사에 관여

3 지용성 비타민

비타민 A (레티놀)	기능	• 망막세포 구성 • 피부 상피세포 유지기능
	결핍증	야맹증, 안구건조증, 피부 상피조직 각질화 등
	급원식품	버터, 난황, 간유, 녹황색 채소(당근, 시금치 등)
비타민 D (칼시페롤)	기능	• 칼슘과 인의 흡수에 도움 • 골격 형성에 도움
	결핍증	구루병, 골다공증, 골연화증 등
	급원식품	버터, 난황, 간유
비타민 E (토코페롤)	기능	• 항산화제 • 생식기능 유지
	결핍증	불임증, 근육위축증 등
	급원식품	난황, 우유, 식물성 기름
비타민 K_1 (필로퀴논)	기능	• 혈액 응고에 관여 • 장내 세균이 인체 내에서 합성
	결핍증	혈액 응고 지연
	급원식품	난황, 간유, 녹색 채소

4 수용성 비타민과 지용성 비타민의 특징

수용성 비타민	• 포도당, 아미노산, 글리세린 등과 소화 · 흡수됨 • 모세혈관으로 흡수됨 • 체내에 저장되지 않음 • 물에 용해됨 • 과잉 섭취 시 체외로 배출됨
지용성 비타민	• 지질과 소화 · 흡수됨 • 간장에 운반되어 저장됨 • 기름과 유기 용매에 용해됨 • 과잉 섭취 시 체내에 축적되어 독성 유발 가능성 있음

07 무기질

1 무기질의 구성 및 기능

구성	• 탄소, 수소, 산소, 질소를 제외한 나머지 원소 • 인체의 약 4~5%를 차지
기능	• 골격 구성에 큰 역할 • 근육의 이완 및 수축 작용에 관여 • 체액의 pH 조절 및 완충 작용 • 삼투압 조절

2 주요 무기질의 종류

나트륨(Na)	• 세포 외액의 양이온 • 신경 자극 전달 • 삼투압 조절 및 산 · 염기 평형 • 포도당 흡수
칼륨(K)	• 수분, 전해질, 산 · 염기의 평형 유지 • 근육의 수축과 이완 작용 • 단백질 합성
염소(Cl)	• 체내 삼투압 유지 및 수분 평형 • 수소 이온과 결합 • 위액 생성
칼슘(Ca)	• 골격 구성 • 체내 대사 조절(혈액 응고, 신경 전달, 근육 수축 및 이완, 세포 대사)
마그네슘(Mg)	골격, 치아 및 효소의 구성성분으로 신경과 심근에 작용
인(P)	골격 구성 및 세포의 구성요소
아이오딘(I)	갑상선 호르몬(티록신)의 구성성분

Chapter 01

단원별 출제예상문제

01 빈출

다음 중 감미도가 가장 높은 당류는?

① 포도당(Glucose)
② 전화당(Invert Sugar)
③ 맥아당(Maltose)
④ 유당(Lactose)

해설

감미도의 순서
전화당(130~135) > 포도당(75) > 맥아당(32) > 유당(16)

02 빈출

다음 중 전분의 노화에 대한 설명으로 옳은 것은?

① 노화된 전분은 소화가 잘 안된다.
② -18℃ 이하의 온도에서 노화가 빠르게 진행된다.
③ 노화란 β전분이 α전분화되는 것을 말한다.
④ 노화된 전분은 향 보존성이 높다.

해설

노화된 전분은 소화가 잘 안된다.

03

아밀로펙틴은 아이오딘(요오드) 용액에 의해 무슨 색으로 변화되는가?

① 갈색 ② 청색
③ 황색 ④ 적자색

해설

아밀로펙틴은 아이오딘 용액에 의해 적자색 반응을 하며, 아밀로오스는 아이오딘 용액에 의해 청색 반응을 한다.

04

다음 중 지방을 가수분해하는 효소는?

① 치마아제(Zymase)
② 말타아제(Maltase)
③ 리파아제(Lipase)
④ 아밀라아제(Amylase)

해설

지방을 가수분해하는 효소는 리파아제이다. 아밀라아제는 전분을, 말타아제는 맥아당을, 치마아제는 포도당을 가수분해한다.

05 빈출

다음 중 글리세린(글리세롤)에 대한 설명으로 틀린 것은?

① 지방산과 함께 지방을 구성하는 성분이다.
② 흡습성, 안전성이 좋아 용매, 유화제로 작용한다.
③ 복합 지방이다.
④ 지방을 가수분해하여 얻는다.

해설

글리세린은 유도 지방으로 중성 지방, 복합 지방을 가수분해할 때 유도되는 지방이다.

정답 01 ② 02 ① 03 ④ 04 ③ 05 ③

06

엿은 아밀라아제를 이용하여 전분을 당화시켜 만든다. 엿에 주로 함유되어 있는 당류는?

① 포도당(글루코오스)
② 맥아당(말토오스)
③ 과당(프락토오스)
④ 유당(락토오스)

해설

엿은 전분을 아밀라아제로 당화시켜 만든 제품으로 주로 엿당이라고 불리는 맥아당(말토오스)이 다량 함유되어 있다.

07 빈출

다음 중 효소에 대한 설명으로 틀린 것은?

① 생물체 속에서 일어나는 유기화학 반응의 촉매 역할을 한다.
② 효소는 어느 특정 기질에만 반응하는 선택성에 따라 분류된다.
③ 적정 온도 범위에서 온도가 10℃ 증가하면 효소 활성은 약 2배 증가한다.
④ β-아밀라아제를 액화효소라 하며, α-아밀라아제를 당화효소라 한다.

해설

β-아밀라아제를 당화효소라 하며, α-아밀라아제를 액화효소라 한다.

08

다음 단백질 분해효소에 대한 설명 중 옳은 것은?

① 프로테아제(Protease) : 단백질을 펩톤, 폴리펩타이드, 펩타이드, 아미노산으로 분해
② 펩신(Pepsin) : 위액에 존재하는 단백질 응고효소
③ 레닌(Renin) : 위액에 존재하는 단백질 분해효소
④ 트립신(Trypsin) : 췌장에 존재하는 단백질 분해효소

해설

- 펩신 : 위액에 존재하는 단백질 분해효소
- 레닌 : 위액에 존재하는 단백질 응고효소
- 트립신 : 췌액에 존재하는 단백질 분해효소
- 펩티다아제 : 췌장에 존재하는 단백질 분해효소

09

다음 중 탄수화물에 대한 설명으로 틀린 것은?

① 1g당 4kcal의 열량을 발생시킨다.
② 간에서 지방의 완전 대사를 돕는다.
③ 당질이라고도 하며 자연계에 널리 분포한다.
④ 탄수화물은 단당류와 다당류 두 가지로 분류할 수 있다.

해설

탄수화물은 단당류와 이당류, 다당류 세 가지로 분류할 수 있다.

10

다음 중 영양소에 대한 설명으로 틀린 것은?

① 열량 영양소에는 탄수화물, 단백질, 지방이 있다.
② 조절 영양소에는 단백질, 무기질, 물이 있다.
③ 구성 영양소란 근육과 골격, 호르몬, 효소 등을 이루고 있는 영양성분이다.
④ 열량 영양소 중 지방이 가장 많은 열량을 발생시킨다.

해설

조절 영양소는 열량을 내지는 않지만 체내에서 생리작용을 조절하고 대사를 원활하게 하는 영양성분으로 무기질, 비타민, 물이 있다.

정답 06 ② 07 ④ 08 ① 09 ④ 10 ②

11

다음 중 전분에 대한 설명으로 틀린 것은?

① 전분은 단당류로 옥수수, 보리 등의 곡류와 감자, 고구마, 타피오카 등의 뿌리에 존재한다.
② 전분의 호화는 덱스트린화, 젤라틴화, α화라고도 한다.
③ 호화된 α-전분이 β-전분으로 돌아가면 노화가 일어난다.
④ 밀가루 전분의 호화 시작 온도는 56~60℃이다.

해설

전분은 다당류이다.

12

지방은 지용성 비타민의 흡수를 돕는데, 다음 중 지용성 비타민이 아닌 것은?

① 비타민 D　② 비타민 E
③ 비타민 C　④ 비타민 K

해설

지용성 비타민의 종류에는 비타민 A, D, E, K가 있다. 비타민 C는 수용성 비타민이다.

13

다음 중 포화지방산에 대한 내용이 아닌 것은?

① 동물성 유지에 다량 존재한다.
② 종류로 올레산, 리놀레산, 아라키돈산 등이 있다.
③ 상온에서 고체 상태이다.
④ 탄소와 탄소의 결합이 전자가 1개인 단일결합 형태이다.

해설

올레산, 리놀레산, 아라키돈산은 불포화지방산의 종류이다.

14 빈출

성장기 어린이에게 추가로 필요한 필수아미노산으로 옳은 것은?

① 트레오닌　② 메티오닌
③ 라이신　④ 히스티딘

해설

성장기 어린이에게는 히스티딘과 아르기닌이 추가적으로 필요하다.

15

식품별 제한아미노산(부족한 필수아미노산)으로 옳지 않은 것은?

① 쌀 : 라이신, 트레오닌
② 밀가루 : 메티오닌, 트립토판
③ 옥수수 : 라이신, 트립토판
④ 두류, 채소류 : 메티오닌

해설

밀가루는 쌀과 동일하게 라이신과 트레오닌이 부족하다.

16 빈출

수크라아제(Sucrase)는 무엇을 가수분해시키는가?

① 과당(Fructose)
② 설탕(Sucrose)
③ 전분당(Starch Sugar)
④ 맥아당(Maltose)

해설

설탕을 수크로오스(Sucrose)라고 하며, 효소명을 수크라아제(Sucrase)라 한다.

정답 11 ① 12 ③ 13 ② 14 ④ 15 ② 16 ②

17

전분에 글루코아밀라아제(Glucoamylase)가 작용하면 어떻게 변화하는가?

① 과당으로 가수분해된다.
② 덱스트린으로 가수분해된다.
③ 포도당으로 가수분해된다.
④ 과당으로 가수분해된다.

해설

글루코아밀라아제(Glucoamylase)는 전분을 포도당(Glucose)으로 가수분해하는 효소이다.

18

포도당액을 효소나 알칼리 처리로 포도당과 과당으로 만들어 놓은 당의 명칭은?

① 이성화당 ② 맥아당
③ 전화당 ④ 전분당

해설

이성화당이란 전분당(포도당) 분자의 분자식은 변화시키지 않으면서 분자구조를 바꾼 당(과당)을 말한다.

19 빈출

다음 중 이당류가 아닌 것은?

① 맥아당 ② 포도당
③ 설탕 ④ 유당

해설

포도당은 단당류이다.

20 빈출

다음 중 다당류에 속하는 것은?

① 이눌린 ② 맥아당
③ 포도당 ④ 설탕

해설

이눌린은 다당류, 맥아당과 설탕은 이당류, 포도당은 단당류이다.

21

다음 중 맥아당을 분해하는 효소는?

① 락타아제 ② 말타아제
③ 리파아제 ④ 프로테아제

해설

- 말타아제 : 맥아당 분해효소
- 락타아제 : 유당 분해효소
- 리파아제 : 지방 분해효소
- 프로테아제 : 단백질 분해효소

22 빈출

설탕의 구성성분으로 옳은 것은?

① 포도당, 과당
② 포도당, 갈락토오스
③ 포도당 2분자
④ 포도당, 맥아당

해설

설탕은 포도당과 과당이 결합한 형태의 이당류이다.

정답 17 ③ 18 ① 19 ② 20 ① 21 ② 22 ①

23

유용한 장내세균의 발육을 촉진하여 정장작용을 하는 당은?

① 셀로비오스 ② 유당
③ 맥아당 ④ 설탕

해설

유당은 장내세균의 발육을 촉진시켜 장에 좋은 영향을 미치는 이당류이다.

24

유당에 대한 설명으로 틀린 것은?

① 사람에 따라 유당을 분해하는 효소가 부족해 잘 소화시키지 못하는 경우도 있다.
② 포유동물의 젖에 많이 함유되어 있다.
③ 비환원당이다.
④ 유산균에 의해 유산을 생성한다.

해설

유당은 포도당과 갈락토오스가 결합한 이당류로, 환원당이다.

25 빈출

다음 중 티아민의 생리작용과 관계가 없는 것은?

① 각기병 ② 에너지대사
③ 구순구각염 ④ TPP로 전환

해설

구순구각염은 비타민 B_2(리보플라빈)이 부족하면 나타나는 증상이다. 티아민(비타민 B_1)의 결핍증으로 각기병, 식욕감퇴, 피로, 혈압 저하 등이 있다.

26 빈출

다음 중 필수지방산이 아닌 것은?

① 리놀레산
② 리놀렌산
③ 아라키돈산
④ 스테아르산

해설

- 필수지방산은 신체의 발육과 유지에 필수적이지만 체내에서 합성되지 않아 반드시 음식으로 섭취해야 하는 지방산으로, 그 종류에는 리놀레산, 리놀렌산, 아라키돈산이 있다.
- 스테아르산은 포화지방산이다.

정답 23 ② 24 ③ 25 ③ 26 ④

CHAPTER 02

재료과학

01 밀가루

1 밀가루의 특징

밀의 구성	껍질 14%, 배아 2~3%, 내배유 83%로 이루어져 있음
밀가루의 분류	단백질 함량에 따라 강력분, 중력분, 박력분으로 구분함
글루텐 형성	• 반죽할 때 밀가루의 단백질 중 글리아딘과 글루테닌이 물과 결합하여 글루텐을 형성함 • 글루텐은 발효 중에 생성되는 이산화탄소를 보유하는 역할을 하며, 오븐에서 제품을 굽는 동안 글루텐 단백질의 열변성에 의해 빵의 단단한 구조를 형성하는 중요한 기능을 가짐
전분의 호화	밀가루의 전분은 굽기 과정 중 전분의 호화 과정을 통해 구조 형성의 역할을 함
밀가루 단백질의 역할	밀가루 단백질은 빵의 부피, 색상, 기공, 조직 등 빵의 품질 특성을 결정짓는 중요한 역할을 함

2 밀가루의 분류 및 특징

(1) 밀가루의 분류

구분	강력분	중력분	박력분
원맥	경질	중질(경질 + 연질)	연질
단백질 함량	11~14%	9~11%	7~9%
점성과 탄력성	강함	중간	약함
용도	제빵용	다용도(빵, 국수, 케이크 등)	제과용, 튀김용

(2) 밀가루의 등급별 특징

구분	회분 함량	효소 활성	섬유소 함량	밀가루 색상
1등급	0.45%	낮음	0.2~0.3%	매우 흰 편
2등급	0.65%	보통	0.4~0.6%	흰색
3등급	0.90%	큼	0.7~1.0%	약간 회색을 띰
밀분	1.20%	매우 큼	1.0~2.0%	회색을 띰

Key point

강력분과 박력분을 만드는 밀의 분류

강력분	• 경춘밀, 즉 봄에 파종하고 밀알의 색은 적색을 띠며 밀알이 단단함 • 단백질이 많아 점탄성이 큼
박력분	• 연동밀, 즉 겨울에 파종하고 밀알의 색은 흰색을 띠며 밀알이 부드러움 • 단백질이 적어 점탄성이 적음 • 유리된 전분을 가진 고운 밀가루

Key point

춘맥과 동맥

- 단백질 함량 : 춘맥 > 동맥
- 춘맥 : 봄에 파종하여 가을에 수확하는 소맥
- 동맥 : 가을에 파종하여 봄에 수확하는 소맥

Key point

글루텐 형성 시 단백질의 종류와 특성

글리아딘	70% 알코올에 용해되며, 약 36%를 차지
글루테닌	묽은 산, 알칼리에 용해되며, 약 20%를 차지
메소닌	묽은 초산에 용해되며, 약 17%를 차지
알부민, 글로불린	물에 녹는 수용성으로, 묽은 염류용액에 녹고 열에 의해 응고되며, 약 7%를 차지

Key point

밀가루의 구성성분 중 수분을 흡수하는 성분과 그 성분들의 흡수율

전분	자기 중량의 0.5배의 흡수율
단백질	자기 중량의 1.5~2배의 흡수율
펜토산	자기 중량의 15배의 흡수율
손상된 전분	자기 중량의 2배의 흡수율

Key point

회분

- 식물의 타고 남은 재의 색인 회색 분말을 줄인 것
- 밀의 제분율이 낮을수록 회분함량이 낮아지고 고급분이 되며, 이는 빵과 과자에 부드러움을 주지만, 영양가가 낮고 고소함이 떨어짐

Key point

조질 공정(템퍼링)의 방법과 이유

- 제분하고자 하는 밀에 첨가하는 물의 양, 물의 온도, 처리시간 등에 변화를 주어 파괴된 밀이 잘 분리되도록 함
- 밀기울을 강인하게 하여 밀가루에 섞이는 것을 방지
- 배유와 밀기울의 분리를 용이하게 함
- 배유가 잘 분쇄되게 함

Key point

제분 과정에서의 성분 변화

밀알을 1급 밀가루로 제분하면 단백질은 약 1%가 감소하고 회분은 1/4~1/5로 감소함

(3) 밀가루의 종류

일반 밀	빵, 케이크, 쿠키 등에 적합한 품종도 육성되고 있음
Club 밀	글루텐이 약한 특성을 요구하는 일부 케이크와 페이스트리에 사용됨
듀럼 밀	마카로니와 스파게티 등의 파스타를 만드는 데 사용됨

3 밀가루의 성분

단백질	• 밀가루 함량의 10~15%를 차지 • 글루텐은 탄성을 갖는 글루테닌과 점성을 갖는 글리아딘으로 이루어져 있음
탄수화물	• 밀가루 함량의 70%를 차지하며, 그 외 덱스트린, 셀룰로스, 당류, 펜토산이 있음 • 손상된 전분 – 장시간 발효하는 동안 가스 생산을 지탱해 줄 발효성 탄수화물 생성 – 흡수율을 높이고 굽기 과정 중에 적정 수준의 덱스트린 형성 – 손상된 전분의 적당한 함량 : 4.5~8%
지방	제분 전에는 밀 전체의 2~4%, 배아는 8~15%, 껍질은 6% 정도 지방이 존재하며, 제분된 밀가루에는 1~2% 차지
회분	내배유 0.3%, 껍질 5%로 밀기울의 양을 판단하는 기준
수분	10~14%를 차지

4 제분

(1) 밀의 제분 공정

① 정선 : 밀에서 불순물을 기계적으로 분리하는 작업
② 조질 공정 : 외피와 배유를 깨끗이 분리하기 위해 수분을 분포하는 가수 공정
③ 파쇄
④ 체질
⑤ 분쇄
⑥ 숙성과 표백

(2) 조질 공정

껍질부와 배유 부분이 잘 분리될 수 있도록 하는 작업 공정

템퍼링 (Tempering)	밀의 원료에 적당한 양의 물을 가하여 일정 시간 방치
컨디셔닝 (Conditioning)	템퍼링의 온도를 높여서 효과를 높이는 방법

5 밀가루의 보관

(1) 온도 18~24℃, 습도 55~66%에서 보관

(2) 바닥에 깔판을 놓고 적재

(3) 통풍이 잘되고 서늘한 곳에 보관

(4) 밀가루 보관 시 냄새가 강한 물건과의 접촉, 보관을 피함

(5) 보관 장고는 항상 청결이 유지되도록 하고 해충의 침입에 유의

02 이스트

1 이스트의 성질

발견	1857년 파스퇴르에 의해 발견
증식 방법	출아법(세포 일부에서 싹이 자라 성장하며 모체에서 분리하는 증식법)
발효 최적 조건	• 온도 : 28~32℃ • pH : 4.5~5.0
이스트의 발효	발효에 의해 탄산가스, 에틸알코올, 유기산 등을 생산하여 팽창과 풍미 · 식감을 갖게 해줌
최근 기술 발전	최근에는 냉동 반죽이 보편화되면서 냉동 내성이 있는 세미 드라이 이스트 등 새로운 제품도 개발되고 있음

2 이스트의 종류

생이스트 (Fresh Yeast)	• 수분 함량이 68~83%이고, 보존성이 낮음 • 소비기한은 냉장(0~7℃ 보관)에서 제조일로부터 약 2~3주 • 생이스트는 1g당 100억 이상의 살아 있는 효모가 존재함
드라이 이스트 (Dry Yeast)	• 수분이 7~9%로 낮고, 입자 형태로 가공시킨 것 • 소비기한은 미개봉 상태에서 약 1년 • 드라이 이스트의 약 4~5배 양의 미지근한 물(35~43℃)과 약 1/5배 양의 설탕을 준비한 후 미지근한 물에 먼저 설탕을 녹이고 드라이 이스트를 혼합한 후 10~15분간 수화시켜서 사용

3 이스트 취급 · 저장 시 주의사항

취급 시 주의사항	• 삼투압의 영향으로 소금, 설탕과 직접 닿지 않도록 주의함 • 고온의 물과 직접 닿지 않도록 주의함
저장 시 주의사항	• 생이스트는 개봉 후 밀봉 용기에 넣고 냉장(0~7℃) 보관 • 드라이 이스트와 인스턴트 이스트는 개봉 후 밀봉 용기에 넣어 보관 • 선입선출 원칙 준수

Key point

프로테아제와 아밀라아제의 특징

프로테아제	• 빵 반죽을 구성하는 글루텐 조직을 연화시키고, 빵 반죽을 숙성시키는 작용을 함 • 너무 많으면 활성도가 지나쳐서 글루텐 조직이 끊어져 끈기가 없어짐
아밀라아제	• 반죽이 발효하는 동안 아밀라아제가 전분을 가수분해하여 발효성 탄수화물을 생성 • 발효성 탄수화물은 이스트의 먹이로 사용되며, 반죽의 흡수율을 증가시키고 빵의 수분 보유력을 높여 노화를 지연시킴

Key point

제빵 시 주로 사용하는 효모의 학명

사카로마이세스 세레비시에(Saccharomyces cerevisiae)

Key point

이스트의 3대 기능

• 팽창 기능
• 향의 형성 · 개발 기능
• 반죽 숙성 기능

Key point

글루타티온(Glutathione)

• 오래된 효모에 많이 함유된 성분
• 환원성 물질로 효모가 사멸하면서 나와 환원제로 작용하여 반죽을 악화시키고 빵의 맛과 품질을 저하시킴

03 감미제

1 당의 성질

(1) 당의 주요 기능

① 이스트의 먹이로써 반죽의 풍미와 팽창을 도움

② 제품의 착색 및 빵의 조직과 촉감을 개선

③ 빵의 노화를 지연시키는 역할을 함

(2) 대표적 당류인 설탕은 사용량이 밀가루의 5%일 때 발효가 최대가 됨

(3) 빵의 색 변화

① 캐러멜화 반응(Caramelization Reaction)과 마이야르 반응(Maillard Reaction)에 의해서 진행됨

② 빵 반죽 속에 들어 있는 설탕은 160℃에서 캐러멜화되며, 또한 반죽 속에 들어 있는 당과 아미노산이 열을 받아 마이야르 반응에 의해 갈변화 현상이 일어나게 됨

(4) 당의 흡수성

① 당은 수분을 보유하는 흡수성이 있기 때문에 당류 사용량이 많은 고배합 빵은 저배합 빵보다 노화가 늦음

② 이성화당, 전화당, 꿀 등은 설탕보다 흡습성이 커서 케이크나 카스텔라의 촉촉함을 향상시킴

Key point

캐러멜화 반응과 마이야르 반응

- 캐러멜화(Caramelization) 반응 : 당류를 고온으로 가열시켰을 때 산화 및 분해 산물에 의해 갈색 물질을 형성하는 반응
- 마이야르(Maillard) 반응 : 아미노산과 환원당 사이의 화학반응으로, 음식의 조리과정 중 갈색으로 변하면서 특별한 풍미가 나타남

2 당의 종류

(1) 설탕(자당)

정제당	불순물과 당밀을 제거하여 만든 설탕
함밀당	불순물만 제거하고 당밀이 함유되어 있는 설탕(흑설탕)

(2) 포도당과 물엿

포도당	• 전분을 가수분해하여 만든 전분당 • 수분 보유력이 좋아 빵의 촉감과 결을 부드럽게 하고 탄력성을 좋게 하며, 설탕보다 색이 더 진하게 남
물엿	• 포도당, 맥아당, 그 밖의 이당류, 덱스트린이 혼합된 반유동성 감미물질 • 점성, 보습성이 뛰어나 제품의 조직을 부드럽게 할 목적으로 많이 사용함

Key point

전화당의 특징

- 단당류의 단순 혼합물로서 갈색화 반응이 빨라 껍질 색의 형성을 빠르게 함
- 설탕의 1.3배 감미도를 가지며, 제품에 신선한 향을 부여함
- 흡습성이 강하여 시럽의 형태로 존재하므로 고체당으로 만들기 어려움
- 제과제빵 재료에서는 전화당을 트리몰린(Trimolin)이라 함
- 설탕에 소량의 전화당을 혼합하면 설탕의 용해도를 높일 수 있음

(3) 당밀

① 당밀이 다른 설탕들과 구분되는 구성성분으로 회분(무기질)이 있음
② 제과에서 많이 사용하는 럼주는 당밀을 발효시켜 만듦
③ 제과 · 제빵에서 당밀을 넣는 이유 : 당밀 특유의 단맛과 풍미, 노화 지연, 향료와의 조화

(4) 맥아와 맥아시럽

맥아	발아시킨 보리(엿기름)의 낟알
맥아시럽	맥아분(엿기름)에 물을 넣고 열을 가하여 만듦

(5) 유당(젖당)

동물성 당류이므로 단세포 생물인 이스트에 의해 발효되지 않고, 반죽에 잔류당으로 남아 갈변 반응을 일으켜 껍질 색을 진하게 함

(6) 기타 감미제

아스파탐	설탕의 200배 감미
올리고당	• 설탕의 30% 감미도 • 비피더스균 증식 인자
이성화당	포도당의 일부를 과당으로 이성화시킨 당으로 과당과 포도당의 혼합 상태
꿀	감미와 수분 보유력이 높고 향이 우수
천연 스테비아	설탕의 300배 감미

3 감미제의 기능

제빵에서의 기능	• 발효가 진행되는 동안 이스트에 발효성 탄수화물을 공급하여 발효를 도움 • 아미노산과 환원당이 반응하여 껍질 색을 진하게 함(마이야르 반응) • 휘발성산, 알데하이드와 같은 화합물의 생성으로 풍미를 증진시킴 • 속결, 기공을 부드럽게 함 • 수분 보유력이 있어 노화를 지연시키고 저장 기간을 증가시킴
제과에서의 기능	• 감미제로 단맛이 나게 함 • 수분 보유제로 노화를 지연하고 신선도를 오래 지속시킴 • 글루텐을 부드럽게 하고 기공, 조직 속을 부드럽게 하는 연화효과가 있음 • 캐러멜화 반응과 마이야르 반응에 의해 껍질 색이 진해짐 • 윤활작용으로 제품의 흐름성, 퍼짐성, 절단성 등을 조절함

Key point

당류의 용해도
- 분자량이 작은 당류가 더 쉽게 용해됨
- 흡습성이 높을수록 용해도가 높음
- 일반적인 조건에서의 용해도 : 과당 > 설탕 > 포도당 > 유당

04 유지

1 유지의 기능

제빵에서의 기능	• 윤활작용 및 부피 증가 • 식빵의 슬라이스를 돕고 풍미 제공 • 가소성과 신장성을 향상 • 빵의 노화를 지연
제과에서의 기능	• 쇼트닝성 및 안정화 • 공기 혼입 및 크림화 • 식감 개선 및 저장성에 영향을 줌

2 유지의 종류

버터	구성	• 우유 지방(80~85%)으로 제조 • 수분 함량 14~17%
	특징	• 가격이 비싸고, 풍미가 우수함 • 가소성 범위가 좁고, 융점이 낮으며, 크림성이 부족함 • 유중수적형(W/O)
마가린	구성	주로 식물성 유지로 만들며, 지방 80%
	특징	• 버터 대용품으로 만들어짐 • 버터에 비해 가소성, 크림성이 우수 • 쇼트닝에 비해 융점이 낮고 가소성이 적음
쇼트닝	구성	지방 100%
	특징	• 라드(돼지기름) 대용품으로 만들어짐 • 무색, 무미, 무취 • 크림성이 우수하고, 저장성 개선 • 빵의 부드러움과 쿠키의 바삭한 식감을 줌
튀김 기름	구성	지방 100%의 액체 유지
	특징	• 튀김 온도 180~195℃, 유리지방산 0.1% 이상 • 발연점이 높은 면실유가 좋음 • 고온으로 계속 가열하면 유리지방산이 높아져 발연점이 낮아짐

Key point

버터와 마가린의 차이점

구성하는 지방의 종류가 다르며 지방은 지방산의 종류에 의해 달라짐

- 버터 : 주로 우유 지방으로 부티르산 포함
- 마가린 : 주로 식물성 유지로 스테아르산 포함

Key point

쇼트닝가와 유화 쇼트닝

쇼트닝가	• 빵이나 과자 제품의 부드러운 정도를 측정하는 단위 • 유지의 양이나 종류에 따라 부드러운 정도가 달라짐
유화 쇼트닝	액체 재료와 설탕을 많이 사용하여 부드럽고 촉촉한 케이크를 만들기 위해 사용

Key point

수중유적형(O/W)과 유중수적형(W/O)

수중유적형	물속에 기름이 입자 모양으로 분산 예 마요네즈, 우유, 아이스크림
유중수적형	기름 속에 물이 입자 모양으로 분산 예 버터, 마가린, 쇼트닝

Key point

튀김 기름유의 4대 품질 저하 요인

열, 수분, 산소, 이물질

Key point

발연점

- 유지를 가열할 때 표면에서 푸른 연기가 발생할 때의 온도
- 발연점이 높을수록 튀김용으로 적합함

05 물

1 물의 기능

(1) 빵 반죽의 글루텐 형성

(2) 반죽의 온도 및 농도 조절

(3) 재료 분산 및 효모와 효소 활성

2 물의 경도

(1) 물의 경도

물속에 녹아 있는 칼슘염과 마그네슘염을 나타낸 것으로, 그 양을 탄산칼슘으로 환산하여 ppm 단위로 표시

(2) 경도의 구분

구분	내용
연수	60ppm 이하(증류수, 빗물 등)
아연수	61~120ppm 이하
아경수	121~180ppm 미만
경수	180ppm 이상(바닷물, 광천수, 온천수)

3 물의 영향과 조치사항

구분	내용
아경수	제빵에 가장 적합함
경수	• 반죽이 되고, 글루텐을 강화시켜 발효가 지연되며, 탄력성을 증가시킴 • 조치사항 : 이스트 사용량 증가와 발효 시간 연장, 맥아 첨가, 소금과 이스트 푸드 사용량 감소, 물의 양 증가
연수	• 반죽이 질고, 글루텐을 연화시켜 끈적거리는 반죽으로 오븐 스프링이 나쁨 • 조치사항 : 흡수율 2% 감소, 이스트 푸드와 소금 사용량 증가, 이스트 사용량 감소와 발효 시간 단축

06 소금(식염) 및 분유

1 소금

(1) 소금의 효과

① 반죽의 글루텐을 단단하게 하여 반죽 시간을 증가시킴
② 후염법 : 글루텐이 형성된 후 식염을 첨가하면 반죽 시간을 줄일 수 있음
③ 소금의 일반적인 사용량 : 1.75~2.25%

(2) 소금의 기능

① 잡균 번식을 억제하여 방부효과가 있음
② 빵의 껍질 색을 조절하여 갈색이 되게 함
③ 빵의 풍미를 증가하고 맛을 조절함
④ 글루텐을 강화하여 제품에 탄력을 줌
⑤ 삼투압으로 이스트 활력에 영향을 줌
⑥ 반죽의 흡수율을 감소시키므로 클린업 단계 이후에 넣으면 흡수율 증가로 제품저장성을 높임

2 분유

(1) 제빵에서 분유를 사용하는 목적

영양 강화 및 반죽의 pH 조절 위해 사용

(2) 분유의 기능

① 탈지분유(Nonfat Dry Milk)의 단백질에는 라이신의 함량이 많으며 칼슘도 풍부하게 함유되어 있음
② 아미노산과 단당류의 반응으로 갈색화 반응을 촉진시켜 겉껍질 색상에 영향을 줌
③ 반죽의 글루텐을 강화시키며, 단백질에 의한 완충효과에 의해 발효가 저해 받음
④ 이스트에 의해 생성된 향을 착향시켜 풍미 개선
⑤ 탈지분유의 사용량이 3% 미만일 경우에는 제품의 풍미에 영향을 미치지 않음

Key point

탈지분유 속의 단백질

이온화할 수 있는 산성기와 염기를 갖는 양성물질로 빵 반죽의 pH 저하 시 완충제로 작용하여 이스트와 효소의 활성, 글루텐의 믹싱과 발효 내구성을 조절할 수 있음

07 이스트 푸드 및 제빵 개량제

1 이스트 푸드(Yeast Food)

물 조절제 (Water Conditioner)	칼슘염, 마그네슘염 및 산염 등을 첨가하여 물을 아경수 상태로 만들고 pH를 조절하도록 함
이스트 조절제 (Yeast Conditioner)	암모늄염을 함유시켜 이스트에 질소를 공급해 줌
반죽 조절제 (Dough Conditioner)	비타민 C와 같은 산화제를 첨가하여 단백질을 강화시킴

Key point
이스트 푸드에 밀가루나 전분을 사용하는 이유
계량의 간편화, 구성성분의 분산제이자 충전제, 흡습에 의한 화학 변화 방지의 완충제 등의 목적으로 사용

2 제빵 개량제

(1) 믹싱 시간 및 발효 시간 조절, 맛과 향 개선에 사용됨

(2) 반죽의 물리적 성질을 조절하고, 질소를 공급하며, 물의 경도 및 반죽의 pH를 조절함

(3) 빵의 부피 및 색의 개선, 발효 촉진, 풍미 보완, 노화 지연 등 빵의 품질을 향상시킴

08 우유 및 유제품

1 우유

(1) 우유의 성질 및 기능

① 우유는 영양가가 좋은 완전식품으로, 수분 87.5%, 고형물 12.5%로 구성되어 있으며, 고형물 중의 3.4%가 단백질

② 우유 단백질

㉠ 75~80%는 카세인으로 열에 강해 100℃에서도 응고되지 않음

㉡ 우유 단백질에 의해 믹싱 내구성을 향상시킴

③ 글루텐의 기능을 향상시키며 빵의 속결을 부드럽게 함

④ 발효 시 완충작용으로 pH가 급격히 떨어지는 것을 방지함

⑤ 우유 속의 유당은 빵의 색을 잘 나오게 함

⑥ 수분 보유력이 있어서 노화를 지연시킴

⑦ 영양을 향상시키며 밀가루에 부족한 필수 아미노산인 라이신(Lysin)과 칼슘을 보충

⑧ 풍미(맛)를 향상시킴

Key point

우유 살균법

- 저온 장시간 살균법(LTLT) : 61~65℃에서 30분간 가열
- 고온 단시간 살균법(HTST) : 70~75℃에서 15~30초간 가열
- 초고온 순간 살균법(UHT) : 130℃에서 2~3초간 가열

Key point

분유의 용해도에 영향을 미치는 요인

원유의 신선도	신선도가 높을수록 용해도가 높음
건조 방법	분무 건조 방법이 용해도가 높음
분말 입자	입자가 고울수록 용해도가 높음
저장 기간	오래된 분유일수록 용해도가 낮음
저장 온도	저온 저장법이 용해도가 높음

Key point

우유의 미생물 오염에 대한 변화

- 대장균군의 오염이 있으면 거품을 일으키며 이상응고를 나타냄
- 단백질 분해균 중 일부는 우유를 점질화시키거나 쓴맛을 주기도 함
- 생유 중의 산생성균은 산도 상승의 원인이 되어 선도를 저하시키기도 함
- 냉장 중에도 우유에 변패를 일으키는 미생물이 증식함

(2) 우유의 구성

우유 지방 (Milk Fat, Butter Fat)	• 우유는 원심분리하면 지방 입자가 뭉쳐 크림이 됨 • 유지방에는 카로틴, 레시틴, 세파린, 콜레스테롤, 지용성 비타민(A, E, D) 등이 들어 있음 • 지방 용해성 스테롤인 콜레스테롤을 0.071~0.43% 함유
단백질	우유 단백질인 카세인(약 3%)은 산과 효소 레닌에 의해 응고되고 열에 강하나, 유청 단백질은 열에 의해 변성 응고됨
유당	제빵용 이스트에 발효되지 않음
광물질(미네랄)	• 우유 전체의 1/4을 차지하는 칼슘과 인은 영양학적으로 중요한 역할을 함 • 구연산은 0.02% 정도 함유되어 있음
효소와 비타민	• 지방 분해효소, 단백질 분해효소, 당 분해효소 등 효소는 많지만 대부분 불활성 • 비타민 A, 비타민 B_1(티아민), 비타민 B_2(리보플라빈)는 풍부하지만, 비타민 D, E는 부족함

2 유제품

시유 (Market Milk)	표준화, 균질화, 살균, 멸균, 포장된 일반 우유로 냉장 상태에서 보관	
농축우유 (Concentrated Milk)	• 우유의 수분을 증발시켜 고형분 함량을 높인 우유 • 종류 : 생크림, 연유 등	
	크림	우유를 교반하면 비중의 차이로 뭉쳐지는 지방 입자를 농축시켜 만듦 • 커피용, 조리용 생크림 : 유지방 함량 16% 전후 • 휘핑용 생크림 : 유지방 함량 35% 이상 • 버터용 생크림 : 유지방 함량 80% 이상
	연유	• 가당연유 : 우유에 40% 설탕을 첨가하여 1/3 부피로 농축 • 무가당연유 : 우유를 그대로 1/3 부피로 농축
분유 (Dry Milk)	우유의 수분을 제거해 가루로 만든 것	
	전지분유	우유에서 수분을 제거한 분말 상태로 지방이 많음
	탈지분유	우유에서 지방분을 제거한 것으로 유당이 50% 함유되어 있고 단백질, 회분 함량이 높음
치즈	• 우유나 그 밖의 유즙을 레닌과 젖산균으로 발효시켜 카세인을 응고시킨 후 숙성된 제품 • 자연 치즈, 가공 치즈 등이 있음	

09 생크림 및 달걀

1 생크림

(1) 생크림의 종류

우유의 지방을 농축해서 만든 크림으로 다음의 종류로 구분함

유크림	유지방 함량이 30% 이상
유가공크림	유지방 함량이 18% 이상
분말류 크림	유지방 함량이 50% 이상

(2) 사용 용도

휘핑용	보통 유지방 함량이 30% 이상인 경우 사용
커피용	유지방 함량이 20~30%인 생크림을 사용

(3) 보관 방법

① 온도 변화에 민감하므로 냉장 온도가 일정한 곳에 보관함

② 개봉 후에는 공기가 통하지 않도록 밀봉하여 보관함

2 달걀

(1) 달걀의 구성 비율

구분	구성비	개략적인 비율
껍데기	10.3%	10%
전란	89.7%	90%
노른자	30.5%	30%
흰자	59.4%	60%

(2) 부위별 고형분과 수분의 비율

구분	전란	노른자	흰자
고형분	25%	50%	12%
수분	75%	50%	88%

(3) 달걀의 기능

결합제	단백질이 변성하여 농후화제가 됨(커스터드 크림, 푸딩)
팽창제	단백질이 피막을 형성하여 믹싱 중의 공기를 포집하고, 미세한 공기는 열 팽창하여 케이크 제품의 부피를 크게 함(스펀지 케이크, 엔젤 푸드 케이크 등)
유화제	노른자의 레시틴은 기름과 수분을 잘 혼합시켜 제품을 부드럽게 함(마요네즈, 케이크, 아이스크림 등)
색	노른자의 황색은 식욕을 돋우는 속 색을 만듦
영양가	단백질, 지방, 무기질, 비타민을 함유한 완전식품으로 건강과 성장에 필수적인 영양소 제공

Key point

달걀의 보관기준(농림축산식품부)

- 5~10℃에서 보관 시 35일간 품질을 보장
- 10~25℃에서 보관 시 14일간 품질을 보장
- 25~30℃에서 보관 시 7일간 품질을 보장

(4) 신선한 달걀의 조건

외관법	껍질이 거칠고 난각 표면에 광택이 없고 선명함
투시법	밝은 불에 비추어 볼 때 속이 밝고 노른자가 구형(공 모양)임
비중법	6~10%의 소금물에 담갔을 때 가라앉음
난황계수 측정법	달걀을 깼을 때 노른자가 바로 깨지지 않고 높이가 높음

10 팽창제 및 향신료

1 팽창제

베이킹파우더 (Baking Powder)	• 탄산수소나트륨(소다)이 기본이 되고 산을 첨가하여 중화시킨 것 • 베이킹파우더의 팽창력은 이산화탄소에 기인한 것 • 케이크, 쿠키에 사용됨
탄산수소나트륨 (중조)	• 베이킹파우더의 주성분으로, 베이킹파우더 형태로 사용하거나 단독으로 사용함 • 과다 사용 시 제품의 색상이 어두워지고, 소다 맛이 남
암모늄염	• 물이 있으면 단독으로 작용하여 산성 산화물과 암모니아 가스를 발생함 • 밀가루 단백질을 부드럽게 하는 효과를 냄

2 향신료(Spice)

(1) 향신료의 기능

① 음식의 맛을 풍부하게 하고, 특유의 향과 맛으로 제품의 풍미를 향상시킴

② 천연 보존제로 작용하여 제품의 보존성을 높여줌

(2) 향신료의 종류

계피	열대성 상록수 나무껍질로 만든 향신료
너트맥	육두구과 과목의 과육을 일광 건조한 것
생강	매운맛과 특유의 방향을 가짐
정향	상록수 꽃봉오리를 따서 말린 것
올스파이스	복숭아 식물로 계피와 너트맥의 혼합향(자메이카 후추)
카다몬	생강과의 다년초 열매 속 작은 씨를 말린 것
박하	박하속에 식물의 잎사귀를 말린 것
오레가노	꿀풀과 식물의 잎을 건조시킨 향신료로, 피자나 파스타에 많이 사용
기타	바닐라, 클로브, 사프란, 식용 양귀비씨, 후추, 코리앤더, 캐러웨이 등

Key point

달걀이 오래되면 기실이 커지고 비중이 작아지므로 물에 뜨게 됨

Key point

난황계수
- 난황의 높이를 난황의 지름으로 나눈 값
- 신선한 달걀의 난황계수는 0.36~0.44 정도로 신선도가 떨어질수록 수치도 낮아짐

Key point

베이킹파우더 사용량 과다 시 특징
- 밀도가 낮고 부피가 큼
- 빵 속 색이 어두움
- 같은 조건일 때 건조 속도가 빠름
- 기공과 조직이 조밀하지 못해 결이 거칠음
- 오븐 스프링이 커져 주저앉기 쉬움

Key point

만두, 만주, 찐빵 등의 속의 색 조절
- 하얗게 만들 때는 암모늄계 팽창제인 이스파타를 사용
- 누렇게 만들 때는 탄산수소나트륨(중조, 소다)을 사용

Key point

넛메그(너트맥)
- 1개의 종자에서 넛메그와 메이스를 얻을 수 있고, 넛메그의 종자를 싸고 있는 빨간 껍질을 말린 향신료는 메이스가 됨
- 넛메그는 단맛의 향기가 있고, 기름 냄새를 제거하는 데 탁월하여 튀김 제품에도 많이 사용됨

11 안정제

1 안정제의 기능

(1) 식품에서 점착성을 증가시키고 유화 및 안정성을 좋게 함

(2) 가공 시 선도 유지 및 형체 보존에 도움을 주며, 미각에 대해서도 점활성을 주어 촉감을 좋게 함

(3) 글루텐, 아밀로펙틴, 펙틴, 아라비아 검, 트래거캔스 검, 카라기난, 알긴산, 한천, 우유의 카세인 등이 있음

2 안정제의 종류

구분	내용
한천 (Agar)	• 해조류의 우뭇가사리로부터 얻으며, 끓는 물에서 잘 용해되어 0.5%의 저농도에서도 안정된 겔을 형성함 • 산에 약하여 산성 용액에서 가열하면 당질의 연결이 끊어짐 • 젤리, 디저트, 과자류, 샐러드 드레싱, 유제품, 수프, 아이스크림, 통조림, 양갱 등에 사용함 • 한천의 응고에 영향을 주는 요인 - 알칼리성에서 응고력이 강함 - 80~100℃에서 융해되고, 보통 실온 이상인 28~35℃에서 응고 - 보통 1.0~1.5% 이상의 농도에서 겔을 형성함 - 농도가 높을수록 응고 온도가 높아짐 - 설탕량의 증가에 따라 응고력이 증가 - 응고력의 강도는 젤라틴의 7~8배
CMC (Carboxy Methyl Cellulose)	• 셀룰로스의 유도체로, 찬물과 뜨거운 물 모두에 잘 녹음 • 산에 대한 저항력이 약하고, pH 7에서 효과가 가장 좋음 • 다른 안정제에 비하여 값이 싸고 용해성이 좋음 • 아이스크림, 셔벗, 초콜릿 우유, 인스턴트 라면, 빵, 맥주 등에 다양하게 사용함
젤라틴 (Gelatin)	• 동물의 껍질, 연골조직에서 얻은 콜라겐을 정제한 것 • 끓는 물에 용해되며 냉각하면 단단하게 굳음 • 1% 농도의 용액으로 사용하고, 완전히 용해시켜야 함 • 산성 용액에서 가열하면 화학적으로 분해되어 겔화 능력을 상실하게 됨 • 젤리, 아이스크림, 통조림, 햄, 소시지, 비스킷, 캐러멜 등에 널리 사용함 • 젤라틴의 응고에 영향을 주는 요인 - 온도 3~10℃에서 겔화됨 - 1.5~2%의 농도에서 잘 응고됨 - pH 4.7 근처에서 응고력이 커지고 산을 더 넣으면 응고력이 약해짐 - 염류는 젤라틴의 물 흡수를 막아 응고력을 높임 - 설탕은 젤라틴 응고력을 감소시킴 - 단백질 분해효소는 응고력을 약하게 함 - 젤라틴 용해 시 끓는 물을 사용하면 응고력이 약해짐

펙틴 (Pectin)	• 감귤류의 과피나 사과에서 얻으며, 제품의 품질 향상을 위하여 겔화제로 사용 • 메톡실기(-OCH_3)의 양에 따라 펙틴의 성질이 변함 • 찬물에 잘 녹지 않으며 5% 이상 농도의 용액은 저어주는 것이 좋음 • 잼, 젤리, 마멀레이드 등에 사용함

12 양주 및 초콜릿

1 양주

(1) 양주의 기능

① 지방산을 중화하여 제품의 풍미를 높여주고, 잡내를 제거함

② 제품의 보존성을 높여줌

(2) 양주의 종류

① 럼(Rum) : 사탕수수를 원료로 한 당밀을 발효시킨 증류주

② 그랑 마니에르(Grand Marnier) : 오렌지 껍질을 꼬냑에 담가 만든 혼성주로 초콜릿과 잘 어울림

③ 증류주 꼬냑(Cognac)과 과일향의 브랜디(Brandy), 쿠앵트로(Cointreau) 등은 과자류, 생크림 등에 이용됨

④ 기타 : 주재료가 오렌지, 레몬인 오렌지 큐라소(Orange Curacao), 체리의 과즙을 발효하고 증류시킨 키르슈(Kirsch), 스코틀랜드 위스키(Whisky) 등

Key point

재료 성분에 따른 혼성주 분류

오렌지	큐라소, 그랑 마니에르, 쿠앵트로
체리	마라스키노, 키르슈

2 초콜릿

(1) 코코아

① 카카오 가루 : 카카오 빈을 볶아 빻은 뒤 카카오 버터 지방분을 뺀 나머지를 가루로 만든 것

② 코코아콩의 주성분 : 지방(코코아 버터는 총 구성요소 55%), 알칼로이드, 탄수화물, 단백질, 유기산 및 미네랄

(2) 초콜릿

① 카카오 빈을 주원료로 하며 카카오 버터, 설탕, 유제품 등을 섞은 것

② 초콜릿의 원료로 카카오 매스, 카카오 버터, 설탕, 코코아, 유화제, 우유, 향 등이 있으며 1차, 2차 가공을 거쳐 초콜릿이 만들어짐

③ 적정 보관 : 초콜릿은 온도 15~18℃, 습도 40~50%에서 보관

Key point

카카오 버터와 코코아 버터

- 코코아는 카카오에서 얻은 가공품이므로 카카오 버터가 정확한 표기임
- 일반적으로 카카오 버터와 코코아 버터는 같은 의미로 사용됨

Key point

카카오 버터의 특징

- 실온에서는 단단한 상태이지만, 입 안에 넣는 순간 녹게 만듦
- 고체에서 액체로 변하는 온도 범위(가소성)가 2~3℃로 매우 좁음
- 초콜릿의 풍미, 구용성, 감촉, 맛 등을 결정
- 단순 지방으로 글리세린 1개에 지방산 3개가 결합된 구조

(3) 초콜릿의 지방 성분

① 코코아 버터는 상온에서는 굳어진 결정을 하고 있지만 체온 가까이에서는 급히 녹는 성질이 있기 때문에, 먹을 때에 독특한 맛이 금방 퍼짐

② 코코아 버터는 일반 유지에 비해 산화되기 어려워 맛이 오래 보존됨

(4) 초콜릿의 종류

구분	내용
카카오 매스	• 카카오 빈에서 외피와 배아를 제거하고 잘게 부순 것으로, 비터 초콜릿이라고도 함 • 다른 성분이 포함되어 있지 않아 카카오 빈 특유의 쓴맛이 그대로 살아 있음 • 식으면 굳기 때문에 커버춰용으로 사용함
다크 초콜릿	• 순수한 쓴맛의 카카오 매스에 설탕과 카카오 버터, 레시틴, 바닐라향 등을 섞어 만든 초콜릿 • 다크 스위트, 세미 스위트, 비터 스위트로 구분 다크 스위트: 카카오 버터 최소 15% 이상 함유 세미, 비터 스위트: 카카오 버터 35% 이상 함유
밀크 초콜릿	• 다크 초콜릿의 구성성분에 분유를 더한 것으로, 가장 부드러운 맛의 초콜릿 • 보통 유백색으로 색이 옅어질수록 분유의 함량이 많음
화이트 초콜릿	카카오 고형분과 카카오 버터 중 다갈색의 카카오 고형분을 빼고 카카오 버터에 설탕, 분유, 레시틴, 바닐라향을 넣어 만든 백색의 초콜릿
가나슈용 초콜릿	• 카카오 매스에 카카오 버터를 넣지 않고 설탕만을 더한 초콜릿 • 카카오 고형분이 갖는 강한 풍미를 살릴 수 있음 • 유지 함량이 적어 생크림같이 지방과 수분이 분리될 위험이 있는 재료와도 잘 어울리나, 코팅용으로는 부적합함
코팅용 초콜릿	• 카카오 매스에서 카카오 버터를 제거한 다음 식물성 유지와 설탕을 넣어 만든 초콜릿 • 번거로운 템퍼링 작업 없이도 언제 어디서나 손쉽게 사용할 수 있음

(5) 템퍼링(Tempering)

반드시 템퍼링을 거쳐 초콜릿의 분자구조를 안정적으로 만들어 주어야 함

구분	내용
템퍼링을 하는 이유	• 지방 블룸(Fat bloom)이 일어나지 않음 • 입 안에서 용해성, 구용성이 좋아짐 • 매끄러운 광택이 남
템퍼링 온도 (다크 초콜릿 기준)	• 1차 시 : 38~45℃ • 중간 : 27~29℃ • 최종 : 30~32℃
템퍼링 시 주의사항	• 전자레인지나 중탕으로 녹여야 함 • 초콜릿에 물이 들어가면 찰흙처럼 뭉치고 덩어리가 지므로 수분이나 수증기가 들어가지 않도록 주의

Key point

코팅용 초콜릿이 갖춰야 하는 성질

코팅용 초콜릿은 융점(녹는점)이 겨울에는 낮아야 쉽게 굳지 않고, 여름에는 높아야 쉽게 녹지 않음

Key point

템퍼링(Tempering)

초콜릿을 일정한 온도에서 녹였다가 다시 굳히는 과정을 반복하여 카카오 버터의 결정 구조를 안정화시키는 과정

Chapter 02

단원별 출제예상문제

01

다음 밀가루의 특징 중 옳지 않은 것은?

① 밀은 껍질 14%, 배아 2~3%, 내배유 83%로 이루어져 있다.
② 밀가루는 단백질의 종류에 따라 강력분, 중력분, 박력분으로 구분한다.
③ 밀가루의 전분은 굽기 과정 중 전분의 호화 과정을 통해 구조 형성의 역할을 한다.
④ 반죽할 때 글리아딘과 글루테닌이 물과 결합하여 글루텐을 형성한다.

해설

밀가루를 강력분, 중력분, 박력분으로 구분하는 기준은 단백질의 함량에 따른다.

02 빈출

글루텐을 형성하는 단백질로 알맞게 짝지어진 것은?

① 알부민, 글로불린
② 알부민, 글리아딘
③ 글루테닌, 글리아딘
④ 글루테닌, 글로불린

해설

글루텐을 형성하는 밀가루의 단백질은 글루테닌과 글리아딘이다.

03

박력분에 대한 설명으로 틀린 것은?

① 단백질 함량이 17~20% 정도이다.
② 튀김용 가루로 많이 사용된다.
③ 쿠키, 비스킷 등을 만드는 데 사용된다.
④ 점성과 탄력성이 상대적으로 약하다.

해설

박력분의 단백질 함량은 7~9%이다.

04

일반적으로 제빵용으로 사용하는 밀가루의 단백질 함량은?

① 14~16%
② 11~14%
③ 9~11%
④ 7~9%

해설

제빵용으로 사용하는 밀가루는 강력분으로, 강력분의 단백질 함량은 11~14%이다.

05

다음 중 이스트에 대한 설명으로 옳지 않은 것은?

① 이스트는 1857년 파스퇴르에 의해 발견되었다.
② 이스트 발효의 최적 온도는 28~32℃이다.
③ 이스트 발효의 최적 pH는 4.5~5.0이다.
④ 생이스트는 냉장 보관 시 제조일로부터 2~3달 내로 소비해야 한다.

해설

냉장 보관 시 생이스트의 소비기한은 제조일로부터 2~3주이다.

정답 01 ② 02 ③ 03 ① 04 ② 05 ④

06

다음 중 당의 성질에 대한 설명으로 옳지 않은 것은?

① 당은 이스트의 먹이로써 반죽의 풍미와 팽창을 돕는다.
② 당은 제품의 착색 및 빵의 조직과 촉감을 개선하며 빵의 노화를 지연시킨다.
③ 캐러멜화 반응과 마이야르 반응은 사실상 같은 개념이다.
④ 당은 수분을 보유하는 흡수성이 있다.

해설

캐러멜화는 당류를 고온으로 가열할 때 산화 및 분해 산물에 의해 갈색 물질을 형성하는 반응이며, 마이야르 반응은 아미노산과 환원당 사이의 화학반응으로 조리 과정 중 갈색으로 변하면서 특별한 풍미를 내는 것이다.

07 빈출

다음 중 비피더스균의 증식을 활발하게 하는 당은?

① 고과당
② 이성화당
③ 물엿
④ 올리고당

해설

올리고당은 장내의 비피더스균의 증식을 활발하게 한다.

08

밀의 제분 공정 중 밀에서 불순물을 기계적으로 분리하는 작업은?

① 파쇄
② 체질
③ 정선
④ 조질 공정

해설

밀에서 불순물을 기계적으로 분리하는 작업은 정선이다.

09

다음 중 유지에 대한 설명으로 옳지 않은 것은?

① 버터는 유중수적형(W/O)이다.
② 마가린은 주로 식물성 유지로 만든다.
③ 쇼트닝은 지방이 80%이다.
④ 튀김 기름으로는 발연점이 높은 면실유가 좋다.

해설

쇼트닝은 지방 비율은 100%이며, 마가린의 지방 비율이 80%이다.

10

이스트의 3대 기능이 아닌 것은?

① 반죽 숙성 기능
② 팽창 기능
③ 향의 형성 · 개발
④ 노화 지연

해설

이스트의 3대 기능은 반죽 숙성, 팽창, 향의 형성 · 개발이다.

11 빈출

당의 종류 중 전분을 가수분해하여 만든 전분당은 무엇인가?

① 정제당
② 함밀당
③ 포도당
④ 유당

해설

전분을 가수분해하여 만든 전분당은 포도당이다.

정답 06 ③ 07 ④ 08 ③ 09 ③ 10 ④ 11 ③

12

당류의 용해도에 대한 설명으로 틀린 것은?

① 분자량이 작은 당류가 더 쉽게 용해된다.
② 일반적인 조건에서의 용해도는 '과당 > 설탕 > 포도당 > 유당'이다.
③ 흡습성이 높을수록 용해도가 높다.
④ 흡습성이 낮을수록 용해도가 높다.

해설

당류는 흡습성이 높을수록 용해도가 높다.

13

쇼트닝에 대한 설명으로 틀린 것은?

① 라드를 부르는 또다른 말이다.
② 지방 100%로, 무색, 무미, 무취이다.
③ 크림성이 우수하다.
④ 빵의 부드러움과 과자의 바삭한 식감을 준다.

해설

쇼트닝은 라드의 대용품으로 개발된 것으로 라드와는 다르다.

14 빈출

다음 경도에 따른 물의 분류에서, 제빵에 가장 적합한 물은 무엇인가?

① 연수
② 아연수
③ 아경수
④ 경수

해설

아경수(121~180ppm 미만)가 제빵에 가장 적합하다.

15 빈출

우유의 살균법 중 틀린 것은?

① 저온 장시간 살균법(LTLT) : 61~65℃에서 30분간 가열
② 고온 단시간 살균법(HTST) : 70~75℃에서 15~30초간 가열
③ 초고온 순간 살균법(UHT) : 130℃에서 2~3초간 가열
④ 고온 장시간 살균법(HTLT) : 70~75℃에서 30분간 가열

해설

우유의 살균법 중 고온 장시간 살균법은 존재하지 않는다.

16

밀가루의 등급은 무엇을 기준으로 하는가?

① 단백질
② 회분
③ 유지방
④ 탄수화물

해설

밀가루의 등급은 회분을 기준으로 한다.

정답 12 ④ 13 ① 14 ③ 15 ④ 16 ②

17 빈출

밀 제분 공정 중 정선기에 온 밀가루를 다시 마쇄하여 작은 입자로 만드는 공정은?

① 조쇄 공정
② 정선 공정
③ 조질 공정
④ 분쇄 공정

해설

밀의 제분 공정은 마쇄 → 체질 → 정선 과정이 연속적으로 이루어진다. 이 중 밀가루를 마쇄하여 작은 입자로 만드는 과정은 분쇄 공정이다.

18

실험용 쥐의 사료에 제인(Zein)을 쓰면 체중이 감소한다. 어떤 아미노산을 첨가하면 체중 저하를 방지할 수 있는가?

① 트립토판
② 글루타민산
③ 발린
④ 알라닌

해설

옥수수의 단백질인 제인은 필수아미노산인 트립토판을 거의 함유하지 않기 때문에 트립토판을 첨가하면 체중 저하를 방지할 수 있다.

19

다음 중 전분당이 아닌 것은?

① 물엿
② 설탕
③ 포도당
④ 이성화당

해설

물엿, 포도당, 이성화당은 전분을 가수분해하여 만든 전분당이다.

20

흰색의 결정성 분말로, 냄새는 없고 단맛이 설탕의 약 200배 정도 되는 아미노산계 식품 감미료는 무엇인가?

① 페릴라틴
② 에틸렌글리콜
③ 아스파탐
④ 사이클라메이트

해설

아스파탐은 아스파트산과 페닐알라닌의 아미노산 2종류가 결합하여 이루어진 감미료로, 감미도가 설탕의 약 200배 수준이다.

정답 17 ④ 18 ① 19 ② 20 ③

CHAPTER
03 영양학

01 열량 영양소

1 영양소의 개요

Key point
식품의 열량 계산 공식
(탄수화물의 양 + 단백질의 양) x 4 + (지방의 양 x 9)

(1) 영양소의 정의

식품에 포함된 다양한 성분 가운데, 신체에 흡수되어 성장, 유지, 번식 등 생리적 기능을 통해 생명을 유지하는 데 활용되는 물질

(2) 영양소의 종류

열량 영양소	기능	• 열량을 생성하여 에너지를 공급 • 체온의 조절 및 유지
	종류	탄수화물(4kcal/g), 단백질(4kcal/g), 지방(9kcal/g)
조절 영양소	기능	인체의 생리적 기능과 대사 과정을 조절
	종류	무기질, 비타민, 물
구성 영양소	기능	근육, 골격, 효소, 호르몬 등의 구성성분
	종류	단백질, 무기질, 물

2 탄수화물(당질)

Key point
혈당을 조절하는 호르몬
- 인슐린(insulin)
- 아드레날린(adrenalin)
- 글루카곤(glucagon)

(1) 탄수화물의 특성

① **소화 과정** : 체내에서 최종적으로 소장에서 단당류 형태로 흡수

② **화학적 구조** : 탄소(C), 수소(H), 산소(O)의 원소가 1 : 2 : 1 비율로 결합된 유기화합물

③ **에너지 공급** : 에너지의 주요 공급원으로, 당질과 동일한 의미로 사용

④ **주요 식품 원천** : 곡류, 서류, 설탕 등에 포함

(2) 탄수화물의 기능

지방 대사에 관여	• 간에서 지방의 완전 대사를 촉진 • 간에 글리코겐 형태로 저장된 후 필요시 포도당으로 분해되어 에너지로 활용 • 혈액과 조직 내 케톤체의 다량 축적을 방지하여 케톤증 발생을 예방
단백질 절약	탄수화물이 부족할 경우, 지방이나 단백질이 대체 에너지원으로 사용
에너지 공급원	• 인체에서 주요 에너지원으로 사용되며, 1g당 4kcal의 에너지 제공 • 소화 및 흡수율이 98%에 달해 대부분 체내에서 효과적으로 활용

감미 · 향미	고유의 맛과 향으로 식욕을 자극하며, 식품의 질감과 물성을 개선하는 데 활용
혈당 유지	혈당량을 조절하고 중추 신경계를 유지하며, 변비 예방에도 도움
피로 회복	섭취 후 소비되기까지의 기간이 비교적 짧음
장운동에 관여	섬유질 섭취는 장운동을 촉진시켜 변비 예방에도 도움

(3) 탄수화물의 소화 · 흡수 · 대사

① 탄수화물의 소화 과정

구강에서의 소화	• 다당류인 글리코겐과 전분은 구강에서 기계적 소화가 이루어짐 • 타액에 포함된 프티알린에 의해 화학적 소화가 시작
위에서의 소화	분해효소가 없어 소화 과정에서 거의 분해되지 않음
소장에서의 소화	• 소장에서 최종적으로 소화가 진행 • 전분이 단당류로 분해되어 흡수 가능해짐

② 탄수화물의 흡수 과정

㉠ 단당류로 소화된 후 십이지장과 공장 상부에서 모세혈관을 거쳐 문맥을 통해 간으로 운반(모세혈관 → 문맥 → 간)

㉡ 단당류가 소장 점막 세포를 통과하여 체내로 흡수되는 과정을 의미함

③ 탄수화물의 대사 과정 : 해당(glycolysis), TCA 회로(TCA cycle), 글리코겐 합성, 글리코겐 분해, 그리고 당신생 과정을 통해 이루어짐

3 단백질

(1) 단백질의 영양학적 분류

완전 단백질	• 필수아미노산이 균형 있게 포함되어 있음 • 생명 유지, 성장 발육, 생식과 같은 필수적인 생리 활동에 필요 • 주요 단백질 : 카세인(우유), 미오신(육류), 오브알부민(달걀), 글리시닌(콩) 등
부분적 완전 단백질	• 필수아미노산 중 일부가 부족하여 영양적으로 불완전함 • 생명 유지는 가능하나 성장 발육에는 제한이 있음 • 주요 단백질 : 글리아딘(밀), 호르데인(보리), 오리제닌(쌀) 등
불완전 단백질	• 필수아미노산이 거의 없거나 매우 부족하여 생명 유지나 성장 발육에 모두 부적합함 • 주요 단백질 : 제인(옥수수), 젤라틴(육류) 등

Key point

유당불내증
• 체내에 유당 분해효소인 락타아제가 결여되어, 우유 중 유당을 소화하지 못하는 증상
• 복부 경련, 설사, 메스꺼움 등을 동반하며 유당불내증이 있는 사람은 우유나 크림보다는 요구르트를 섭취하는 것이 좋음

Key point

제한아미노산
• 필수아미노산 중 요구량에 비해 상대적 함량이 적어 결핍되기 쉬운 아미노산
• 제1 제한아미노산 : 가장 결핍되기 쉬운 아미노산 예 라이신, 트립토판
• 제2 제한아미노산 : 두 번째로 결핍되기 쉬운 아미노산 예 트레오닌
• 밀의 제1 제한아미노산 : 라이신

(2) 단백질의 기능

에너지 공급원	• 1g당 4kcal의 에너지를 제공하며, 주요 에너지원으로 활용 • 소화 및 흡수율은 92%로, 높은 체내 활용도를 보임
체조지 구성과 보수	피부, 손톱, 모발, 뇌, 근육 등 다양한 인체 조직의 주요 구성성분으로 작용함
효소 · 호르몬 · 항체 형성	• 효소의 주성분으로 생화학적 반응을 촉진함 • 티록신(갑상선 호르몬)과 아드레날린(부신수질 호르몬)의 생성에 관여
면역 작용 관여	• 항체 형성하여 면역 기능 강화
체액 중성 유지	• 체내 삼투압을 조절하여 수분 균형을 유지함 • 체액의 pH를 조절하여 산 · 알칼리 평형 유지에 기여함

(3) 단백질의 영양 평가 지표

생물가	• 단백질의 체내 활용도를 평가하는 기준으로, 생물가가 높을수록 체내에서 효율적으로 사용됨 • 생물가(%) = (체내에 보유된 질소량 ÷ 체내에 흡수된 질소량) × 100 • 주요 식품의 생물가 예시 : 우유(90), 달걀(100), 돼지고기(79), 소고기(76), 생선(75), 대두(75), 밀가루(52)
단백가	• 필수아미노산의 비율이 이상적인 표준 단백질을 기준으로, 다른 단백질의 영양가를 비교하는 지표로 사용됨 • 단백가가 높을수록 단백질의 영양가가 큼 • 단백가(%) = (식품 내 제1 제한아미노산의 함량 ÷ 표준 단백질 중 아미노산 함량) × 100

(4) 단백질의 소화 · 흡수

① 흡수된 아미노산은 체내 단백질 합성과 보수에 사용될 뿐만 아니라, 에너지원으로 연소되어 열량을 공급하거나, 당질 및 지방으로 전환되어 체내에 저장되기도 함

② 위 속에 있는 펩신이 단백질을 큰 폴리펩타이드로 분해한 후, 췌장과 소장에서 분비되는 효소에 의해 아미노산으로 분해되어 흡수 · 이용되나, 일부 단백질은 완전히 분해되지 않고 뇨를 통해 배설됨[소화 과정 : 위 → 소장 → 융모 또는 점액 → 문맥 → 간(지방의 연소 · 합성)]

Key point

등전점
- 등전점이란 용매의 전하량이 같아져서 단백질이 중성이 되는 pH 시기를 말함
- 등전점에서는 용해도가 낮아져 결정을 석출함

Key point

단백질 효율(PER)

단백질 효율(Protein Efficiency Ratio : PER)이란 어린 동물의 체중이 증가하는 양에 따라 단백질의 영양가를 판단하는 방법으로, 단백질의 질을 측정함

Key point

단백질의 화학적 분류

단순 단백질	알부민, 글로불린, 글루테닌, 글리아딘
복합 단백질	핵단백질, 당단백질, 인단백질, 색소단백질
유도 단백질	제1차, 제2차 분해산물

4 지방

(1) 지방의 특성

① 탄소(C), 수소(H), 산소(O)로 구성된 유기화합물

② 3가 알코올인 글리세롤과 지방산이 결합하여 구성됨

③ 탄수화물과 단백질처럼 주요 생체 구성성분이며, 열량을 공급하는 중요한 물질임

④ 산, 알칼리 또는 효소에 의해 가수분해되면 지방산과 글리세롤로 분해됨

⑤ 물에는 녹지 않으나 에스테르, 알코올, 아세톤, 벤젠 등의 유기 용매에는 잘 용해됨

(2) 지방의 기능

에너지 공급원	• 1g당 9kcal의 비교적 높은 열량을 제공함 • 소화 및 흡수율이 95%에 달해 체내에서 효율적으로 활용
필수지방산 공급	• 건강 유지와 성장 촉진에 기여함 • 콜레스테롤 수치를 감소시키는 데 도움을 줌
지용성 비타민의 흡수 촉진	비타민 A, D, E, K의 체내 흡수를 촉진하여 생리적 기능을 지원
체온 유지	체온을 유지하고 체온 손실을 방지함
장내 윤활제 역할	장의 원활한 운동을 돕고 변비 예방에도 기여함
장기 보호	외부 충격으로부터 내장 기관을 보호하는 완충 역할 수행

(3) 지방의 소화·흡수

① 위에서 담즙에 의해 충분한 유화 과정을 거친 후, 대부분의 흡수는 소장에서 진행됨

② 위에서는 리파아제가 소량 작용하지만, 지방의 소화는 주로 소장에서 이루어짐

③ 췌장에서 분비된 리파아제에 의해 지방이 분해되어 글리세린과 지방산으로 전환됨

④ 췌장 → 소장 → 림프관 → 혈액 → 심장 → 전신으로 이어지는 경로를 통해 95% 이상의 지방이 소화됨

Key point

지방의 분류

화학적 분류	• 단순 지방 • 복합 지방 • 유도 지방
포화도에 따른 분류	• 포화지방산 • 불포화지방산

Key point

불포화지방산이 함유하고 있는 이중결합의 개수

- 올레산 : 이중결합 1개
- 리놀레산 : 이중결합 2개
- 리놀렌산 : 이중결합 3개
- 아라키돈산 : 이중결합 4개

Key point

지질의 대사 산물

- 물
- 이산화탄소
- 에너지

02 조절 영양소

1 비타민

(1) 비타민의 정의

① 무기질처럼 직접적인 에너지원으로 사용되지는 않지만, 신체 대사에 필수적인 보조 효소의 역할을 함

② 체내에 매우 적은 양만 존재하지만 생리적 기능 조절과 성장 유지에 필수적

③ 체내에서 자연 합성되지 않으므로 반드시 음식물을 통해 섭취해야 함

(2) 비타민의 기능

① 신체 기능을 조절하여 정상적인 생리 작용을 유지함

② 결핍 시 영양 장애가 발생하며, 이는 성장과 건강에 부정적인 영향을 미침

③ 탄수화물, 지방, 단백질의 대사 과정에서 보조 효소로 작용하여 에너지 생산을 돕고 영양소 이용을 지원함

(3) 비타민의 성질

구분	수용성 비타민	지용성 비타민
종류	비타민 B, C군 등	비타민 A, D, E, K
공급	매일 공급 필요	매일 공급 필요 없음
용매	물에 용해	유기 용매에 용해
전구체	없음	존재함
결핍	바로 나타남	천천히 나타남
과잉 섭취 시	소변 배출	체내 저장

(4) 수용성 비타민의 종류와 특징

구분	급원 식품	기능	결핍증
비타민 B_1 (티아민)	쌀겨, 간, 돼지고기, 난황, 대두, 배아	• 당질 대사 과정에서 핵심 역할을 하며, 에너지 생성에 기여 • 식욕 촉진 및 영양 섭취 지원	각기병, 식욕부진, 피로, 권태감, 신경통
비타민 B_2 (리보플라빈)	우유, 치즈, 간, 달걀, 살코기, 녹색 채소	• 신체 발육을 촉진하며, 성장과 재생 과정에 기여 • 입안 점막을 보호하고 건강을 유지하는 데 중요한 역할	구순구각염, 설염, 피부염, 발육 장애
비타민 B_3 (나이아신)	간, 육류, 콩류, 효모, 생선	당질, 지질, 단백질 대사 과정에서 핵심 역할을 하여 에너지 생성과 영양소 활용을 도움	펠라그라, 피부병

Key point

전구체

생체 내에서 생성되는 특정 대사 산물에 대하여, 그것에 도달하기 전의 물질

펩신	펩시노겐
비타민 A	베타카로틴
비타민 D_2	에르고스테롤
비타민 D_3	콜레스테롤

Key point

비타민 B_1(티아민)

당질의 대사 과정에 필요하며, 쌀을 주식으로 하는 한국인에게 더욱 중요한 비타민

비타민 B_6 (피리독신)	육류, 배아, 곡류, 난황, 생선	단백질 대사 과정에서 중요한 역할	피부병, 성장 정지, 저혈색소병, 빈혈
비타민 B_9 (엽산)	간, 달걀	항빈혈성 인자로 작용하여 헤모글로빈과 적혈구 생성 촉진	빈혈
비타민 B_{12} (사이아노코발라민)	간, 내장, 난황, 살코기 등 동물성 식품	• 적혈구 생성에 관여하여 혈액 내 산소 운반 능력을 향상 • 신체 성장과 발달을 촉진	악성 빈혈, 간 질환, 성장 정지
비타민 C (아스코르브산)	시금치, 무청, 딸기, 감귤류, 풋고추	• 세포 내 산화 및 환원 반응을 조절하여 에너지 생성과 대사 과정 지원 • 세포 저항력을 강화하여 외부 자극 및 손상 보호 기능 증대	괴혈병, 저항력 감소

(5) 지용성 비타민의 종류와 특징

구분	급원 식품	기능	결핍증
비타민 A (레티놀)	버터, 난황, 간유, 김, 녹황색 채소	• 신체 발육 촉진 및 면역력과 저항력 강화 • 시각 기능에 관여하여 정상적인 시력 유지와 야맹증 예방	야맹증, 건조성 안염
비타민 D (칼시테롤)	버터, 난황, 어유, 간유	• 칼슘과 인의 체내 흡수력을 높여 뼈와 치아의 형성을 돕고, 강도를 유지 • 뼈의 성장과 발달에 중요한 역할을 하여 골격 건강을 지원	구루병, 골연화증, 골다공증
비타민 E (토코페롤)	난황, 우유, 식물성 기름	• 강력한 항산화제로 작용하여 세포를 산화 스트레스로부터 보호 • 근육 위축을 방지하고 근육 조직의 건강 유지	불임증, 근육 위축증
비타민 K (필로퀴논)	난황, 간유, 녹색 채소	• 혈액 응고 과정에 관여하여 출혈 예방 및 상처 회복을 도움 • 포도당의 연소 과정에 관여하여 에너지 대사와 신체 기능 유지	혈액 응고 지연

Key point
비타민 D(칼시페롤)
'태양광선 비타민'이라고도 불리며, 칼슘과 인의 체내 흡수력을 증가시킴

> **Key point**
> 제과제빵에서의 물의 기능
> • 반죽에서 글루텐의 형성을 도움
> • 소금 등의 재료를 고루 분산시킴
> • 반죽 온도, 농도, 점도를 조절함
> • 효모와 효소의 활성을 제공함

2 물

(1) 물의 기능

① 수분은 체내에서 가장 기본이 되는 성분으로, 체중의 2/3(55~65%)를 차지함
② 체내 수분의 20%를 상실하면 생명의 위험 초래
③ 체내 대사 과정의 촉매 작용, 영양소와 노폐물 운반, 모든 분비액의 성분, 체온 조절, 내장 기관의 보호 등의 기능을 함

(2) 물의 경도에 따른 분류

구분	내용
연수	• 60ppm 이하 • 단물이라고 하며, 빗물, 증류수 등을 말함 • 반죽에 사용하면 글루텐을 약화시켜 반죽이 연해지고 끈적거림 • 발효 속도가 빠름
경수	• 180ppm 이상 • 센물이라고 하며, 광천수, 온천수, 바닷물 등을 말함 • 반죽에 사용하면 글루텐을 경화시켜 반죽이 질겨지고 탄력성이 강해짐 • 발효 속도가 느림
아경수	• 120~180ppm 미만 • 중성 또는 약산성의 아경수가 제빵용 물로 가장 적합함

3 무기질(미네랄)

(1) 무기질의 정의

① 체내에서 합성되지 않기 때문에 반드시 음식물을 통해 공급받아야 함
② 신체를 구성하는 요소이며, 탄소, 수소, 산소, 질소 이외의 원소로, 인체에 존재하는 약 40여 가지 원소 중 약 4%를 차지함

(2) 무기질의 특징

① 효소 반응을 활성화하여 대사 과정을 촉진
② 뼈와 치아를 형성하고 유지하는 주요 구성성분
③ 효소와 호르몬 합성을 통해 신체 작용을 조절
④ 체액의 성분으로, pH 균형과 삼투압 조절에 관여
⑤ 신경 흥분 전달 및 근육의 수축과 이완 조절에 중요한 역할을 함

> **Key point**
> 무기질의 기능
> • 몸의 경조직 구성성분
> • 효소 기능 촉진
> • 세포의 삼투압 평형 유지

(3) 무기질의 분류

구분	종류
다량 원소 무기질	칼륨(K), 칼슘(Ca), 인(P), 염소(Cl), 마그네슘(Mg), 나트륨(Na), 황(S)
미량 원소 무기질	구리(Cu), 철(Fe), 아이오딘(I), 불소(F), 망가니즈(Mn), 코발트(Co), 아연(Zn)

> **Key point**
> 다량 원소 무기질의 1일 섭취량
> 다량 원소 무기질은 1일 100mg 이상 섭취가 필요함

(4) 무기질의 종류와 특징

구분	급원 식품	기능	결핍증
칼슘 (Ca)	우유, 유제품, 달걀 등	• 골격 형성에 필수적이고 신체 구조 유지 • 근육의 수축과 이완을 조절하여 운동 기능 지원 • 혈액 응고 과정에 관여하여 상처 회복과 출혈 방지	구루병, 골다공증, 골연화증
인 (P)	콩, 난황, 어패류 등	• 골격의 주요 구성성분으로 뼈와 치아의 형성과 강도를 유지 • 세포의 구성요소로, 세포막 구조와 기능을 지원하며 신체 생리작용에 필수적	–
마그네슘 (Mg)	곡류, 견과류. 채소류 등	• 신경 자극 전달을 통해 신경계의 정상적인 기능 유지 • 근육의 수축과 이완을 조절하여 운동과 신체 활동 지원 • 체액의 알칼리성을 유지하여 산・알칼리 평형을 조절	경련, 근육 신경 떨림
나트륨 (Na)	육류, 우유, 소금 등	체액의 삼투압을 조절하여 세포 내외의 수분 균형 유지	과잉 : 동맥 경화증
황 (S)	육류, 달걀, 우유, 치즈, 채소 등	머리카락과 손톱을 포함한 체구성 성분의 주재료로, 신체 구조 유지와 보호에 기여	머리카락, 손톱, 발톱의 성장 지연
철 (Fe)	육류, 달걀, 우유, 치즈, 견과류 등	• 헤모글로빈(혈색소)의 생성을 돕고, 산소를 체내 각 조직으로 운반하는 데 중요한 역할 • 적혈구 형성을 촉진하여 혈액의 산소 운반 능력을 강화	빈혈
염소 (Cl)	육류, 달걀, 소금, 우유 등	위액의 주요 성분으로, 위산(HCl) 생성을 통해 소화 작용을 돕고, 병원균을 제거	소화 불량, 식욕 부진
구리 (Cu)	견과류, 콩류, 해산물 등	• 체내에서 철의 흡수를 촉진하고, 효율적으로 운반 • 헤모글로빈 합성 및 산소 운반 기능 지원	악성 빈혈
아이오딘 (I)	미역, 다시마, 어패류 등	• 갑상선 호르몬인 티록신(T4)과 트리아이오딘티로닌(T3)의 주요 성분 • 신진대사 조절 및 체내 에너지 균형 유지에 필수적	갑상선종
아연 (Zn)	달걀, 치즈, 굴, 청어, 간 등	인슐린 합성 지원 및 인슐린 작용의 활성화로 혈당 조절에 기여	당뇨병, 빈혈, 피부염, 알츠하이머
코발트 (Co)	고기, 콩, 간, 달팽이	비타민 B_{12}의 핵심 성분	적혈구 장애, 악성 빈혈

Key point

칼슘의 기능 및 관련 비타민
- 칼슘의 체내 기능
  - 효소의 활성화, 혈액응고에 필수적, 근육수축, 신경흥분전도, 심장박동
  - 세포막을 통한 활성물질의 반출
- 칼슘의 흡수를 돕는 비타민 : 비타민 D(칼시페롤)

Key point

소화효소와 담즙

소화효소 (가수분해 효소)	• 동물의 소화관 내에서 음식물을 소화하는 효소 • 기질 특이성을 가지며 열에 약함 • 각 효소마다 최적 활성 pH가 다름
담즙	• 간에서 분비되어 쓸개에 저장되었다가 십이지장으로 배출되어 지방을 유화시킴 • 소화효소는 아님

(5) 산・알칼리 평형

산성 식품	• 황(S), 인(P), 염소(Cl) 등 산성 성분을 다량 함유한 식품 • 주요 식품 : 곡물, 육류, 어패류, 난황 등
알칼리성 식품	• 칼슘(Ca), 칼륨(K), 나트륨(Na), 마그네슘(Mg), 철(Fe) 등 알칼리성이 풍부한 식품 • 주요 식품 : 채소, 과일 등의 식물성 식품, 우유, 굴 등

03 소화와 흡수

1 소화효소의 종류

탄수화물 가수분해 효소	수크라아제, 말타아제, 아밀라아제, 락타아제 등
단백질 가수분해 효소	트립신, 에렙신, 펩신 등
지방 가수분해 효소	스테압신, 리파아제

2 소화 과정

작용 부위	효소명	작용 및 생성 물질	분비선(소재)	기질
구강	프티알린	덱스트린, 맥아당	타액선	전분
위	펩신	펩톤, 프로테오스	위선(위액)	단백질
	리파아제	지방산, 글리세롤		지방
	레닌	카세인 응고		카세인
췌장, 소장	트립신	프로테오스, 폴리펩타이드	췌장(췌액)	단백질, 펩톤
	키모트립신	폴리펩타이드	-	펩톤
	엔테로키나아제	트립신의 부활 작용	췌장(췌액)	-
	펩티다아제	디펩타이드	췌액, 장액	펩타이드
	디펩티다아제	아미노산	-	디펩타이드
	아밀롭신	맥아당	췌장	전분, 글리코겐, 덱스트린
	수크라아제	포도당, 과당	장액	자당
	말타아제	포도당	췌장, 장액	맥아당
	락타아제	포도당, 갈락토오스	유아의 장액	유당
	스테압신	지방산, 글리세롤	췌장	지방
	리파아제	지방산, 글리세롤	장액	지방

3 체내 소화 작용

입에서의 소화	• 프티알린 : 타액에서 분비되는 소화효소로, 녹말을 분해하여 당으로 전환 • 아밀라아제 : 췌장에서 분비되는 소화효소로, 전분을 덱스트린과 맥아당으로 분해하여 더 작은 당류로 전환
위에서의 소화	• 리파아제 : 지방을 소화하기 쉽게 유화하여 분해 효율을 높임 • 펩신 : 위액에 존재하는 소화효소로, 단백질을 펩톤과 프로테오스로 분해하여 소화를 시작 • 레닌 : 유즙을 응고시켜 펩신이 더 효과적으로 작용할 수 있도록 도움
췌장에서의 소화	• 췌액의 아밀라아제 : 전분을 맥아당으로 분해하여 탄수화물 소화를 촉진 • 지방 : 담즙에 의해 유화된 후, 췌액의 스테압신에 의해 지방산과 글리세롤로 분해 • 트립신 : 단백질과 그 분해물인 펩톤 및 프로테오스를 폴리펩타이드로 분해하며, 일부는 아미노산으로 분해되어 체내에서 흡수
소장에서의 소화	• 수크라아제[인베르타아제(인버타아제)] : 자당을 포도당과 과당으로 분해하여 단당류로 전환 • 말타아제 : 맥아당을 두 개의 포도당 분자로 분해하여 흡수를 도움 • 락타아제 : 유당을 포도당과 갈락토오스로 분해하여 유제품의 소화를 지원 • 에렙신 : 프로테오스, 펩톤, 펩타이드를 아미노산으로 분해하여 단백질 소화를 완료
대장에서의 소화	• 소화효소가 분비되지 않아 효소에 의한 분해 작용은 이루어지지 않음 • 장내 세균이 섬유소를 분해하여 생성된 물질 일부가 체내에서 이용됨 • 대부분의 물은 대장에서 흡수되어 체내 수분 균형을 유지

4 영양소의 흡수와 이동

(1) 영양소의 흡수 원리

입	• 영양소 흡수는 일어나지 않으며, 소화 과정 중 흡수는 다른 기관에서 진행 • 탄수화물(당질)의 분해가 주로 일어나며, 이는 소화효소에 의해 시작
위	• pH 2의 강산성 환경으로, 단백질 소화가 주로 이루어지며 펩신에 의해 분해 과정이 시작 • 영양소는 거의 흡수되지 않으며, 주된 소화 단계로 작용 • 물과 소량의 알코올은 흡수되어 일부 체내로 전달
췌장	췌액은 3대 영양소(탄수화물, 단백질, 지방)를 소화하는 데 필요한 주요 효소를 포함
소장	• 소장의 융털은 소화된 영양소를 흡수하는 중요한 구조로, 섭취된 에너지의 약 95%가 체내로 흡수 • 대부분의 주요 영양소는 소장에서 흡수되어 신체 기능에 활용
대장	• 대장에서는 수분 흡수가 대부분이며, 체내 수분 균형 유지에 기여 • 소화되지 않거나 흡수되지 않은 영양소는 변 형태로 배설되어 체외로 배출

(2) 수용성 · 지용성 영양소의 흡수 및 이동 경로

수용성 영양소	• 흡수되는 영양소의 종류 : 포도당, 글리세롤, 아미노산, 무기질, 수용성 비타민 • 문맥 순환 과정 : 소장의 융모에서 모세혈관으로 흡수 → 문맥 → 간 → 간정맥 → 심장 → 전신으로 운반
지용성 영양소	• 흡수되는 영양소의 종류 : 지방산, 지용성 비타민 • 림프관 순환 과정 : 소장의 융모에서 림프관으로 흡수 → 정맥 → 심장 → 전신으로 운반

5 에너지 대사

기초 대사량	• 생명을 유지하는 데 필요한 최소한의 에너지 소비량 • 육체적이나 정신적 활동 없이 완전한 휴식 상태에서 이루어지는 무의식적 생리 작용(예 심장 박동, 호흡, 체온 유지 등)에 필요한 에너지
에너지 대사율	• 생물체가 수행한 작업의 강도를 평가하는 척도 • 노동 대사량을 기초 대사량으로 나눈 값

단원별 출제예상문제

01

혈당의 저하와 가장 관계가 깊은 것은?

① 리파아제
② 프로타아제
③ 펩신
④ 인슐린

해설

혈당(혈액을 구성하는 당 : 포도당)의 저하는 인슐린과 관계가 깊다.

02

다음 중 당 알코올이 아닌 것은?

① 솔비톨
② 자일리톨
③ 갈락티톨
④ 글리세롤

해설

글리세롤은 글리세린을 말하며, 유도 지방이다.

03 빈출

빵, 과자 중에 많이 함유된 탄수화물이 소화, 흡수되어 수행하는 기능이 아닌 것은?

① 에너지를 공급한다.
② 단백질 절약 작용을 한다.
③ 뼈를 자라게 한다.
④ 분해되면 포도당이 생성된다.

해설

뼈를 자라게 하는 것은 무기질의 기능이다.

04 빈출

다음 중 영양소에 대한 설명으로 옳지 않은 것은?

① 지방은 9kcal/g의 열량을 내고, 탄수화물과 단백질은 4kcal/g의 열량을 낸다.
② 비타민은 구성 영양소이다.
③ 구성 영양소는 근육, 골격, 효소, 호르몬 등의 구성성분이 된다.
④ 열량 영양소는 체온 유지의 기능도 한다.

해설

구성 영양소에는 단백질, 무기질, 물이 있으며, 비타민은 조절 영양소이다.

05

다음 중 탄수화물의 기능으로 옳은 것은?

① 인체의 가장 중요한 에너지원이다.
② 혈당을 유지하는 작용을 한다.
③ 단백질 절약 작용을 한다.
④ 소화 · 흡수율은 약 78%이다.

해설

탄수화물의 소화 · 흡수율은 98%로 거의 체내에 이용된다.

06

다음 중 지방의 특성으로 옳은 것은?

① 탄소, 수소, 질소로 구성되어 있다.
② 물에 잘 녹는 성질을 가지고 있다.
③ 소화 · 흡수율은 약 95%이다.
④ 1g당 4kcal의 열량을 공급한다.

해설

- 지방은 탄소(C), 수소(H), 산소(O)로 구성되어 있다.
- 지방은 물에는 녹지 않으나 유기 용매에는 잘 용해된다.
- 지방은 1g당 9kcal의 열량을 공급한다.

정답 01 ④ 02 ④ 03 ③ 04 ② 05 ④ 06 ③

07

다음 중 단백질의 기능에 대한 설명으로 옳지 않은 것은?

① 소화・흡수율은 약 92%이다.
② 효소의 주성분이며, 티록신과 아드레날린을 생성한다.
③ 체내 삼투압 조절로 체내 수분의 평형을 유지한다.
④ 체조직 구성과 보수와는 관계가 없다.

해설

단백질은 피부, 손톱, 모발, 뇌, 근육 등 다양한 인체 조직의 주요 구성성분으로 작용한다.

08

유당불내증의 원인으로 옳은 것은?

① 소화액 중 락타아제의 결여
② 우유 섭취량의 절대적인 부족
③ 변질된 유당의 섭취
④ 대사과정 중 비타민 B군의 부족

해설

유당불내증은 체내에 유당을 분해하는 효소인 락타아제가 없거나 부족한 것이 원인이다.

09 빈출

다음 중 단백질의 영양학적 분류에 대한 설명으로 옳지 않은 것은?

① 완전 단백질은 필수아미노산을 골고루 갖추고 있다.
② 부분적 완전 단백질은 필수아미노산 중 몇 개가 부족하다.
③ 불완전 단백질은 생명 유지는 가능하나 성장 발육을 할 수 없다.
④ 불완전 단백질에는 제인(옥수수), 젤라틴(육류)이 있다.

해설

불완전 단백질은 필수아미노산이 거의 없거나 매우 부족하여 생명 유지와 성장 발육 모두 할 수 없다.

10

아미노산의 성질에 대한 설명 중 옳은 것은?

① 모든 아미노산은 선광성을 갖는다.
② 천연 단백질을 구성하는 아미노산은 주로 D형이다.
③ 아미노산은 종류에 따라 등전점이 다르다.
④ 아미노산은 융점이 낮아서 액상이 많다.

해설

- 등전점이란 용매의 전하량이 같아져서 단백질이 중성이 되는 pH 시기를 말한다. 등전점에서는 용해도가 낮아져 결정을 석출한다.
- L-형 아미노산이 천연 단백질을 구성하며, 아미노산의 종류가 단백질의 특성을 부여한다.

11

다음 중 단백질의 소화 · 흡수에 대한 설명으로 옳지 않은 것은?

① 단백질은 위에서 소화되기 시작한다.
② 펩신은 육류 속 단백질 일부를 폴리펩티드로 만든다.
③ 십이지장과 췌장에서 분비된 트립신에 의해 더 작게 분해된다.
④ 소장에서 단백질이 완전히 분해되지는 않는다.

해설

단백질은 소장에서 펩티다아제와 디펩티다아제에 의해 완전히 분해되어 아미노산이 생성된다.

정답 07 ④ 08 ① 09 ③ 10 ③ 11 ④

12

다음 중 무기질에 대한 설명으로 옳지 않은 것은?

① 무기질은 탄소, 수소, 산소, 질소 이외의 원소를 말한다.
② 인체에 함유된 40여 가지 원소 중 약 8%에 해당한다.
③ 체내에서는 합성되지 않으므로 반드시 음식물을 통해 공급 받아야 한다.
④ 다량 원소 무기질과 미량 원소 무기질로 분류한다.

해설

무기질은 인체에 함유된 전체 원소 중 약 4%를 차지한다.

13

다음 중 생리기능의 조절하는 영양소로 알맞게 짝지어진 것은?

① 탄수화물, 지방질
② 탄수화물, 단백질
③ 무기질, 비타민
④ 지방질, 단백질

해설

인체 내에서 생리기능을 조절하는 영양소를 조절 영양소라 하며, 무기질과 비타민, 물이 있다.

14 빈출

생체 내에서 지방이 하는 기능으로 틀린 것은?

① 효소의 주요 구성성분이다.
② 주요한 에너지원이다.
③ 체온을 유지한다.
④ 생체 기관을 보호한다.

해설

효소의 주요 구성성분은 단백질이다.

15 빈출

시금치에 들어 있는 성분으로, 칼슘의 흡수를 방해하는 유기산은?

① 초산　② 호박산
③ 구연산　④ 수산

해설

칼슘의 흡수를 방해하는 물질 : 시금치의 수산, 대두의 피트산

16

다음 중 무기질의 종류와 그에 대한 설명으로 옳지 않은 것은?

① 다량 원소 무기질에는 칼슘, 인, 마그네슘, 황 등이 있다.
② 칼슘의 결핍증으로는 구루병, 골다공증, 골연화증이 있다.
③ 철의 급원 식품은 달걀, 육류, 치즈, 우유, 견과류 등이다.
④ 구리는 위액의 주요 성분으로, 결핍증으로는 소화 불량이 있다.

해설

위액의 주요 성분은 염소(Cl)이며, 염소의 결핍증으로 소화 불량과 식욕 부진이 있다.

17

다음 중 단백질에 대한 설명으로 틀린 것은?

① 약 20여 종의 아미노산으로 되어 있다.
② 조직의 삼투압과 수분 평형을 조절한다.
③ 부족하면 2차적 빈혈을 유발하기 쉽다.
④ 동물성 식품에만 포함되어 있다.

해설

단백질은 동물성 단백질과 식물성 단백질이 있다.

정답 12 ② 13 ③ 14 ① 15 ④ 16 ④ 17 ④

18 빈출

세계보건기구(WHO)는 성인의 경우 하루 섭취 열량 중 트랜스 지방의 섭취를 몇 % 이하로 권고하고 있는가?

① 1%
② 2%
③ 3%
④ 4%

해설

세계보건기구(WHO)에서는 성인의 경우 트랜스 지방의 섭취를 하루 1% 이하로 권고하고 있다.

19

다음 중 영양소의 흡수와 이동에 대한 설명으로 옳지 않은 것은?

① 췌액에는 3대 영양소를 소화시키는 효소들이 포함되어 있다.
② 대장에서는 수분 흡수가 대부분이며, 흡수되지 않은 영양소는 변으로 배출된다.
③ 위에서는 영양소가 대부분 흡수되며, 단백질과 지방의 소화가 이루어진다.
④ 입에서는 탄수화물의 분해만 일어난다.

해설

위에서는 영양소가 거의 흡수되지 않으며, 단백질의 소화만 이루어진다.

20

빵, 과자 속에 함유되어 있는 지방이 리파아제에 의해 소화되면 무엇으로 분해되는가?

① 동물성 지방 + 식물성 지방
② 포도당 + 과당
③ 글리세롤 + 지방산
④ 트립토판 + 라이신

해설

지방을 효소 리파아제로 가수분해하면 1분자의 글리세롤과 3분자의 지방산으로 분해된다.

21

다음 중 단백질 효율(PER)은 무엇을 측정하는 것인가?

① 단백질의 질
② 단백질의 양
③ 단백질의 열량
④ 아미노산 구성

해설

단백질 효율(Protein Efficiency Ratio : PER)은 어린 동물의 체중이 증가하는 양에 따라 단백질의 영양가를 판단하는 방법으로, 단백질의 질을 측정한다.

정답 18 ① 19 ③ 20 ③ 21 ①

CHAPTER 04

식품위생학

01 식품위생학 개론

1 식품위생의 정의

세계보건기구 (WHO)	식품의 생육, 생산, 제조, 저장, 유통, 소비에 이르는 전 과정에서 식품의 안전성, 건전성, 그리고 품질 악화 방지를 확보하기 위한 모든 조치
우리나라 「식품위생법」	식품, 식품첨가물, 기구 또는 용기·포장을 대상으로 하는 음식에 관한 위생(의약으로 섭취하는 것은 제외)

Key point
「식품위생법」상 식품
모든 음식물(의약으로 섭취하는 것은 제외)

2 식품위생의 범위와 목적

(1) 식품위생의 범위

① 식품, 식품첨가물, 기구 또는 용기·포장을 대상으로 하며, 음식과 관련된 위생을 관리

② 의약품 및 의약으로 섭취하는 것은 식품위생의 대상에서 제외

(2) 식품위생의 목적

① 식품으로 인하여 생기는 위생상의 위해 방지

② 식품 영양의 질적 향상 도모 및 식품에 관한 올바른 정보 제공

③ 국민 건강의 보호·증진에 이바지함

(3) 식품 관련 영업의 종류

제조·가공	• 식품제조·가공업 • 즉석판매제조·가공업 • 식품첨가물제조업 • 용기·포장류제조업(용기·포장지제조업, 옹기류제조업)
판매·접객	• 식품소분·판매업 • 식품접객업(휴게음식점영업, 일반음식점영업, 단란주점영업, 유흥주점영업, 위탁급식영업, 제과점영업)
보존·운반	• 식품운반업 • 식품보존업(식품조사처리업, 식품냉동·냉장업)
운영	공유주방 운영업

Key point
영업허가를 받아야 하는 업종
• 식품조사처리업 : 식품의약품안전처장의 허가
• 단란주점영업, 유흥주점영업 : 특별자치시장·특별자치도지사 또는 시장·군수·구청장의 허가

Key point
식품의약품안전처장의 책임 영역
• 식품첨가물의 규격과 사용 기준 지정
• 「식품위생법」상 식품 등의 공전 작성·보급
• 식품안전관리인증기준(HACCP) 고시
• 조리사 및 영양사에 대한 식품위생 관련 교육 명령
• 식품첨가물 수입 신고 처리

02 식품 미생물

1 미생물의 특성 및 종류

(1) 미생물의 특성

정의	육안으로는 관찰이 어려울 만큼 작은 크기의 생물
구조적 특징	대부분 단세포로 구성되거나, 일부는 균사 형태로 존재
역할	• 식품의 제조 및 가공(발효, 숙성 등) 과정에서 유익하게 사용되기도 함 • 일부는 식중독과 감염병을 유발하는 원인이 되기도 함

(2) 미생물의 종류

곰팡이	• 식품 표면이나 내부에서 자라며 식품 제조와 변질 과정에 관여 • 실 모양의 균사를 형성하며, 일부는 진균독을 생성하여 식품을 오염시키고, 섭취 시 인체 건강에 해로울 수 있음	
	거미줄곰팡이속	빵 곰팡이의 주요 원인으로, 흑색 빵 부패를 일으킴
	누룩곰팡이속	주로 양주, 된장, 간장 등 발효식품의 제조에 활용
	솜털곰팡이속	전분 당화 및 치즈 숙성과 같은 식품 제조에 이용되지만, 과실 등의 변패를 일으킬 수도 있음
	푸른곰팡이속	버터, 통조림, 채소, 과실 등의 변패를 유발하며, 부패의 원인
바이러스	• 미생물 중 가장 작은 크기를 가지며, 독립적으로 증식하지 못하고 살아 있는 세포 내에서만 증식 • 다양한 질병의 병원체로 작용하며, 인체와 동물에 감염을 일으킴	
	인플루엔자	독감 바이러스에 의해 발생
	일본뇌염	모기를 매개로 전파
	광견병	감염된 동물의 타액을 통해 전염
	천연두	과거에 치명적이었던 바이러스성 질환(현재는 박멸)
	소아마비(폴리오)	급성 회백수염을 유발하며, 신경계에 영향을 미침
	전염성 설사	로타바이러스 등 다양한 바이러스가 원인
세균류	• 식중독, 경구 감염병, 식품 부패의 주요 원인 • 환경에 따라 다양한 조건에서 증식하며, 일부는 인체에 유해한 독소를 생성함	
	구균(Coccus)	• 구 모양의 세균 • 단독 또는 무리(쌍구균, 연쇄구균, 포도구균)로 존재
	간균(Bacillus)	• 막대 모양 또는 타원형 세균 • 흔히 장내 세균과 같이 식중독과 관련
	나선균(Spirillum)	• 나선형 또는 사슬 모양의 세균 • 일부는 병원성을 지님(예 매독균, 콜레라균)

Key point

미생물의 크기

곰팡이 > 효모 > 세균 > 리케치아 > 바이러스

리케치아 (리케차)	• 세균과 바이러스의 중간 크기와 형태를 가진 미생물로, 독립적으로 증식하지 못하고 숙주의 세포 내에서만 증식 • 발진티푸스의 병원체로, 주로 이(Louse)와 같은 매개체를 통해 전파 • 식품과 직접적인 연관성이 적어 식품 매개 감염보다는 곤충이나 기생체를 통한 전염이 주요 경로임

<table>
<tr><td rowspan="4">효모류</td><td colspan="2">• 출아법으로 번식하며, 표면에서 작은 돌기가 나와 새로운 세포를 형성
• 비운동성이며, 산소가 없는 환경에서도 성장할 수 있는 통성 혐기성 미생물</td></tr>
<tr><td>주류의 양조</td><td>알코올 음료 제조 과정에서 발효 작용을 담당</td></tr>
<tr><td>알코올 제조</td><td>발효를 통해 에탄올을 생성</td></tr>
<tr><td>제빵</td><td>발효 과정에서 이산화탄소를 방출하여 빵 반죽을 부풀게 함</td></tr>
</table>

2 미생물 발육 시 필요한 인자

(1) 수분

① 대부분의 미생물은 약 75%가 수분으로 구성되어 있으며, 생리기능 조절과 생존하는 데 필수적

② 수분활성도(Aw)

㉠ 일정 온도에서 식품 내부 수분의 수증기압과 동일 온도에서 순수한 물의 최대 수증기압 간의 비율

> 수분활성도(Aw) = (식품 수분의 수증기압 ÷ 순수한 물의 수증기압)

㉡ 대부분의 식품에서 수분활성도는 1보다 작음(Aw = 1은 순수한 물의 수분활성도)

㉢ 수분활성도가 높을수록 식품 내 자유수(유리수)가 많아져 미생물의 발육이 용이 예 세균 0.95, 효모 0.87, 곰팡이 0.80 이하에서 증식 저지

(2) 산소

<table>
<tr><td>호기성 미생물</td><td colspan="2">• 산소가 존재하는 환경에서만 증식하고 생존할 수 있는 미생물
• 산소를 이용하여 에너지를 생성하며, 호흡 대사를 통해 성장함</td></tr>
<tr><td rowspan="3">혐기성 미생물</td><td colspan="2">산소가 없어도 증식이 가능한 미생물(진공 포장 식품이나 통조림 식품)</td></tr>
<tr><td>통성 혐기성 미생물</td><td>산소가 있는 경우에는 호기성 대사를 통해 에너지를 생성하고, 산소가 없는 경우에는 발효나 혐기성 대사를 통해 에너지를 생성</td></tr>
<tr><td>편성 혐기성 미생물</td><td>• 산소가 존재하면 증식이 억제되거나 사멸하며, 산소가 없는 환경에서만 생존 및 증식 가능
• 주로 혐기적 발효 과정을 통해 에너지를 생성</td></tr>
</table>

Key point

수분활성도(Aw)

• $Aw = \frac{\text{식품 수분의 수증기압}}{\text{순수한 물의 수증기압}}$

• 수분활성도를 낮추기 위한 방법
- 식염이나 설탕을 첨가
- 농축이나 건조에 의해 수분을 제거

PART 04

(3) 영양소

탄소원	탄수화물, 포도당, 유기산 등
질소원	아미노산 등
무기염류	인(P), 황(S) 등
생육소	비타민 등

(4) 온도

미생물은 종류에 따라 발육과 번식이 가능한 최적 온도가 다름

구분	종류	온도
고온균	온천균, 퇴비균	• 범위 온도 40~70℃ • 최적 온도 50~60℃
중온균	대부분의 병원균(사상균, 효모, 곰팡이 등)	• 범위 온도 15~55℃ • 최적 온도 25~37℃
저온균	수중 세균	• 범위 온도 0~25℃ • 최적 온도 15~20℃

(5) 미생물별 생육 최적 pH(수소이온 농도)

세균	pH 6.5~7.5(중성, 알칼리성)
효모, 곰팡이	pH 4~6(산성)

(6) 삼투압

① 식염, 설탕에 의한 삼투압은 세균 증식에 영향을 미침

② 일반 세균 : 3%의 식염에서 증식 억제

③ 호염 세균 : 3%의 식염에서 증식

Key point

삼투압

농도가 다른 두 액체가 반투막으로 나뉘어 있을 때, 용질의 농도가 낮은 쪽에서 높은 쪽으로 용매가 이동하는 현상에 의해 발생하는 압력

03 식품의 변질

1 식품 변질의 개요

식품 변질의 정의	식품이 적절히 보관되지 않아 여러 환경적 요인으로 성분이 변질되고, 영양소가 파괴되며, 식품 고유의 특성과 품질을 잃는 현상	
식품 변질의 요인	물리적 요인	수분, 온도, 빛
	생물학적 요인	미생물로 인한 발효 및 부패
	화학적 요인	산화, pH(수소이온 농도)

2 식품 변질의 분류

구분	내용
발효	• 미생물이 식품 내에서 번식하여 성질을 변화시키는 현상으로, 그 변화가 인체에 유익하고 식용 가능한 경우를 의미함 • 발효 식품 : 술, 된장, 젓갈, 빵, 식초 등
산패	• 지방이 산화되어 악취가 나거나 변색이 발생하는 현상 • 악취 발생, 점성 증가, 색 변화 등으로 식품의 품질 저하
부패	• 단백질 식품이 혐기성 미생물에 의해 분해되어 저분자 물질로 변화하는 현상 • 이 과정에서 악취가 발생하며, 인체에 유해한 물질이 생성됨
변패	• 단백질이 아닌 탄수화물 등의 식품이 미생물에 의해 분해되어 변질되는 현상 • 이 과정에서 맛과 냄새가 변하여 식품의 특성이 손상됨

3 부패

(1) 부패 판정 방법

구분	내용
관능검사	식품의 품질을 평가하는 방법 중 가장 단순하고 직접적인 방법으로, 인간의 시각, 촉각, 후각, 미각을 이용하여 품질을 판정
세균학적 검사 판정	• 생균 수 검사 : 식품에 포함된 세균 수를 측정하여 위생 상태를 평가하는 방법 • 안전 기준 : 식품 1g당 세균 수가 10^5 이하 • 부패 기준 : 식품 1g당 세균 수가 10^5 ~ 10^8
화학적 검사 판정	• 휘발성 염기질소(VBN) : 어육과 식육의 신선도를 판정하는 지표 • K값(ATP, ADP, AMP, IMP) : 어패류와 식육의 신선도를 판정하는 데 사용되는 화학적 지표

Key point
• 식품의 부패 초기에 나타나는 현상 : 광택 소실, 변색, 퇴색
• 유지의 산패 요인 : 햇빛, 수분, 금속, 산소, 온도, 이중결합

Key point
• 부패에 영향을 미치는 요소 : 수분, 습도, 온도, 산소, 열
• 부패와 관련된 세균 : 어위니아균, 슈도모나스균, 고초균

Key point
식품 흑변 현상의 원인
황화수소는 함황 단백질의 부패에 의하여 생성되는 물질로, 식품을 흑변시키는 원인이 됨

Key point
부패가 진행되며 생성되는 물질
• 아민류, 암모니아, 페놀, 황화수소, 메르캅탄 등
• 트리메틸아민(트라이메틸아민) : 생선의 비린내 성분으로, 살아 있는 생선에서는 트리메틸아민(트라이메틸아민) 옥사이드로 존재하다가 생선이 죽고 시간이 경과하면 미생물의 활동으로 환원되어 생성됨

(2) 부패 방지법

① 물리적 방법

냉장·냉동법	• 온도를 낮추어 미생물의 증식을 억제하는 보존 방법 • 10℃ 이하에서 세균 번식이 억제됨	
	움 저장	약 10℃에서 김자, 고구마 등을 저장하는 방법
	냉장 저장	0~10℃에서 신선 식품을 단기 보존하는 방법
	냉동 저장	-40~-20℃에서 장기 보존을 위한 방법
건조법	• 식품 내 수분을 감소시켜 미생물의 증식을 억제하는 보존 방법 • 일반적으로 세균은 수분 함량 15% 이하에서는 번식이 불가능함	
고압 증기 멸균법	• 오토클레이브(고압 증기 멸균 솥)를 사용하여 121℃에서 15~20분간 고압 증기로 살균하는 방법 • 멸균 효과가 뛰어나 미생물뿐만 아니라 아포(내열성 세포)까지 완전히 제거 가능 • 통조림 살균 및 의료 기구, 실험 도구의 멸균에 활용	
자외선 살균법 (무가열 살균법)	• 자외선(2,500~2,800Å) 또는 일광을 사용하여 미생물을 살균하는 방법 • 집단 급식 시설, 식품 공장의 실내 공기 소독, 조리대 및 작업 공간의 살균에 적합	
방사선 살균법	• 식품에 코발트-60(^{60}Co) 등의 방사선을 조사하여 미생물을 살균하는 방법 • 열을 가하지 않아 식품의 품질(맛, 색, 영양소)을 유지하며 살균 가능 • 식품의 부패 방지, 병원성 미생물 제거, 저장 기간 연장	

Key point

자외선 살균법

자외선 살균법은 식품에 영향을 주지 않으면서 살균할 수 있으나, 식품 내부까지는 살균이 되지 않음

② 화학적 방법 : 식품에 합성 보존료, 살균제, 항산화제 등을 첨가하여 미생물 증식을 억제하고 품질을 유지·보존하는 방법

당장법	• 식품을 50% 이상의 설탕물에 담가 삼투압을 통해 수분을 제거하고 보존성을 높이는 방법 • 높은 삼투압으로 인해 부패 세균의 생육이 억제됨 • 잼, 젤리, 설탕절임 등 과일 가공품의 저장 및 보존에 활용
염장법	• 식품을 소금(농도 약 10%)에 절여 삼투압을 통해 수분을 제거하고 저장성을 높이는 방법 • 주로 해산물 및 젓갈의 저장에 활용됨 • 탈수와 염분의 보존 효과로 미생물 증식을 억제하고 부패를 방지
초절임법	• 식초산(3~4%), 구연산 또는 젖산을 사용하여 식품을 저장하는 방법 • 산도를 높여 미생물 증식을 억제하고 부패를 방지 • 피클, 장아찌 등 다양한 채소류와 식품의 저장에 활용
가스 저장법 (CA 저장법)	• 식품을 탄산가스(CO_2)나 질소가스(N_2) 속에 보관하여 신선도를 유지하는 방법 • 호흡 작용을 억제하여 호기성 부패 세균의 번식을 저지함 • 주로 채소, 과일과 같은 신선 식품의 저장 및 보관에 활용

04 소독, 살균 및 방부

1 소독

(1) 소독의 정의

① 물리적 또는 화학적 방법을 사용하여 병원성 미생물을 사멸시키거나 제거하여 감염을 예방하는 과정

② 단, 소독은 일반적으로 세균의 아포(spore)와 같은 내성이 강한 형태의 미생물을 완전히 제거하지 못함

(2) 소독제의 조건

살균력	소량으로도 강력한 살균 효과를 발휘해야 함
무취	사용 시 불쾌한 냄새가 없어야 함
경제성	가격이 저렴하여 대량 사용 시에도 부담이 적어야 함
안정성	화학적으로 안정하여 보관 중 변질되지 않아야 함
빠른 효과	살균 작용이 신속하게 나타나고, 소요 시간이 짧아야 함
취급의 용이성	사용 방법이 간단하고 특별한 장비 없이도 쉽게 적용할 수 있어야 함

2 살균

(1) 살균의 정의

① 미생물에 물리적 또는 화학적 자극을 가하여 이를 단시간 내에 사멸시키는 과정

② 목적 : 병원성 미생물을 제거하여 감염을 예방

③ 종류 : 가열 살균법, 방사선 살균법, 고압 증기 멸균법, 세균 여과법, 열탕 소독법 등

(2) 가열 살균법의 종류

저온 장시간 살균법 (LTLT)	• 63~65℃의 온도에서 30분간 가열하여 살균하는 방법 • 프랑스의 미생물학자 루이 파스퇴르가 포도주의 풍미를 손상시키지 않으면서 유해균만을 줄이기 위해 개발한 것으로, 이후 우유 살균에도 적용
고온 단시간 살균법 (HTST)	• 72~75℃의 온도에서 약 15~20초간 가열하여 살균하는 방법 • 우유뿐만 아니라 과즙 등의 액상 식품의 살균에도 널리 사용 • 제품의 품질을 유지하면서 유통기한을 연장하는 데 기여
고온 장시간 살균법 (HTLT)	• 90~120℃에서 30분~1시간 가열 • 식품의 품질 저하와 영양소 손실을 초래할 수 있어 일반적인 살균 방법으로는 잘 사용되지 않음
초고온 순간 살균법 (UHT)	• 130~140℃에서 2초간 가열(우유, 과즙) • 모든 미생물과 그 포자를 사멸시켜 제품의 안전성을 높임 • 영양소 파괴와 화학적 변화를 최소화하여 식품의 품질을 유지

Key point
가열 살균법
영양소의 파괴가 있을 수 있지만, 보존성이 뛰어남

3 소독 및 살균의 화학적 방법

승홍	• 강력한 살균력을 지닌 수은 화합물 • 손과 피부의 소독에 사용 • 사용 농도 : 0.1%의 수용액으로 사용
석탄산(페놀)	• 손, 의류, 오물, 기구 등 다양한 물체의 소독에 사용 • 순수하고 안정적이며, 저장과 사용이 용이함 • 살균력 표시에 있어 기준 물질로 사용되며, 효능 비교 시 기준이 됨 • 사용 농도 : 3~5% 수용액으로 사용
염소(Cl_2)	• 음료수, 수영장, 상하수도 등의 소독에 널리 사용 • 강력한 살균 효과로 박테리아, 바이러스 등 다양한 미생물을 사멸 • 물과 반응하여 차아염소산(HOCl) 형성 • 사용 농도 : 잔류 염료 0.1~0.2ppm으로 사용
포름알데히드	• 오물 및 과학 실험실 소독에 사용 • 강력한 살균 및 소독 효과를 지닌 화합물 • 포름알데히드 수용액(포르말린) 형태로 사용 • 휘발성이 높아 기체 상태에서도 소독 가능 • 사용 농도 : 30~40% 수용액으로 사용
과산화수소	• 상처 소독 : 살균 및 감염 예방 • 구내 세정 : 구강 내 상처 또는 염증 부위의 소독과 청결 유지 • 사용 농도 : 3% 수용액으로 사용
에틸알코올	• 금속, 유리기구 등의 소독에 사용 • 손 소독제로 사용되어 박테리아 및 바이러스 제거 • 사용 농도 : 70% 수용액으로 사용
크레졸	• 오물 소독 : 배설물이나 오염된 물질의 살균 및 악취 제거에 효과적 • 손 소독 : 손의 미생물 제거 • 사용 농도 : 1~3% 수용액으로 사용
역성 비누 (양성 비누)	• 자극성이 적어 식기, 행주 소독 및 조리사의 손 소독에 적합 • 비누와 함께 사용 시 살균력 감소 • 용기 및 기구 소독 : 1% 용액으로 사용 • 손 소독 : 5~10% 용액으로 사용

Key point

역성 비누 사용 시 주의점

유기물이 있으면 사용 효과가 떨어지므로 세제로 씻은 후 사용하며, 음성 비누와 같이 사용하면 효과가 없어짐

4 방부

(1) 미생물의 증식을 일시적으로 정지시켜 부패나 발효를 방지하는 방법

(2) 식품이나 기타 물질의 저장성을 높이고, 신선도와 품질을 유지

(3) 화학적 방부제, 천연 방부제, 물리적 방법(냉장, 건조 등) 등 다양한 방법으로 적용 가능

5 멸균

(1) 비병원균, 병원균을 포함한 모든 미생물을 아포까지 완전히 사멸시켜 무균 상태로 만드는 방법
(2) 병원성 미생물뿐 아니라 내열성과 내성이 강한 아포까지 제거 가능
(3) 완전한 무균 상태를 요구하는 의료 기구, 실험 도구, 식품 포장 등에 사용

> **Key point**
> 소독력의 크기
> 멸균 > 살균 > 소독 > 방부

05 감염병과 기생충

1 감염병

(1) 감염병 발생 3대 요소

구분		내용
감염원(병원소)		병원체가 생존하고 증식할 수 있는 상태로 인간에게 전파될 수 있는 장소 또는 숙주
	환자	병원체에 감염되어 증상을 나타내는 사람
	보균자	병원체를 보유하고 있으나 증상이 없는 사람
	병원체 보유 동물	병원체를 보유하고 인간에게 전파 가능한 동물
	토양	파상풍균, 탄저균 등 특정 병원체가 생존 가능한 환경
감염 경로	병원소에서 탈출	병원체가 환자, 보균자, 동물, 환경에서 나옴(호흡기 분비물, 혈액, 대변 등)
	전파	병원체가 공기, 물, 음식, 접촉 등을 통해 이동
	숙주로의 침입	새로운 숙주의 몸 속으로 들어가 감염 시작
숙주의 감수성		• 숙주가 특정 병원체에 감염될 가능성 또는 감염에 대한 민감성 • 감수성이 높을수록 면역성이 낮아 질병 발생 및 감염률이 높음 • 나이, 면역력, 만성 질환 등 다양한 요인에 의해 감수성이 달라짐

> **Key point**
> 질병 발생의 3대 요소
> 병원소, 환경, 숙주의 감수성

(2) 감염병의 생성 과정
병원소로부터 병원체 탈출 → 병원체의 전파 → 새로운 숙주로의 침입 → 감수성 숙주의 감염

> **Key point**
> 감수성
> • 숙주에 침입한 병원체에 대항하여 감염이나 발병을 막을 수 없는 상태를 의미
> • 즉, 면역의 반대 의미로 감수성이 높을수록 감염되기 쉬움

(3) 감염병의 분류
① 감염 경로에 따른 감염병의 분류

구분	내용
소화기계 감염병	콜레라, 세균성 이질, 파라티푸스, 장티푸스 등
호흡기계 감염병	디프테리아, 폐렴, 백일해, 성홍열, 결핵 등

PART 04

② 병원체에 따른 감염병의 분류

바이러스성 감염병	A형 간염(유행성 간염), 감염성 설사증, 소아마비(급성 회백수염, 폴리오), 천열, 인플루엔자, 홍역, 유행성 이하선염, 일본뇌염, 광견병 등
세균성 감염병	장티푸스, 파라티푸스, 콜레라, 세균성 이질, 장출혈성 대장균감염증, 비브리오 패혈증, 성홍열, 디프테리아, 탄저, 결핵, 브루셀라증 등
리케치아성 감염병	쯔쯔가무시증, Q열, 발진열, 발진티푸스 등
원생 동물성 감염병	아메바성 이질 등

(4) 감염병 관련 용어

감염병 환자	• 감염병의 병원체가 인체에 침입하여 증상을 나타내는 사람 • 진단 기준에 따른 의사, 치과의사 또는 한의사의 진단이나 감염병 병원체 확인 기관의 실험실 검사를 통하여 확인된 사람 • 감염병 환자는 증상을 통해 병원체의 존재를 간접적으로 나타내며, 다른 사람에게 전파할 위험이 있음
감염병 의사 환자	• 감염병 병원체가 인체에 침입한 것으로 의심이 되나 감염병 환자로 확인되기 전 단계에 있는 사람 • 감염병 환자로 발전할 가능성이 있으므로 관찰과 검사가 필요
감시	• 감염병 발생과 관련된 자료, 감염병 병원체 · 매개체에 대한 자료를 체계적이고 지속적으로 수집, 분석 및 해석하고 그 결과를 제때에 필요한 사람에게 배포하여 감염병 예방 및 관리에 사용하도록 하는 일체의 과정 • 감염병의 조기 발견 및 확산 방지, 예방 및 관리 정책 수립 지원 목적

2 법정 감염병

구분	특징	종류
제1급 (17종)	• 생물테러 감염병 또는 치명률이 높거나 집단 발생의 우려가 커서 발생 또는 유행 즉시 신고하여야 함 • 음압격리와 같은 높은 수준의 격리가 필요한 감염병	에볼라바이러스병, 마버그열, 라싸열, 크리미안콩고출혈열, 남아메리카출혈열, 리프트밸리열, 두창, 페스트, 탄저, 보툴리눔독소증, 야토병, 신종감염병증후군, 중증급성호흡기증후군(SARS), 중동호흡기증후군(MERS), 동물인플루엔자 인체감염증, 신종인플루엔자, 디프테리아
제2급 (21종)	• 전파가능성을 고려하여 발생 또는 유행 시 24시간 이내에 신고하여야 함 • 격리가 필요한 감염병	결핵, 수두, 홍역, 콜레라, 장티푸스, 파라티푸스, 세균성이질, 장출혈성대장균감염증, A형 간염, 백일해, 유행성이하선염, 풍진, 폴리오, 수막구균 감염증, b형헤모필루스인플루엔자, 폐렴구균 감염증, 한센병, 성홍열, 반코마이신내성황색포도알균(VRSA) 감염증, 카바페넴내성장내세균목(CRE) 감염증, E형 간염

제3급 (28종)	그 발생을 계속 감시할 필요가 있어 발생 또는 유행 시 24시간 이내에 신고하여야 하는 감염병	파상풍, B형 간염, 일본뇌염, C형 간염, 말라리아, 레지오넬라증, 비브리오 패혈증, 발진티푸스, 발진열, 쯔쯔가무시증, 렙토스피라증, 브루셀라증, 공수병, 신증후군출혈열, 후천성면역결핍증(AIDS), 크로이츠펠트-야콥병(CJD) 및 변종크로이츠펠트-야콥병(vCJD), 황열, 뎅기열, 큐열, 웨스트나일열, 라임병, 진드기매개뇌염, 유비저, 치쿤구니야열, 중증열성혈소판감소증후군(SFTS), 지카바이러스 감염증, 매독, 엠폭스
제4급 (23종)	제1급~제3급 감염병 외에 유행 여부를 조사하기 위하여 표본감시 활동이 필요한 감염병	인플루엔자, 회충증, 편충증, 요충증, 간흡충증, 폐흡충증, 장흡충증, 수족구병, 임질, 클라미디아 감염증, 연성하감, 성기단순포진, 첨규콘딜롬, 반코마이신내성장알균(VRE) 감염증, 메티실린내성황색포도알균(MRSA) 감염증, 다제내성녹농균(MRPA) 감염증, 다제내성아시네토박터바우마니균(MRAB) 감염증, 장관감염증, 급성호흡기감염증, 해외유입기생충감염증, 엔테로바이러스감염증, 사람유두종바이러스 감염증, 코로나바이러스감염증-19
기타	기생충 감염병, 세계보건기구 감시대상 감염병, 생물테러 감염병, 성매개 감염병, 인수공통감염병, 의료 관련 감염병, 관리 대상 해외신종 감염병	

3 경구 감염병(소화기계 감염병)

(1) 경구 감염병의 정의

① 병원체가 입을 통해 침입하여 소화기 계통에서 감염을 일으키는 감염병

② 적은 양의 병원체로도 쉽게 감염될 수 있음

③ 전파가 용이하여 2차 감염이 자주 발생함

(2) 경구 감염병 예방법

① 병원체가 포함된 물이나 음식, 오염된 환경을 철저히 소독

② 감염병 보균자가 식품을 취급하지 않도록 관리

③ 주변 환경을 항상 깨끗이 유지하여 감염 위험을 감소

④ 감염병 매개체인 곤충이나 해충을 제거하여 감염 경로 차단

⑤ 백신이 개발된 감염병은 예방 접종을 통해 면역 형성(필요시 2~3회 접종)

⑥ 정기적인 위생 교육, 의식 전환 운동, 계몽 활동 등을 통해 감염병 예방 의식을 고취

⑦ 균형 잡힌 식사, 충분한 휴식, 운동 등을 통해 면역력을 강화

(3) 경구 감염병의 종류

① 세균성 경구 감염병

세균성 이질	• 비위생적인 시설에서 발생률이 높으며, 기후와 밀접한 연관이 있음(주로 여름철에 증가) • 감염력이 강하고, 소량의 병원체로도 감염 가능 • 증상 : 설사, 복통, 발열, 구토 등 소화기 증상 • 오염된 음식물, 물, 손 등을 통해 경구로 전파
콜레라	• 비브리오 콜레라균에 의해 발생 • 감염병 중 잠복기가 가장 짧음(수 시간~5일 정도) • 증상 : 대량의 설사와 심한 구토로 인한 급성 탈수, 심한 경우 저혈량성 쇼크와 사망 위험이 있음 • 감염된 물이나 음식물, 감염자의 대변과 접촉한 물질을 통해 전파
장티푸스	• 파리가 주요 매개체로, 우리나라에서 가장 흔히 발생하는 급성 감염병 • 잠복기는 7~14일로, 이후 40℃ 이상의 고열이 약 2주간 지속 • 증상 : 고열, 두통, 식욕부진, 복통, 설사 또는 변비 • 감염된 물이나 음식물을 통해 경구로 전파되며, 불결한 위생 상태에서 감염 위험 증가
파라티푸스	• 장티푸스와 유사한 감염 매개체와 증상을 보임 • 증상 : 고열(39~40℃), 두통, 식욕부진, 복통, 설사 또는 변비 증상 등, 일반적으로 장티푸스보다 경미함 • 오염된 음식물, 물, 파리 등을 통해 경구로 전파
디프테리아	• 비말 감염 : 감염자의 기침이나 재채기를 통해 전파 • 인후, 코 등의 상피조직에 염증을 유발하여 회백색 막이 인후나 편도에 형성됨 • 증상 : 발열, 인후통, 목의 부종, 심한 경우 호흡곤란, 독소에 의한 심장 및 신경계 합병증

② 바이러스성 경구 감염병

감염성 설사증	• 주로 급성으로 발생하며, 무열성, 비세균성, 감염성 위장염의 형태를 보임 • 바이러스성 : 로타바이러스, 노로바이러스 등 • 기생충성 : 지아르디아(Giardia), 아메바 등 • 비세균성 독소 : 특정 식품의 독소 섭취로 인한 위장염
소아마비 (급성 회백수염, 폴리오)	• 급성 회백수염 바이러스에 의해 감염 • 잠복기는 7~14일 정도 • 증상 : 소아의 척수신경계를 손상시켜 영구적인 마비를 유발할 수 있음 • 예방 접종이 가장 적절한 예방법으로, 폴리오 백신 사용
A형 간염	• 오염된 음식물 또는 물을 통한 경구 감염 가능 • 환자의 대변과 접촉한 물질, 주사기 또는 혈액 제제을 통한 감염 가능 • 잠복기는 약 15~45일로 비교적 길고, 증상 발현 2주 전부터 황달 발생 후 2주까지 바이러스 배출이 가장 활발함 • 초기 증상 : 발열, 피로, 식욕부진, 메스꺼움, 구토 • 후기 증상 : 황달, 복통, 진한 소변, 연한 변 • A형 간염 백신 접종으로 예방 가능

Key point

질병을 매개하는 동물 및 해충

파리, 바퀴벌레	장티푸스, 파라티푸스, 세균성 이질, 콜레라
벼룩	페스트, 재귀열
모기	일본뇌염, 말라리아
쥐	페스트, 발진티푸스, 쯔쯔가무시병, Q열, 렙토스피라증, 신증후군출혈열
진드기	유행성 출혈열, 쯔쯔가무시병
이	발진티푸스, 재귀열

천열	• 주로 음식과 물을 통해 감염되며, 직접 접촉에 의한 감염도 가능 • 잠복기는 2~10일 정도로, 감염 경로에 따라 잠복기가 달라짐 - 식품을 통한 감염 : 평균 7일 - 물을 통한 감염 : 평균 9일

4 인수공통감염병

(1) 인수공통감염병의 정의

감염병 중 사람과 사람 이외의 척추동물 사이에서 동일한 병원체에 의해 발생하는 질병 또는 감염 상태

(2) 인수공통감염병의 예방

이환 동물의 발견과 격리	감염된 동물을 조기에 발견하고, 사람과 다른 동물과의 접촉을 차단하여 전파를 방지
축사의 소독 및 가축 예방 접종	정기적인 축사 소독과 가축 예방 접종을 통해 병원체 확산 방지하고, 사전에 질병 발생 가능성을 최소화
병육의 유통 및 식육 금지	감염된 동물의 고기를 유통하지 않도록 관리하고, 병육 섭취를 철저히 금지하여 사람에게 전염되는 것을 방지

(3) 인수공통감염병의 종류

구제역	• 발굽이 둘로 갈라진 우제류(소, 돼지, 양, 사슴 등)에 의해 감염 • 전염성이 매우 강하며, 공기, 직접 접촉, 오염된 물품 등을 통해 빠르게 확산
결핵	• 병에 걸린 소의 유즙 또는 유제품을 통해 경구 감염 가능 • 잠복기는 불명확하며, 감염 후 수 주 또는 수개월 뒤에 증상이 나타날 수 있음 • BCG 예방 접종 : 어린 시기에 접종하여 결핵 감염을 예방 • 투베르쿨린 반응 검사 : 감염 여부를 조기 발견하여 적절히 치료
탄저	• 감염된 동물의 조리되지 않은 수육을 섭취하거나, 감염 동물의 털, 가죽, 분비물과의 접촉을 통해 감염 • 소, 말, 산양 등 가축에게 급성 패혈증이나 수막염을 유발 • 흡입, 피부 접촉, 경구를 통해 인간에게 전파 가능 • 잠복기는 약 1~4일 정도로 비교적 짧음
Q열	• 병원체는 리케차균 • 소, 양, 염소, 설치류 등에서 감염되며, 사람에게 전파 가능 • 증상이 비교적 뚜렷하지 않으나, 전형적으로 발열과 함께 호흡기 증상(기침, 흉통)이 나타나며, 일부는 간염, 심내막염 등 합병증을 유발
브루셀라증 (파상열)	• 소, 돼지, 염소, 양 등의 가축에게 유산을 유발 • 사람에게는 열성 질환을 일으키고, 만성화되면 관절통, 피로감 등 지속적인 증상을 초래 • 병에 걸린 동물의 유즙, 유제품이나 식육 섭취를 통해 경구 감염 • 감염 동물의 체액(혈액, 분비물 등)과 접촉 시에도 전파 가능

Key point

탄저균

급성 감염병을 일으키는 병원체로 포자는 내열성이 강하며 생물학전이나 생물테러에 사용될 수 있는 위험성이 높은 병원체

돈단독	• 단독균에 의해 발생하는 세균성 감염병 • 주로 돼지에서 발생하며, 드물게 사람에게 전파되어 인수공통감염병으로 나타날 수 있음 • 돼지에서 급성 패혈증과 만성 병변이 주요 증상으로 나타나며, 만성화된 경우 관절염과 피부 병변 발생
야토병	• 프란시셀라 툴라렌시스라는 세균에 의해 발생 • 주로 산토끼, 설치류 등 야생 동물 사이에서 유행 • 감염 동물과의 직접 접촉, 오염된 물, 음식, 흙, 흡혈 곤충에 의한 매개 감염
리스테리아증	• 병원체는 리스테리아균 • 감염 동물과의 접촉, 오염된 식육, 유제품, 채소 등의 섭취로 감염 • 특히 저온 저장 식품에서도 증식 가능함 • 주요 증상 – 소아 및 성인 : 뇌수막염, 패혈증, 발열, 두통, 근육통 등 – 임산부 : 자궁 내 감염으로 태아 패혈증, 유산, 사산 유발 – 면역 저하자 : 중증 감염으로 발전 가능

5 노로바이러스

(1) 균의 특징

① 60℃에서 30분 동안 가열해도 감염성 유지

② 일반 수돗물의 염소 농도에서도 불활성화되지 않을 만큼 저항성이 강함

(2) 노로바이러스의 증상

주요 증상	• 잠복기 : 약 24시간 • 지속 시간 : 12~60시간 동안 증상이 나타남 • 바이러스성 장염으로 구토, 메스꺼움, 복통, 설사 동반 • 소아 : 구토가 주 증상 • 성인 : 설사가 주 증상
경과 및 위험성	• 대부분 1~2일 내 자연 회복 • 어린이, 노인, 면역 저하자는 탈수 증상으로 별도 관리가 필요할 수 있음

(3) 노로바이러스의 예방 및 관리

① 환자의 분변과 구토에는 감염력이 있으므로 주의

② 손 씻기와 음식물 위생 관리로 감염 차단

③ 감염된 사람과의 접촉 최소화

6 기생충

(1) 기생충의 종류

① 채소류 매개 기생충 : 회충, 요충, 십이지장충(구충), 편충, 동양모양선충 등

② 육류 매개 기생충(중간 숙주 1개)

무구조충 (소고기 촌충, 민촌충)	• 감염경로 : 소 → 사람(소고기를 매개로 감염) • 예방법 : 소고기 생식 금지
유구조충 (돼지고기 촌충, 갈고리 촌충)	• 감염경로 : 돼지 → 사람(돼지고기를 매개로 감염) • 예방법 : 돼지고기 생식 또는 불완전 가열한 것의 섭취 금지
선모충	썩은 고기를 먹은 동물, 돼지고기를 매개로 감염
톡소플라스마	• 감염경로 : 돼지, 개, 고양이 → 사람 • 예방법 : 돼지고기 생식 금지, 고양이 배설물에 의한 식품 오염 방지

③ 어패류 매개 기생충(중간 숙주 2개)

구분	제1 중간 숙주	제2 중간 숙주
간디스토마(간흡충)	왜우렁이	담수어
폐디스토마(폐흡충)	다슬기	민물 가재, 게
유극악구충	물벼룩	뱀장어, 가물치
광절열두조충	물벼룩	연어, 송어

(2) 기생충의 예방

① 개인위생을 철저히 지키는 것이 감염을 예방하는 핵심

② 육류와 어패류는 반드시 충분히 가열하여 조리 후 섭취

③ 조리 도구는 소독하거나 살균 후 사용

④ 채소는 흐르는 물로 여러 번 세척한 뒤 섭취

06 식중독

1 세균성 식중독

(1) 세균성 식중독의 정의

식품에 존재하는 세균이나 그로 인해 생성된 독소를 섭취함으로써 발생하는 질환

(2) 세균성 식중독의 종류

① 감염형 식중독 : 식품 내에서 증식한 세균을 섭취함으로써 발생하는 식중독

살모넬라균	원인 식품	육류, 어류, 난류, 어육 제품
	감염 경로	쥐, 파리, 바퀴벌레 등
	균의 특징	• 그람 음성 간균 • 생육 최적 온도 37℃ • 60℃에서 20분 가열 시 사멸
	잠복기와 증상	• 잠복기 : 12~24시간 • 증상 : 발열, 구토, 복통, 설사 등

Key point

대장균 O-157(장출혈성대장균)
• 베로톡신이라는 독성 물질을 생성
• 저온과 산에 강하고, 열에 약함

Key point

세균성 식중과 계절의 관계
여름철엔 세균의 생육 온도에 미치는 영향이 커져 세균성 식중독 발생이 잦음

병원성 대장균	원인 식품	육류 및 가공품(햄, 소시지 등), 치즈, 두부
	감염 경로	환자와 보균자의 분변, 분변에 오염된 식품
	균의 특징	• 분변 오염의 지표, 그람 음성 무아포 • 생육 최적 온도 37℃ • 운동성, 호기성 또는 통성 혐기성 • 유당을 분해하여 산과 가스 생산
	잠복기와 증상	• 잠복기 : 12~72시간 • 증상 : 설사, 식욕부진, 구토, 복통, 두통 등
장염 비브리오균	원인 식품	어패류 및 가공품
	감염 경로	어패류의 생식, 호염성 비브리오균
	균의 특징	• 3~4% 염도에서 증식 • 생육 최적 온도 30~37℃ • 10℃ 이하에서는 생육 불가
	잠복기와 증상	• 잠복기 : 평균 12시간 • 증상 : 점액 혈변, 복통, 구토, 설사 등

② 독소형 식중독 : 세균이 증식하는 동안 생성된 독소를 섭취하여 발생하는 식중독

보툴리누스균	원인 식품	완전 가열 살균되지 않은 병조림, 통조림, 햄, 소시지, 훈제품 등
	원인 균	보툴리누스균(신경친화성 독소)
	원인 독소	• 아포는 열에 강하나 독소인 뉴로톡신은 열에 약함 • 80℃에서 30분간 가열하면 파괴됨
	균의 특징	식중독 중 치사율이 가장 높음
	잠복기와 증상	• 잠복기 : 평균 18~36시간 • 증상 : 신경 마비, 시력 장애, 동공 확대 등
(황색) 포도상구균	원인 식품	우유 및 유제품, 김밥, 도시락, 떡, 빵 등
	원인 균	화농성 질환의 대표적인 균
	원인 독소	엔테로톡신(내열성이 있어 열에 쉽게 파괴되지 않음)
	균의 특징	잠복기가 가장 짧음(평균 3시간)
	잠복기와 증상	• 잠복기 : 평균 3시간 • 증상 : 구토, 복통, 설사 등

Key point

클로스트리디움 퍼프린젠스균
- 클로스트리디움 속의 혐기성균
- 아포를 형성하며 독소를 생성하는 독소형 식중독으로 웰치균을 말함

(3) 세균성 식중독과 경구 감염병의 비교

구분	세균성 식중독	경구 감염병
잠복기	경구 감염병에 비해 짧은 편	일반적으로 긴 편
2차 감염	살모넬라균 외 거의 없음	2차 감염 많고, 파상적 전파 양상을 보임
세균수	세균이 다량일 때 발생	세균이 소량일 때에도 발생
면역	면역 불가능	면역 가능
예방조치	식품 내 균의 증식 억제 시 가능	예방조치가 불가하거나 어려움
음용수와의 관계	거의 관계없음	음용수에 의한 감염

2 자연독에 의한 식중독

구분	종류	독소
동물성 식중독	모시조개, 굴, 바지락	베네루핀
	복어(난소, 알)	테트로도톡신
	섭조개, 대합조개	삭시톡신
식물성 식중독	감자	솔라닌(발아 부위, 녹색 부위)
		셉신(썩은 감자)
	독미나리	시큐톡신
	고사리	프타퀼로사이드
	미치광이풀	히오시아민
	독버섯	무스카린, 무스카리딘, 뉴린, 콜린, 팔린, 아마니타톡신(광대버섯)
	면실유(목화씨유)	고시폴
	청매, 은행, 살구씨	아미그달린

3 곰팡이독

(1) 곰팡이독의 정의

곰팡이가 생산하는 2차 대사 산물로 사람이나 동물에 어떤 질병이나 이상 생리 작용을 유발하는 물질

(2) 곰팡이의 특징

① 분류상 진균류에 속함

② 엽록소가 없어 광합성을 하지 못함

③ 대부분의 곰팡이는 생육 최적 온도가 30℃ 정도이며, 습한 환경을 좋아함

(3) 곰팡이독의 종류

아플라톡신	쌀, 보리, 땅콩 등에 곰팡이가 침입하여 독소 생성, 간장독 유발
황변미 중독	• 쌀이 곰팡이에 의해 누렇게 변하는 현상 유발 • 원인 : 페니실리움속 곰팡이 • 수분이 14~15% 이상 함유된 쌀에 발생 • 신경독, 간암 유발
맥각 중독	맥각균이 보리, 밀, 호밀에 기생하여 에르고톡신, 에르고타민 등의 독소 생성
기타	사과의 부패로 곰팡이가 파툴린이라는 신경독 생성

Key point

우리나라 식중독 월별 발생 상황 중 5~9월이 총환자 수의 92%를 차지함

Key point

식중독 예방법

- 손 씻기 등의 개인위생 철저하게 지키기
- 가열 섭취 및 음식물의 냉장, 냉동 보관 철저
- 조리 후 최대한 단시간 내에 섭취

Key point

마이코톡신과 맥각

- 마이코톡신(Mycotoxin) : 진균독이라 하며, 탄수화물이 풍부한 곡류에서 많이 발생함
- 맥각(Ergot) : 보리에 있는 곰팡이균 핵을 지칭

4 화학적 식중독

(1) 유해 중금속

수은 (Hg)	• 미나마타병의 원인 물질 • 감증, 구토, 설사, 복통, 위장장애 등을 일으킴 • 유기 수은에 오염된 어패류를 섭취하거나 농약, 보존료 등에 과노출된 음식을 섭취할 경우 중독될 수 있음
카드뮴 (Cd)	• 이타이이타이병의 원인 물질 • 신장 장애, 골연화증을 일으킴 • 카드뮴 공장 폐수에 오염된 음료수나 오염된 농작물을 섭취함으로써 발생 • 각종 식기, 용기 등에 도금된 카드뮴이 용출되어 중독을 일으킴
납 (Pb)	• 도자기나 법랑의 유약 성분, 통조림 납땜, 도료, 안료, 농약 등의 납 화합물이나 수도관의 납관 등에서 오염 • 구토, 복통, 빈혈, 피로, 소화기 장애 등을 일으킴 • 소변에서 코프로포르피린이 검출됨
주석 (Sn)	• 주석은 통조림관 내면의 도금 재료로 이용되며, 주석 도금한 통조림에서 주석이 용출되어 중독을 일으킴 • 산성 식품(주스)에서 용출되는 경우도 있음 • 구역질, 설사, 구토, 복통 등을 일으킴
구리(Cu)	기구, 식기 등에 생긴 녹청에 의한 식중독, 놋그릇
아연(Zn)	기구의 합금・도금 재료로 쓰이며, 산성 식품에 의해 아연염으로 변화
비소 (As)	• 밀가루로 오인하는 경우도 있음 • 농약 및 불순물로 식품에 혼입되는 경우가 많음 • 습진성 피부질환, 위장형 중독을 일으킴 • 신경계통 마비, 전신경련 증상

(2) 유해 식품첨가물

착색제	• 아우라민 : 단무지, 카레 등에 이용되었으나 현재는 금지된 첨가물 • 로다민 B : 과자, 생강, 어묵 등에 불법적으로 사용되는 경우가 있음
표백제	론갈리트(롱가릿), 니트로겐 트리클로라이드, 형광표백제
발색제	아질산칼륨, 삼염화질소
방부제	붕산, 불소화합물, 승홍, 포름알데히드
감미료	사이클라메이트, 페릴라틴, 둘신, 에틸렌글리콜 등

(3) 농약

유기인제	• 고독성이나, 만성중독을 일으키지는 않음 • 말라티온, 파라티온 등
유기수은제	• 살균제로 종자 소독 등에 사용 • 메틸요오드화수은(메틸아이오딘화수은), 메틸염화수은 등
유기염소제	• 동물의 지방층이나 뇌신경 등에 축적되어 만성중독을 일으킴 • DDT, DDD 등
비소화합물	살충제나 쥐약으로 사용

(4) 합성 플라스틱

멜라닌수지	포름알데히드 또는 중금속 용출
요소수지	산성 식품과 닿으면 포르말린(포름알데히드) 용출
페놀수지	포르말린과 페놀을 가열 축합하여 제조한 수지

(5) 유기 화합물

아크릴아마이드	감자 등 탄수화물이 많은 식품을 고온에서 가열하거나 튀길 때 생성되는 발암 물질
벤조피렌	• 타르, 담배 연기, 자동차 배기가스 등에서 발견되는 발암 물질 • 인체에 유해한 영향을 미칠 수 있는 화학 물질
메틸알코올	시신경에 심각한 장애를 일으키며, 심한 경우 실명을 초래할 수 있는 독성이 강한 물질
다이옥신	• 폐기물을 소각하거나 무단으로 투기할 때 주로 발생하는 물질 • 독성이 매우 강하고 환경에 장기간 잔류하는 특징이 있음
니트로사민 (나이트로사민)	발색제로 사용되는 질산염이 환원 효소에 의해 아질산염으로 변환된 후, 위 속의 산성 환경에서 식품 성분과 반응하여 생성되는 발암 물질

5 알레르기성 식중독(부패성 식중독)

(1) 알레르기성 식중독의 정의

① 세균 오염에 의한 부패 산물이 원인이 되어 일어나는 식중독

② 일반적인 식중독 증상과 달리 알레르기 반응과 유사한 증상이 나타나는 것이 특징

(2) 알레르기성 식중독의 원인

① 어육에 다량 함유된 히스티딘에 모르가넬라 모르가니균이 침투하여 부패 산물인 히스타민을 생성

② 히스타민이 축적되어 알레르기 증상을 일으킴

(3) 특징

부패되지 않은 식품을 섭취해도 발생할 수 있으며, 잠복기는 5분~1시간 이내

(4) 원인 식품

꽁치, 고등어, 참치 등 붉은 살을 가진 등푸른 생선과 그 가공품 등

(5) 증상과 치료법

① 증상 : 전신에 홍조와 두드러기 현상이 나타남

② 치료법 : 항히스타민제를 투여하여 치료

Key point

식중독 발생 시의 조치사항

- 환자의 상태를 메모
- 보건소에 신고
- 식중독 의심이 있는 환자는 의사의 진단을 받게 함

07 식품첨가물

1 식품첨가물의 개요

(1) 식품첨가물의 정의

구분	내용
FAO/WHO 합동 식품첨가물위원회	식품을 제조, 가공 또는 보존하는 과정에서 첨가, 혼합, 침윤 등의 방법으로 사용되는 물질
우리나라 「식품위생법」	• 식품을 제조, 가공, 조리 또는 보존하는 과정에서 감미, 착색, 표백, 산화방지 등의 목적으로 식품에 사용되는 물질 • 기구, 용기, 포장을 살균하거나 소독하는 데에 사용되어 간접적으로 식품에 옮아갈 수 있는 물질을 포함 • 식품첨가물의 규격 및 사용기준은 식품의약품안전처장이 정함

(2) 식품첨가물의 사용 목적

구분	내용
품질 개량 및 가치 증진	• 식품 생산 과정에서 제품의 품질을 높이고, 소비자 요구에 부합하는 제품을 만들기 위해 다양한 첨가물 사용 • 식품의 물리적, 화학적 품질을 향상시키고 제품의 부가가치를 높임
보존성과 기호성 향상	식품의 보관 기간을 늘리고, 외관, 맛, 향 등을 개선하여 소비자의 선호도를 높임
영양적 가치 증진	부족한 영양소를 보충하거나 강화하여 소비자의 건강에 기여함
식품의 변질과 변패 방지	미생물의 증식이나 산화 등을 억제하여 식품의 안전성과 신선도를 유지

(3) 식품첨가물의 구비 조건

① 맛과 냄새에 나쁜 변화를 주지 않으며, 식품 본연의 특성을 유지해야 함
② 소량만으로도 효과를 충분히 발휘할 수 있어야 함
③ 이화학적 변화를 겪지 않아 안정적으로 기능을 발휘해야 함
④ 독성이 없거나 최소한으로 낮아야 함
⑤ 인체에 유해하지 않아야 함
⑥ 가격이 합리적이고 경제적인 부담이 적어야 함
⑦ 첨가물의 사용 방법이 간단하고 실용적이어야 함
⑧ 식품 성분 등에 의해 그 첨가물을 확인 가능해야 함

2 식품첨가물의 사용 기준

1일 섭취 허용량(ADI)	• 일생 동안 매일 섭취해도 건강에 해를 끼치지 않을 것으로 판단되는 물질의 최대 허용량 • 식품첨가물의 안전성을 보장하기 위해 설정된 허용 한계량을 산출할 때 기준으로 사용되며, 이때 성인의 평균 체중값을 곱하여 최종 허용치를 결정함
최대 무작용량	• 일생 동안 지속적으로 섭취하더라도 독성이 나타나지 않는, 무독성으로 인정되는 물질의 최대 섭취량 • 동물 실험 결과를 기준으로 체중 1kg당 섭취 가능한 mg 단위로 표시
사용한계 농도	• 식품에 첨가된 첨가물의 최소 유효량을 실험으로 산출한 후 하루 식품첨가물 섭취량을 계산 • 계산된 섭취량에 식품 기호 계수를 곱한 값이 1일 섭취 허용량을 초과하지 않아야 하며, 이 조건을 만족하는 경우에 한해 해당 식품에서의 첨가물 사용 농도가 결정됨

3 식품첨가물의 분류

(1) 용도에 따른 식품첨가물의 분류

① 변질 방지

산화방지제 (항산화제)	목적	유지의 산패나 식품의 산화로 인한 품질 저하를 방지하기 위해 사용
	종류	BHT, BHA, 몰식자산프로필, 천연항산화제(비타민 E, C 등), 프로필갈레이트, EDTA 등
살균제	목적	식품 부패의 원인이 되는 원인균이나 병원균을 사멸하기 위해 사용
	종류	과산화수소, 차아염소산나트륨
방부제 (보존료)	목적	• 미생물에 의한 부패 및 변질을 방지하고, 화학적인 변화를 억제하며 보존력을 높이기 위해 사용 • 신선도 유지를 위해 사용
	종류	프로피온칼슘(빵류), 프로피온산나트륨(과자류), 안식향산나트륨(간장, 알로에즙, 청량음료 등), 소르빈산칼륨(식육, 어육, 연제품, 고추장, 팥앙금, 잼 등), 데히드로초산[디하이드로초산(버터, 마가린, 치즈 등)]

② 품질 개량 및 유지

밀가루 개량제	목적	밀가루의 표백과 숙성시간 단축, 분질 개량
	종류	과산화벤조일, 이산화염소, 염소, 과황산암모늄, 브롬산칼륨(브로민산칼륨), 아조디카본아마이드
유화제 (계면활성제)	목적	기름과 물처럼 잘 혼합되지 않는 두 종류의 액체를 혼합하고, 안정화시킴
	종류	글리세린지방산에스테르, 레시틴, 모노-디글리세리드

Key point

보존료의 조건
- 독성이 없거나 장기적으로 사용해도 인체에 해를 주지 않아야 함
- 무미, 무취로 식품에 변화를 주지 말아야 함
- 사용 방법이 쉽고 값이 저렴해야 함

피막제	목적	식품 외형에 보호막 생성 및 광택 부여
	종류	몰포린지방산염, 초산비닐수지
호료 (증점제, 안정제)	목적	점착성 및 유화 안정성 증가, 신선도 유지, 형체 보존성 증가, 촉감 개선
	종류	카세인, 카세인나트륨, 젤라틴, 메틸셀룰로스, 알긴산나트륨
강화제	목적	식품에 영양소를 강화하기 위해 사용
	종류	비타민류, 무기염류, 아미노산류
이형제	목적	반죽의 분할 또는 구울 때 틀에 달라붙지 않게 하고, 모양의 유지를 위해 사용
	종류	유동파라핀 1종

③ 관능 만족

감미료	목적	식품에 단맛을 부여하기 위해 사용
	종류	사카린나트륨, D-솔비톨, 아스파탐, 스테비오사이드 등
조미료	목적	식품 본래의 맛을 돋우거나 기호에 맞춰 풍미 증가
	종류	글루탐산나트륨, 구아닐산나트륨, 이노신산나트륨, 호박산 등
산미료	목적	산미 및 청량감 부여
	종류	주석산, 사과산, 구연산, 젖산 등
발색제	목적	식품에 첨가했을 때 식품 성분과 반응하여 색을 고정, 안정화
	종류	아질산나트륨, 질산나트륨, 질산칼슘, 황산제1철(식물성)
착색료	목적	식품에 색을 부여하거나 원복시키기 위해 사용
	종류	식용녹색 3호, 식용적색 2호, 식용적색 3호, 식용청색 1호, 식용청색 2호, 식용황색 4호, 식용적색 40호, 삼이산화철, 이산화티타늄 등
착향료	목적	식품 특유의 향을 첨가하거나 공정 중 손실된 향을 보충
	종류	합성착향료, 천연착향료
표백제	목적	식품 본래의 색을 없애거나 퇴색, 변색된 식품을 무색 또는 백색으로 만들기 위해 사용
	종류	과산화수소, 차아황산나트륨, 아황산나트륨

④ 식품 제조

팽창제	목적	빵, 과자를 부풀게 하며, 조직을 연하게 하고, 기호성 상승
	종류	명반, 소명반, 염화암모늄, 암모늄명반, 탄산수소암모늄, 탄산수소나트륨(중조), 제1인산칼슘 등
소포제	목적	식품 제조 공정 중 생긴 거품을 제거하거나 생성을 방지하기 위해 사용
	종류	실리콘수지(규소수지) 1종
추출제	목적	유지의 추출을 용이하게 함
	종류	헥산(n-hexane)

(2) 사용 금지된 유해 첨가물

유해 표백제	론갈리트(롱가닛), 삼염화질소, 형광표백제
유해 감미료	• 에틸렌글리콜 : 자동차 부동액 • 페릴라틴 : 설탕의 2,000배 감미, 염증 유발 • 사이클라메이트 : 설탕의 40~50배 감미, 암 유발 • 둘신 : 설탕의 250배 감미 • 파라니트로올소톨루이딘 : 설탕의 200배 감미(살인당, 원폭당이라 불림)
유해 방부제	붕산, 불소화합물, 승홍, 포름알데히드
유해 착색료	• 아우라민 : 염기성 황색 색소로 단무지, 카레에 사용되었으나, 강한 독성으로 인해 사용 금지 • 로다민 B : 분홍색의 염기성 색소로, 어육 제품 및 붉은 생강에 사용됨

Key point
식품첨가물의 안전성 시험
• 아급성 독성 시험법
• 만성 독성 시험법
• 급성 독성 시험법

Key point
LD50 측정
• 독성 정도를 측정하는 반수치사량
• 값이 적을수록 독성이 큼을 의미
• 일정 조건에서 검체를 한 번 투여했을 때 반수의 동물이 죽는 양을 말함

08 HACCP

1 HACCP(해썹)의 개요

(1) HACCP의 정의

① 위해요소중점관리기준(Hazard Analysis and Critical Control Point)의 영어 약자로서, 식품의 원료관리, 제조, 가공, 조리, 소분, 유통 등의 전 과정에서 위해한 물질이 식품에 섞이거나 식품이 오염되는 것을 방지하기 위해 각 과정의 위해요소를 확인, 평가하여 중점적으로 관리하는 기준

② 위해요소 분석(HA) : 식품 안전에 영향을 줄 수 있는 위해요소와 이를 유발할 수 있는 조건이 존재하는지 여부를 판별하기 위하여 필요한 정보를 수집하고 평가하는 일련의 과정

③ 중요 관리점(CCP) : 위해요소 관리 기준을 적용하여 식품의 위해요소를 예방·제거하거나 허용 수준 이하로 감소시켜 해당 식품의 안전성을 확보할 수 있는 중요한 단계 및 과정

Key point
위해요소의 종류
• 화학적 위해요소
• 생물학적 위해요소
• 물리적 위해요소

(2) HACCP의 구성요소

HACCP PLAN (HACCP 관리계획)	• 식품의 안전성을 보장하기 위해 생산 전 과정에서 잠재적인 위해요소를 분석하고, 이를 예방·통제하기 위한 체계적인 계획을 수립하는 것을 목표로 함 • 치명적인 위해요소 분석, 중요 관리점 결정, 한계 기준 설정, 모니터링 방법 설정, 개선 조치 설정, 검증 방법 설정, 기록 유지 및 문서 관리 등에 관한 관리 계획

SSOP (표준 위생 관리 기준)	• 식품의 위생과 안전성을 보장하기 위해 일반적인 위생 관리와 관련된 운영 절차를 정의한 문서화된 시스템 • 일반적인 위생 관리 운영 기준, 영업자 관리, 종업원 관리, 보관 및 운송 관리, 검사 관리, 회수 관리 등의 운영 절차
GMP (우수 제조 기준)	• 위생적이고 안전한 식품 생산을 보장하기 위해 시설, 설비, 건물 구조 및 재질과 관련된 요건과 기준을 규정한 제도 • 위생적인 식품 생산을 위한 시설, 설비 요건 및 기준, 건물 위치, 시설·설비 구조, 재질 요건 등에 관한 기준

2 HACCP 준비 5단계

제1단계	HACCP팀 구성
제2단계	제품 설명서 작성
제3단계	제품의 사용 용도 파악
제4단계	공정 흐름도, 평면도 작성
제5단계	공정 흐름도, 평면도의 작업 현장과의 일치 여부 확인

3 HACCP 7원칙

원칙1	모든 위해요소 분석 및 위해 평가
원칙2	CCP(중요 관리점) 결정
원칙3	중요 관리점에 대한 한계 기준 설정
원칙4	중요 관리점별 모니터링 체계 확립
원칙5	개선 조치 방법 수립
원칙6	검증 절차 및 방법 수립
원칙7	문서화, 기록 유지 방법 설정

Key point

한계 기준

중요 관리점에서의 위해요소 관리가 허용 범위 이내로 충분히 이루어지고 있는지를 판단할 수 있는 기준이나 기준치

09 위생 관리

1 개인위생 관리

(1) 개인위생 복장(식품취급자의 복장)

머리	• 머리 : 매일 감아 청결을 유지하고, 긴 머리는 반드시 묶어서 작업 중 오염을 방지 • 모자 : 머리카락과 귀가 노출되지 않도록 올바르게 착용하며, 위생을 위해 망사 모자는 사용을 자제해야 함
앞치마	• 사용 후 반드시 세척 및 소독한 뒤, 완전히 건조시켜 착용해야 함 • 작업 중에도 앞치마의 청결 상태를 유지하여 오염이 식품에 전이되지 않도록 주의 • 전처리용, 조리용, 배식용, 세척용 앞치마를 구분하여 사용함으로써 교차오염을 방지
상의	• 매일 세척 후 완전히 건조시켜 위생적인 상태로 착용 • 외출복과 구분하여 별도로 보관 및 관리하여 외부 오염원이 묻지 않도록 함 • 목둘레나 소맷단이 늘어지지 않고, 깔끔한 상태를 유지해야 함 • 흰색 또는 옅은 색상의 면 소재를 사용하여 오염이 쉽게 식별되고 위생적인 상태를 유지
하의	• 매일 세척 후 완전히 건조시켜 위생적인 상태로 착용 • 외출복과 구분하여 별도로 보관 및 관리하여 외부 오염원이 묻지 않도록 함 • 활동이 편리하도록 몸에 여유가 있는 복장을 선택하여 작업 중 불편함을 최소화
신발	• 작업장에서 사용하는 신발은 외부에서 착용하는 신발과 구분하여 오염을 방지 • 신고 벗기 편리하며, 미끄럼 방지 기능이 있는 안전한 재질의 신발을 선택
기타	• 장갑 착용 전 반드시 손을 깨끗이 씻고, 작업이 변경될 때마다 장갑을 교체하여 위생을 유지 • 지나친 화장과 향수 사용을 금지하며, 인조속눈썹 등 부착물 사용을 제한 • 목걸이, 귀걸이, 반지 등 장신구 착용을 금지하여 식품 오염과 안전사고를 예방 • 마스크는 코까지 착용하여 위생 상태를 유지

Key point
개인위생 일일 점검
• 일일 건강 상태
• 복장 관리
• 손 위생 관리
• 위생화·안전화 상태
• 작업복 상태 등

(2) 건강 진단

① 대상자 : 식품 또는 식품첨가물(화학적 합성품 또는 기구 등의 살균·소독제는 제외)을 채취, 제조, 가공, 조리, 저장, 운반 또는 판매하는 일에 직접 종사하는 영업자 및 종업원

② 제외자 : 완전 포장된 식품 또는 식품첨가물을 운반하거나 판매하는 자

③ 영업자 및 그 종업원은 영업 시작 전 또는 영업에 종사하기 전에 미리 건강진단을 받아야 함

④ 건강 검진의 검진 주기 : 기 검진일을 기준으로 1년

(3) 「식품위생법」상 영업에 종사하지 못하는 질병

① 업무 종사의 일시 제한을 받는 질병 : 콜레라, 장티푸스, 파라티푸스, 세균성 이질, 장출혈성 대장균감염, A형 간염
② 결핵(비감염성인 경우는 제외)
③ 피부병 또는 고름형성(화농성) 질환
④ 후천성 면역결핍증(성매개감염병에 관한 건강 진단을 받아야 하는 영업에 종사하는 사람만 해당)

2 교차오염

(1) 교차오염의 정의

① 오염된 식재료, 기구, 용수 등에 존재하는 미생물이 오염되지 않은 상태의 식재료, 기구, 작업자 등과 접촉하거나 작업 과정 중 혼입되어 발생하는 오염
② 식품 안전성을 저해하고 식중독의 주요 원인이 될 수 있으므로 철저한 관리가 필요함

(2) 교차오염 방지법

① 칼, 도마 등의 조리기구는 식품별로 구분하여 사용
② 앞치마, 고무장갑 등은 수시로 세척 · 소독하고 주기적으로 교환해야 함
③ 위생복은 식품용, 청소용을 구분하여 사용
④ 식품을 취급하는 작업은 바닥으로부터 60cm 이상의 높이에서 실시하여 오염을 방지
⑤ 조리가 완료된 식품과 세척 · 소독된 기구, 용기 등의 위생 관리를 실시
⑥ 음식을 담은 뚜껑은 완전히 밀폐되었는지 확인하며, 재료 사용 시 선입선출 원칙을 준수
⑦ 철저한 개인위생 관리와 손 씻기
⑧ 도마와 칼 사용 시 가공된 식품을 원재료보다 먼저 처리함

3 설비위생 관리

(1) 출입문 및 창문

구분	내용
작업장 출입구 관리	• 출입구에 개인위생 복장 착용법 안내문과 세척, 건조, 소독 설비 등을 구비 • 외여닫이 문의 최소 너비는 80~85cm로 설계하여 작업과 이동이 용이하도록 함
출입구와 창문의 설계	• 출입구와 창문은 작업장 내 다른 공간과 원활히 소통이 가능하도록 설치 • 주방 및 영업장은 화장실과 철저히 격리 • 출입구는 가급적 자동출입문으로 하여 편리성과 위생성을 높이고, 방충 · 방서 기능이 있는 에어커튼을 설치
출입구 분리	원료 및 음식의 운반구와 피급식자의 출입구를 구분하여 설치

유리창 대체	유리창은 파손 시 식품 오염 위험이 있으므로, 파손 위험이 적은 대체 소재를 사용
창문 구조와 면적	• 창문틀은 45° 이하의 각도로 설계하여 관리 용이성을 높이고, 창의 면적은 벽 면적의 70%로 설정 • 창의 면적은 바닥 면적의 20~30%로 하되, 채광을 위해 최소 바닥 면적의 10% 이상이 되도록 함
방충망 관리	방충망은 정기적으로 중성 세제로 세척 후 마른행주로 닦아 위생 상태를 유지

(2) 작업장 시설

작업 동선 설계	작업 동선을 체계적으로 설계하여 시공
작업 테이블 배치	효율성을 높이기 위해 작업 테이블은 작업장의 중심에 배치
배수관 크기	제조 공장의 배수관은 원활한 배수를 위해 내경을 최소 10cm로 설계
작업실 환경	적정 온도는 25~28℃, 습도는 70~75%로 유지하여 안전을 보장
물품 보관 기준	모든 물품은 바닥 15cm, 벽 15cm 이상의 유격을 두고 보관
환기 시설	악취, 유해 가스, 매연, 증기 등을 배출할 수 있는 충분한 환기 시설을 구비
주방 환기 시스템	대형 환기 시설 1개보다 소형 환기 시설 여러 개를 설치하는 것이 효과적

(3) 방충·방서 시설

위생 해충 차단	위생 해충이 진입하지 않도록 방충·방서 시설을 필수적으로 설치
금속망 규격	제과제빵 공정의 방충·방서용 금속망은 30mesh 규격이 적합
방충망 관리	2개월에 한 번 이상 방충망의 물과 먼지를 제거

(4) 제과제빵 공정상의 조도 기준

작업 내용	표준 조도(Lux)	한계 조도(Lux)
발효	50	30~70
계량, 반죽, 조리, 성형	200	150~300
굽기	100	70~150
포장, 장식, 마무리 작업	500	300~700

Key point

생산공장의 효율적 배치

• 판매장소와 공장의 면적 배분은 1 : 1 비율이 이상적
• 소요 면적은 주방 설비의 설치 면적과 기술자의 작업을 위한 공간 면적으로 이루어짐
• 작업용 바닥 면적은 그 장소를 이용하는 사람들의 수에 따라 달라짐

Key point

장소별 적정 조도 범위

작업장, 식기저장고, 화장실	200~220Lux
냉장실, 냉동실, 건창고, 식당	100Lux 이상
테이블	500~700Lux
선별 및 검사구역	540Lux 이상

Chapter 04

단원별 출제예상문제

01 빈출

「식품위생법」상 '식품'의 정의로 옳은 것은?

① 의약으로 섭취하는 것을 제외한 모든 음식물
② 화학적 합성품을 제외한 모든 음식물
③ 음식물과 식품첨가물
④ 모든 음식물

해설

「식품위생법」상의 식품이란 모든 음식물(의약으로 섭취하는 것을 제외)을 말한다.

02

다음 중 영업자 및 종사자의 개인위생 안전관리 내용으로 적합하지 않은 것은?

① 종사자는 장신구를 착용하면 안 된다.
② 종사자는 청결한 위생복을 착용해야 한다.
③ 영업자는 위생교육을 반드시 이수해야 한다.
④ 종사자의 건강진단은 2년에 1회 이상 실시해야 한다.

해설

종사자는 1년에 1회의 정기건강진단을 받아야 한다.

03

다음 중 작업자의 개인위생관리 준수사항으로 옳지 않은 것은?

① 위생복을 착용하고 작업장 외부로 나가지 않는다.
② 앞치마를 이용하여 손을 닦는다.
③ 작업 중 껌을 씹지 않는다.
④ 규정된 세면대에서 손을 씻는다.

해설

앞치마에 손을 닦으면 앞치마가 식품 오염의 매개가 될 수 있으므로 앞치마를 이용하여 손을 닦지 않도록 한다.

04 빈출

생산공장시설의 효율적 배치에 대한 설명 중 옳지 않은 것은?

① 공장의 모든 업무가 효과적으로 진행되기 위한 기본은 주방의 위치, 규모에 대한 설계이다.
② 판매장소와 공장의 면적 배분은 판매 3 : 공장 1의 비율로 구성되는 것이 적당하다.
③ 공장의 소요 면적은 주방 설비의 설치 면적과 기술자의 작업을 위한 공간 면적으로 이루어진다.
④ 작업용 바닥 면적은 그 장소를 이용하는 사람들의 수에 따라 달라진다.

해설

판매장소와 공장의 면적 배분은 일반적으로 1 : 1이 적당하다.

05

다음 중 「식품위생법」상의 식품위생의 대상이 아닌 것은?

① 식품
② 식품첨가물
③ 조리방법
④ 기구, 용기, 포장

해설

「식품위생법」상 식품위생이란 식품, 식품첨가물, 기구 또는 용기·포장을 대상으로 하는 음식에 관한 위생을 말한다.

정답 01 ① 02 ④ 03 ② 04 ② 05 ③

06

교차오염을 예방하는 방법으로 옳지 않은 것은?

① 철저한 개인위생 관리와 손 씻기를 한다.
② 도마와 칼 사용 시 가공된 식품보다 원재료를 먼저 처리한다.
③ 깨끗하고 위생적인 설비와 도구를 사용한다.
④ 원재료와 가공된 식품은 각각 다른 기구를 사용한다.

해설

교차오염을 예방하기 위해서는 원재료와 가공된 식품은 각각 다른 기구로 취급하는 것이 좋고, 같은 기구를 사용해야 하는 경우에는 가공된 식품을 먼저 처리하고 원재료를 처리한다.

07 빈출

발효가 부패와 다른 점은 무엇인가?

① 미생물이 작용한다.
② 성분의 변화가 일어난다.
③ 단백질의 변화반응이다.
④ 생산물을 식용으로 한다.

해설

발효와 부패의 차이점은 부패는 생산물의 식용이 불가능하나, 발효는 생산물을 식용으로 한다는 것이다.

08

다음 중 부패의 진행에 수반하여 생기는 부패 산물이 아닌 것은?

① 일산화탄소
② 황화수소
③ 메르캅탄
④ 암모니아

해설

부패가 진행되며 생성되는 물질로는 아민류, 암모니아, 페놀, 황화수소, 메르캅탄 등이 있다.

09

다음 중 흑변 현상과 가장 관계 깊은 물질은?

① 황화수소
② 암모니아
③ 메탄
④ 아민

해설

황화수소는 함황 단백질의 부패에 의하여 생성되는 물질로, 식품을 흑변시키는 원인이 된다.

10 빈출

대장균군이 식품위생학적으로 중요한 이유는 무엇인가?

① 식중독을 일으키는 원인균이기 때문
② 대장염을 일으키기 때문
③ 부패균이기 때문
④ 분변 오염의 지표가 되는 세균이기 때문

해설

대장균은 식품을 오염시키는 다른 균들의 오염 정도를 측정하는 지표로 사용된다.

정답 06 ② 07 ④ 08 ① 09 ① 10 ④

11 빈출

단백질 식품이 미생물의 분해 작용에 의해 형태, 경도, 맛 등의 본래 성질을 잃고 악취를 발생하거나 유해물질을 생성하여 섭취할 수 없게 되는 현상은?

① 변패 ② 산패
③ 부패 ④ 발효

해설

- 변패 : 식품의 성질이 변하여 원 특성을 잃고 좋지 않은 변화가 일어나는 현상의 총칭
- 산패 : 지방이 산화작용에 의해 변질되는 것
- 발효 : 주로 탄수화물이 미생물에 의해 분해되어 식용 가능한 유용한 물질로 변환되는 것

12

미생물의 감염을 감소시키기 위한 작업장 위생의 내용과 거리가 먼 것은?

① 적절한 환기와 조명시설이 된 저장실에 재료를 보관한다.
② 깨끗하고 뚜껑이 있는 재료통을 사용한다.
③ 소독액으로 벽, 바닥, 천장을 세척한다.
④ 빵 상자, 수송 차량, 매장 진열대는 항상 온도를 높게 관리한다.

해설

대부분의 병원미생물은 25~37℃가 증식 최적 온도이므로, 빵 상자, 수송 차량, 매장 진열대는 냉장 온도를 유지하여 관리하는 것이 좋다.

13

어류의 체내에 존재하는 트리메틸아민 옥사이드가 생성하는 부패취의 원인이 되는 물질은?

① 암모니아
② 트리메틸아민
③ 인돌
④ 스카톨

해설

트리메틸아민(트라이메틸아민)은 생선의 비린내 성분으로, 살아있는 생선에서는 트리메틸아민(트라이메틸아민) 옥사이드로 존재하다가 생선이 죽고 시간이 경과하면 미생물의 활동으로 환원되어 생성된다.

14

유지가 산패되는 경우가 아닌 것은?

① 실온에 가까운 온도 범위에서 온도를 상승시킬 때
② 햇빛이 잘 드는 곳에 보관할 때
③ 토코페롤을 첨가할 때
④ 수분이 많은 식품을 넣고 튀길 때

해설

토코페롤은 천연 항산화제로서 산화 방지 및 유지의 안정성을 위해 첨가한다.

15 빈출

다음 중 세균성 감염형 식중독을 일으키는 것으로 옳은 것은?

① 포도상구균
② 보툴리누스균
③ 고초균
④ 살모넬라균

해설

세균성 감염형 식중독을 일으키는 균은 살모넬라균, 장염 비브리오균, 병원성 대장균 등이 있다.

정답 11 ③ 12 ④ 13 ② 14 ③ 15 ④

16

식중독을 일으키는 주요 원인 식품이 해산물, 어패류이며 호염성인 세균은?

① 황색포도상구균
② 장염 비브리오균
③ 장티푸스균
④ 보툴리누스균

해설

장염 비브리오균은 3~4% 염도에서 증식이 가능한 호염성 세균으로, 오염된 어패류의 생식이 식중독 발생의 주요 원인이다.

17

다음 중 대장균에 대한 설명으로 옳지 않은 것은?

① 그람(gram) 양성이다.
② 유당을 분해한다.
③ 무아포 간균이다.
④ 호기성 또는 통성 혐기성이다.

해설

대장균은 그람 음성의 무포자 간균으로 호기성 또는 통성 혐기성이며, 유당을 분해하여 산과 이산화탄소를 생산한다.

18

세균성 식중독의 일반적인 특징으로 옳은 것은?

① 전염성이 거의 없다.
② 2차 감염이 빈번하다.
③ 경구 감염병보다 잠복기가 길다.
④ 극소량의 균으로도 발생이 가능하다.

해설

세균성 식중독은 2차 감염이 거의 없고, 경구 감염병보다 잠복기가 짧으며, 발병을 위해서는 다량의 균이 필요하다.

19 빈출

다음 중 복어의 독소 성분은?

① 엔테로톡신
② 테트로도톡신
③ 무스카린
④ 솔라닌

해설

• 엔테로톡신 : 포도상구균
• 무스카린 : 독버섯
• 솔라닌 : 감자

20 빈출

다음 중 세균이 분비한 독소에 의해 감염을 일으키는 것은?

① 감염형 세균성 식중독
② 화학성 식중독
③ 진균독 식중독
④ 독소형 세균성 식중독

해설

독소형 세균성 식중독은 식품 안에서 세균이 증식하는 동안 생성된 독소를 섭취하여 발생하는 식중독이다.

정답 16 ② 17 ① 18 ① 19 ② 20 ④

제과제빵 기능사 산업기사 필기

CBT 시험 형식을 그대로 재현한 제과제빵기능사 모의고사 6회분과 제과제빵산업기사 모의고사 2회분의 문제 풀이를 통해 실전에 대비하시기 바랍니다.

05

제과제빵 CBT 모의고사

제1회 제빵기능사 CBT 모의고사

자격종목	시험시간	문항수	점수
제빵기능사	60분	60문항	

1. 단백질 분해효소인 프로테아제(protease)를 햄버거빵에 첨가하는 이유로 가장 알맞은 것은?
   ① 저장성 증가를 위하여
   ② 팬 흐름성을 좋게 하기 위하여
   ③ 껍질 색 개선을 위하여
   ④ 발효 내구력을 증가시키기 위하여

2. 제빵 시 팬오일로 유지를 사용할 때 다음 중 무엇이 높은 것을 선택하는 것이 좋은가? 빈출
   ① 가소성
   ② 크림성
   ③ 발연점
   ④ 비등점

3. 냉동빵에서 반죽의 온도를 낮추는 가장 주된 이유는? 빈출
   ① 수분 사용량이 많아서
   ② 밀가루의 단백질 함량이 낮아서
   ③ 이스트 활동을 억제하기 위해서
   ④ 이스트 사용량이 감소해서

4. 빵의 부피가 가장 크게 되는 경우는? 빈출
   ① 숙성이 안 된 밀가루를 사용할 때
   ② 물을 적게 사용할 때
   ③ 반죽이 지나치게 믹싱되었을 때
   ④ 발효가 더 되었을 때

5. 비상 스트레이트법 반죽의 가장 적합한 온도는? 빈출
   ① 15℃
   ② 20℃
   ③ 30℃
   ④ 40℃

6. 냉동반죽에 사용되는 재료와 제품의 특성에 대한 설명 중 틀린 것은?
   ① 일반 제품보다 산화제 사용량을 증가시킨다.
   ② 저율배합인 프랑스빵이 가장 유리하다.
   ③ 유화제를 사용하는 것이 좋다.
   ④ 밀가루는 단백질의 함량과 질이 좋은 것을 사용한다.

7. 다음 중 이스트가 오븐 내에서 사멸되기 시작하는 온도는? 빈출
   ① 40℃
   ② 60℃
   ③ 80℃
   ④ 100℃

8. 다음 중 냉동, 냉장, 해동, 2차 발효를 프로그래밍에 의해 자동적으로 조절하는 기계는? 빈출
   ① 스파이럴 믹서
   ② 도우 컨디셔너
   ③ 로터리 래크 오븐
   ④ 모레르식 락크 발효실

답안표기란

1	①	②	③	④
2	①	②	③	④
3	①	②	③	④
4	①	②	③	④
5	①	②	③	④
6	①	②	③	④
7	①	②	③	④
8	①	②	③	④

9. 식빵 반죽의 희망 온도가 27℃일 때, 실내 온도 20℃, 밀가루 온도 20℃, 마찰계수 30인 경우 사용할 물의 온도는? 빈출

① -7℃
② 3℃
③ 11℃
④ 18℃

10. 노타임 반죽법에 사용되는 산화, 환원제의 종류가 아닌 것은?

① ADA(azodicarbonamide)
② L-시스테인
③ 소르브산
④ 요오드칼슘

11. 빵의 부피가 너무 작은 경우 조치사항으로 옳은 것은? 빈출

① 발효 시간을 증가시킨다.
② 1차 발효를 감소시킨다.
③ 분할 무게를 감소시킨다.
④ 팬 기름칠을 넉넉하게 증가시킨다.

12. 식빵의 일반적인 비용적은?

① $0.36cm^3/g$
② $1.36cm^3/g$
③ $3.36cm^3/g$
④ $5.36cm^3/g$

13. 하나의 스펀지 반죽으로 2~4개의 도우(dough)를 제조하는 방법으로 노동력, 시간이 절약되는 방법은?

① 가당 스펀지법
② 오버나잇 스펀지법
③ 마스터 스펀지법
④ 비상 스펀지법

14. 제빵 시 적절한 2차 발효점은 완제품 용적의 몇 %가 가장 적당한가?

① 40~45%
② 55~55%
③ 70~80%
④ 90~95%

15. 다음 중 팬닝에 대한 설명으로 틀린 것은? 빈출

① 반죽의 이음매가 틀의 바닥으로 놓이게 한다.
② 철판의 온도를 60℃로 맞춘다.
③ 반죽은 적정 분할량을 넣는다.
④ 비용적의 단위는 cm^3/g이다.

16. 빵 표피의 갈변 반응을 설명한 것 중 옳은 것은?

① 이스트가 사멸해서 생긴다.
② 마가린으로부터 생긴다.
③ 아미노산과 당으로부터 생긴다.
④ 굽기 온도 때문에 지방이 산패되어 생긴다.

17. 굽기 과정 중 당류의 캐러멜화가 개시되는 온도로 가장 적합한 것은? 빈출

① 100℃　② 120℃
③ 150℃　④ 185℃

18. 굽기를 할 때 일어나는 반죽의 변화가 아닌 것은?

① 오븐 팽창
② 단백질 열변성
③ 전분의 호화
④ 전분의 노화

19. 다음 제품 중 2차 발효실의 습도를 가장 높게 설정해야 되는 것은? 빈출

① 호밀빵　② 햄버거빵
③ 불란서빵　④ 빵 도넛

답안표기란	
9	① ② ③ ④
10	① ② ③ ④
11	① ② ③ ④
12	① ② ③ ④
13	① ② ③ ④
14	① ② ③ ④
15	① ② ③ ④
16	① ② ③ ④
17	① ② ③ ④
18	① ② ③ ④
19	① ② ③ ④

20. 빵 제품의 모서리가 예리하게 된 것은 다음 중 어떤 반죽에서 오는 결과인가? 빈출

① 발효가 지나친 반죽
② 이형유를 과다하게 사용한 반죽
③ 어린 반죽
④ 2차 발효가 지나친 반죽

21. 더운 여름에 얼음을 사용하여 반죽 온도 조절 시 계산 순서로 적합한 것은? 빈출

① 마찰계수 → 물 온도 계산 → 얼음 사용량
② 물 온도 계산 → 얼음 사용량 → 마찰계수
③ 얼음 사용량 → 마찰계수 → 물 온도 계산
④ 물 온도 계산 → 마찰계수 → 얼음 사용량

22. 빵의 관능적 평가법에서 외부적 특성을 평가하는 항목으로 틀린 것은? 빈출

① 대칭성
② 껍질 색상
③ 껍질 특성
④ 맛

23. 다음의 재료 중 많이 사용할 때 반죽의 흡수량이 감소되는 것은?

① 활성 글루텐
② 손상전분
③ 유화제
④ 설탕

24. 반죽의 변화단계에서 생기 있는 외관이 되며 매끄럽고 부드러우며 탄력성이 증가되어 강하고 단단한 반죽이 되었을 때의 상태는? 빈출

① 클린업(clean up) 상태
② 픽업(pick up) 상태
③ 발전(development) 상태
④ 렛 다운(let down) 상태

25. 하스브레드의 종류에 속하지 않는 것은? 빈출

① 불란서빵
② 베이글빵
③ 비엔나빵
④ 아이리시빵

26. 중간 발효에 대한 설명으로 틀린 것은?

① 글루텐 구조를 재정돈한다.
② 가스 발생으로 반죽의 유연성을 회복한다.
③ 오버 헤드 프루프(over head proof)라고 한다.
④ 탄력성과 신장성에는 나쁜 영향을 미친다.

27. 빵 반죽(믹싱) 시 반죽 온도가 높아지는 주 이유는? 빈출

① 이스트가 번식하기 때문에
② 원료가 용해되기 때문에
③ 글루텐이 발전하기 때문에
④ 마찰열이 생기기 때문에

28. 다음 중 반죽 10kg을 혼합할 때 가장 적합한 믹서의 용량은?

① 8kg ② 10kg
③ 15kg ④ 30kg

29. 냉각 손실에 대한 설명 중 틀린 것은?

① 식히는 동안 수분 증발로 무게가 감소한다.
② 여름철보다 겨울철이 냉각 손실이 크다.
③ 상대습도가 높으면 냉각 손실이 작다.
④ 냉각 손실은 5% 정도가 적당하다.

30. 다음 중 소프트 롤에 속하지 않는 것은?

① 디너 롤
② 프렌치 롤
③ 브리오슈
④ 치즈 롤

답안표기란

20	①	②	③	④
21	①	②	③	④
22	①	②	③	④
23	①	②	③	④
24	①	②	③	④
25	①	②	③	④
26	①	②	③	④
27	①	②	③	④
28	①	②	③	④
29	①	②	③	④
30	①	②	③	④

31. 다음 중 찬물에 잘 녹는 것은? 빈출

① 한천
② 씨엠씨
③ 젤라틴
④ 일반 펙틴

32. 탈지분유 구성 중 50% 정도를 차지하는 것은?

① 수분
② 지방
③ 유당
④ 회분

33. 피자 제조 시 많이 사용하는 향신료는? 빈출

① 넛메그
② 오레가노
③ 박하
④ 계피

34. 포도당의 감미도가 높은 상태인 것은?

① 결정형
② 수용액
③ β-형
④ 좌선성

35. 모노글리세리드(mono-glyceride)와 디글리세리드(diglyceride)는 제과에 있어 주로 어떤 역할을 하는가?

① 유화제
② 항산화제
③ 감미제
④ 필수영양제

36. 식품향료에 대한 설명 중 틀린 것은?

① 자연향료는 자연에서 채취한 후 추출, 정제, 농축, 분리 과정을 거쳐 얻는다.
② 합성향료는 석유 및 석탄류에 포함되어 있는 방향성 유기물질로부터 합성하여 만든다.
③ 조합향료는 천연향료와 합성향료를 조합하여 양자 간의 문제점을 보완한 것이다.
④ 식품에 사용하는 향료는 첨가물이지만, 품질, 규격 및 사용법을 준수하지 않아도 된다.

37. 밀가루 중 글루텐은 건조 중량의 약 몇 배에 해당하는 물을 흡수할 수 있는가?

① 1배 ② 3배
③ 5배 ④ 7배

38. 반죽을 하기 위해 달걀 노른자 500g이 필요하다. 몇 개의 달걀이 준비되어야 하는가? (단, 달걀 1개의 중량 52g, 껍데기 12%, 노른자 33%, 흰자 55%) 빈출

① 26개 ② 30개
③ 34개 ④ 38개

39. 정상 조건하의 베이킹파우더 100g에서 얼마 이상의 유효 이산화탄소 가스가 발생되어야 하는가?

① 6% ② 12%
③ 18% ④ 24%

40. 정상적인 빵 발효를 위하여 맥아와 유산을 첨가하는 물은?

① 산성인 연수
② 중성인 아경수
③ 중성인 경수
④ 알칼리성인 경수

답안표기란

31	① ② ③ ④
32	① ② ③ ④
33	① ② ③ ④
34	① ② ③ ④
35	① ② ③ ④
36	① ② ③ ④
37	① ② ③ ④
38	① ② ③ ④
39	① ② ③ ④
40	① ② ③ ④

41. 감미제에 대한 설명 중 옳은 것은?

① 물엿은 장내 비피더스균 생육 인자이다.
② 당밀은 럼을 원료로 만든다.
③ 아스파탐은 설탕의 10배의 단맛을 가진 인공 감미료이다.
④ 벌꿀은 천연의 진화당으로 대부분 포도당과 과당으로 이루어져 있다.

42. 반죽에 사용하는 물이 연수일 때 무엇을 더 증가시켜 넣어야 하는가? 빈출

① 과당
② 유당
③ 포도당
④ 맥아당

43. 다음 중 연질 치즈로 곰팡이와 세균으로 숙성시킨 치즈는? 빈출

① 크림(Cream) 치즈
② 로마노(Romano) 치즈
③ 파마산(Parmesan) 치즈
④ 까망베르(Camembert) 치즈

44. 밀가루 음식에 대두를 넣는다면 어떤 영양소가 강화되는 것인가? 빈출

① 섬유질
② 지방
③ 필수아미노산
④ 무기질

45. 영양소의 흡수에 대한 설명 중 잘못된 것은? 빈출

① 위 - 영양소 흡수가 활발하다.
② 구강 - 영양소 흡수는 일어나지 않는다.
③ 소장 - 단당류가 흡수된다.
④ 대장 - 수분이 흡수된다.

46. 뼈를 구성하는 무기질 중 그 비율이 가장 중요한 것은?

① P : Cu ② Fe : Mg
③ Ca : P ④ K : Mg

47. 지방질 대사를 위한 간의 중요한 역할 중 잘못 설명한 것은?

① 지방질 섭취의 부족에 의해 케톤체를 만든다.
② 콜레스테롤을 합성한다.
③ 담즙산의 생산 원천이다.
④ 지방산을 합성하거나 분해한다.

48. 다음 중 체중 1kg당 단백질 권장량이 가장 많은 대상으로 옳은 것은?

① 1~2세 유아
② 9~11세 여자
③ 15~19세 남자
④ 65세 이상 노인

49. 다음 중 소화가 가장 잘 되는 달걀은?

① 생달걀
② 반숙 달걀
③ 완숙 달걀
④ 구운 달걀

50. 칼슘의 흡수에 관계하는 호르몬은 무엇인가?

① 갑상선 호르몬
② 부갑상선 호르몬
③ 부신호르몬
④ 성호르몬

51. 경구 감염병의 예방으로 가장 부적당한 것은?

① 식품을 냉장고에 보관한다.
② 감염원이나 오염 물질을 소독한다.
③ 보균자의 식품 취급을 금한다.
④ 주위 환경을 청결히 한다.

답안표기란	
41	① ② ③ ④
42	① ② ③ ④
43	① ② ③ ④
44	① ② ③ ④
45	① ② ③ ④
46	① ② ③ ④
47	① ② ③ ④
48	① ② ③ ④
49	① ② ③ ④
50	① ② ③ ④
51	① ② ③ ④

52. 다음 중 조리사의 직무가 아닌 것은?

① 집단급식소에서의 식단에 따른 조리 업무
② 구매식품의 검수 지원
③ 집단급식소의 운영일지 작성
④ 급식설비 및 기구의 위생, 안전 실무

53. 식품의 부패방지와 관계가 있는 처리로만 나열된 것은?

① 방사선 조사, 조미료 첨가, 농축
② 실온 보관, 설탕 첨가, 훈연
③ 수분 첨가, 식염 첨가, 외관 검사
④ 냉동법, 보존료 첨가, 자외선 살균

54. 식품 또는 식품첨가물을 채취, 제조, 가공, 조리, 저장, 운반 또는 판매하는 직접종사자들이 정기 건강진단을 받아야 하는 주기는? 빈출

① 1회/월
② 1회/3개월
③ 1회/6개월
④ 1회/년

55. 제품의 포장용기에 의한 화학적 식중독에 대하여 주의를 특히 요하는 것과 가장 거리가 먼 것은?

① 형광 염료를 사용한 종이 제품
② 착색된 셀로판 제품
③ 페놀수지 제품
④ 알루미늄박 제품

56. 변질되기 쉬운 식품을 생산지로부터 소비자에게 전달하기까지 저온으로 보존하는 시스템은?

① 냉장유통체제
② 냉동유통체제
③ 저온유통체제
④ 상온유통체제

57. 다음 중 식품이나 음료수를 통해 감염되는 소화기계 감염병에 속하지 않는 것은? 빈출

① 장티푸스
② 발진티푸스
③ 세균성 이질
④ 콜레라

58. 투베르쿨린(tuberculin) 빈응 검사 및 X선 촬영으로 감염 여부를 조기에 알 수 있는 인수공통전염병은?

① 돈단독
② 탄저
③ 결핵
④ 야토병

59. 식품에 식염을 첨가함으로써 미생물 증식을 억제하는 효과와 관계가 없는 것은?

① 탈수작용에 의한 식품 내 수분 감소
② 산소의 용해도 감소
③ 삼투압 증가
④ 펩티드 결합의 분해

60. 식품 제조 시 다량의 거품이 발생할 때 이를 제거하기 위해 사용하는 첨가물은? 빈출

① 추출제
② 용제
③ 피막제
④ 소포제

답안표기란

52	①	②	③	④
53	①	②	③	④
54	①	②	③	④
55	①	②	③	④
56	①	②	③	④
57	①	②	③	④
58	①	②	③	④
59	①	②	③	④
60	①	②	③	④

제2회 제빵기능사 CBT 모의고사

	자격종목	시험시간	문항수	점수
	제빵기능사	60분	60문항	

1. 연속식 제빵법에 관한 설명으로 틀린 것은?

① 액체 발효법을 이용하여 연속적으로 제품을 생산한다.
② 발효 손실 감소, 인력 감소 등의 이점이 있다.
③ 3~4기압의 디벨로퍼로 반죽을 제조하기 때문에 많은 양의 산화제가 필요하다.
④ 자동화 시설을 갖추기 위해 설비 공간의 면적이 많이 소요된다.

2. 오븐 내에서 뜨거워진 공기를 강제 순환시키는 열전달 방식은? 빈출

① 대류 ② 전도
③ 복사 ④ 전자파

3. 같은 조건의 반죽에 설탕, 포도당, 과당을 같은 농도로 첨가했다고 가정할 때 마이야르 반응속도를 촉진시키는 순서대로 나열된 것은?

① 설탕 > 포도당 > 과당
② 과당 > 설탕 > 포도당
③ 과당 > 포도당 > 설탕
④ 포도당 > 과당 > 설탕

4. 완제품 중량이 400g인 빵 200개를 만들고자 한다. 발효 손실이 2%이고 굽기 및 냉각 손실이 12%라고 할 때 밀가루 중량은? (총 배합률은 180%이며, 소수점 이하는 반올림한다) 빈출

① 51,536g ② 54,725g
③ 61,320g ④ 61,940g

5. 냉동반죽법의 냉동과 해동 방법으로 옳은 것은?

① 급속냉동, 급속해동
② 급속냉동, 완만해동
③ 완만냉동, 급속해동
④ 완만냉동, 완만해동

6. 다음 중 빵 포장재의 특성으로 적합하지 않은 성질은? 빈출

① 위생성
② 보호성
③ 작업성
④ 단열성

7. 스펀지 발효에서 생기는 결함을 없애기 위하여 만들어진 제조법으로 ADMI법이라고 불리는 제빵법은? 빈출

① 액종법(liquid ferments)
② 비상 반죽법(emergency dough method)
③ 노타임 반죽법(no time dough method)
④ 스펀지/도우법(sponge/dough method)

8. 냉각으로 인한 빵 속의 수분 함량으로 적당한 것은? 빈출

① 약 5% ② 약 15%
③ 약 25% ④ 약 38%

답안표기란

1 ① ② ③ ④
2 ① ② ③ ④
3 ① ② ③ ④
4 ① ② ③ ④
5 ① ② ③ ④
6 ① ② ③ ④
7 ① ② ③ ④
8 ① ② ③ ④

9. 굽기 손실에 영향을 주는 요인으로 관계가 가장 적은 것은?

① 믹싱 시간
② 배합률
③ 제품의 크기와 모양
④ 굽기 온도

10. 단백질 함량이 2% 증가된 강력밀가루 사용 시 흡수율의 변화로 가장 적당한 것은?

① 2% 감소
② 1.5% 증가
③ 3% 증가
④ 4.5% 증가

11. 어린 반죽(발효가 덜 된 반죽)으로 제조를 할 경우 중간 발효 시간은 어떻게 조절되는가? 빈출

① 길어진다.
② 짧아진다.
③ 같다.
④ 판단할 수 없다.

12. 밀가루 50g에서 젖은 글루텐을 15g 얻었다. 이 밀가루의 조단백질 함량은?

① 6%
② 12%
③ 18%
④ 24%

13. 산화제와 환원제를 함께 사용하여 믹싱 시간과 발효 시간을 감소시키는 제빵법은? 빈출

① 스트레이트법
② 노타임법
③ 비상 스펀지법
④ 비상 스트레이트법

14. 다음 중 냉동반죽을 저장할 때의 적정 온도로 옳은 것은?

① -1 ~ -5℃ 정도
② -6 ~ -10℃ 정도
③ -18 ~ -24℃ 정도
④ -40 ~ -45℃ 정도

15. 오븐에서 구운 빵을 냉각할 때 평균 몇 %의 수분 손실이 추가적으로 발생하는가? 빈출

① 2%
② 4%
③ 6%
④ 8%

16. 빵의 제품평가에서 브레이크와 슈레드 부족현상의 이유가 아닌 것은? 빈출

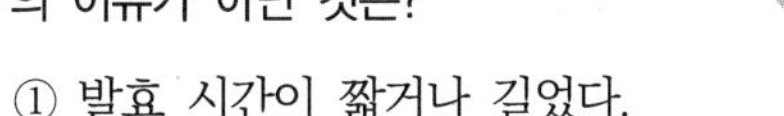

① 발효 시간이 짧거나 길었다.
② 오븐의 온도가 높았다.
③ 2차 발효실의 습도가 낮았다.
④ 오븐의 증기가 너무 많았다.

17. 다음 재료 중 식빵 제조 시 반죽 온도에 가장 큰 영향을 주는 것은? 빈출

① 설탕
② 밀가루
③ 소금
④ 반죽개량제

18. 반죽제조 단계 중 렛 다운(Let Down) 상태까지 믹싱하는 제품으로 적당한 것은? 빈출

① 옥수수식빵, 밤식빵
② 크림빵, 앙금빵
③ 바게트, 프랑스빵
④ 잉글리시 머핀, 햄버거빵

답안표기란	
9	① ② ③ ④
10	① ② ③ ④
11	① ② ③ ④
12	① ② ③ ④
13	① ② ③ ④
14	① ② ③ ④
15	① ② ③ ④
16	① ② ③ ④
17	① ② ③ ④
18	① ② ③ ④

19. 분할기에 의한 기계식 분할 시 분할의 기준이 되는 것은?

① 무게 ② 모양
③ 배합률 ④ 부피

20. 냉동반죽의 해동을 높은 온도에서 빨리 할 경우 반죽의 표면에서 물이 나오는 드립(drip) 현상이 발생하는데 그 원인이 아닌 것은?

① 얼음결정이 반죽의 세포를 파괴 손상
② 반죽 내 수분의 빙결분리
③ 단백질의 변성
④ 급속 냉동

21. 건포도 식빵, 옥수수 식빵, 야채 식빵을 만들 때 건포도, 옥수수, 야채는 믹싱의 어느 단계에 넣는 것이 좋은가? 빈출

① 최종 단계 후
② 클린업 단계 후
③ 발전 단계 후
④ 렛 다운 단계 후

22. 바게트 배합률에서 비타민 C 30ppm을 사용하려고 할 때 이 용량을 %로 올바르게 나타낸 것은?

① 0.3%
② 0.03%
③ 0.003%
④ 0.0003%

23. 빵 반죽의 흡수율에 영향을 미치는 요소에 대한 설명으로 옳은 것은?

① 설탕 5% 증가 시 흡수율은 1%씩 감소한다.
② 빵 반죽에 알맞은 물은 경수(센물)보다 연수(단물)이다.
③ 반죽 온도가 5℃ 증가함에 따라 흡수율이 3% 증가한다.
④ 유화제 사용량이 많으면 물과 기름의 결합이 좋게 되어 흡수율이 감소된다.

24. 제빵 시 성형(make-up)의 범위에 들어가지 않는 것은? 빈출

① 둥글리기
② 분할
③ 정형
④ 2차 발효

25. 반죽의 내부 온도가 60℃에 도달하지 않은 상태에서 온도상승에 따른 이스트의 활동으로 부피의 점진적인 증가가 진행되는 현상은? 빈출

① 호화(gelatinization)
② 오븐 스프링(oven spring)
③ 오븐 라이즈(oven rise)
④ 캐러멜화(caramelization)

26. 둥글리기의 목적과 거리가 먼 것은? 빈출

① 공 모양의 일정한 모양을 만든다.
② 큰 가스는 제거하고 작은 가스는 고르게 분산시킨다.
③ 흐트러진 글루텐을 재정렬한다.
④ 방향성 물질을 생성하여 맛과 향을 좋게 한다.

27. 냉동 페이스트리를 구운 후 옆면이 주저앉는 원인으로 틀린 것은?

① 토핑물이 많은 경우
② 잘 구워지지 않은 경우
③ 2차 발효가 과다한 경우
④ 해동 온도가 2~5℃로 낮은 경우

28. 글루텐을 형성하는 단백질은? 빈출

① 알부민, 글리아딘
② 알부민, 글로불린
③ 글루테닌, 글리아딘
④ 글루테닌, 글로불린

답안표기란

19	①	②	③	④
20	①	②	③	④
21	①	②	③	④
22	①	②	③	④
23	①	②	③	④
24	①	②	③	④
25	①	②	③	④
26	①	②	③	④
27	①	②	③	④
28	①	②	③	④

29. 달걀에 대한 설명 중 옳은 것은? 

① 달걀 노른자에 가장 많은 것은 단백질이다.
② 달걀 흰자는 대부분이 물이고 그 다음 많은 성분은 지방질이다.
③ 달걀 껍데기는 대부분 탄산칼슘으로 이루어져 있다.
④ 달걀은 흰자보다 노른자 중량이 더 크다.

30. 비터 초콜릿(Bitter Chocolate) 32% 중에는 코코아가 약 얼마 정도 함유되어 있는가? 빈출

① 8% ② 16%
③ 20% ④ 24%

31. 효모에 대한 설명으로 틀린 것은?

① 당을 분해하여 산과 가스를 생성한다.
② 출아법으로 증식한다.
③ 제빵용 효모의 학명은 saccharomyces cerevisiae이다.
④ 산소의 유무에 따라 증식과 발효가 달라진다.

32. 유지의 가소성은 그 구성성분 중 주로 어떤 물질의 종류와 양에 의해 결정되는가? 빈출

① 스테롤
② 트리글리세리드
③ 유리지방산
④ 토코페롤

33. 호밀에 관한 설명으로 틀린 것은?

① 호밀 단백질은 밀가루 단백질에 비하여 글루텐을 형성하는 능력이 떨어진다.
② 밀가루에 비하여 펜토산 함량이 낮아 반죽이 끈적거린다.
③ 제분율에 따라 백색, 중간색, 흑색 호밀가루로 분류한다.
④ 호밀분에 지방 함량이 높으면 저장성이 나쁘다.

34. 밀가루의 단백질 함량이 증가하면 패리노그래프 흡수율은 증가하는 경향을 보인다. 밀가루의 등급이 낮을수록 패리노그래프에 나타나는 현상은? 빈출

① 흡수율은 증가하나 반죽 시간과 안정도는 감소한다.
② 흡수율은 감소하고 반죽 시간과 안정도도 감소한다.
③ 흡수율은 증가하나 반죽 시간과 안정도는 변화가 없다.
④ 흡수율은 감소하나 반죽 시간과 안정도는 변화가 없다.

35. 포도당의 감미도가 높은 상태인 것은? 빈출

① 결정형
② 수용액
③ β-형
④ 좌선성

36. 단순 단백질인 알부민에 대한 설명으로 옳은 것은?

① 물이나 묽은 염류용액에 녹고 열에 의해 응고된다.
② 물에는 불용성이나 묽은 염류용액에 가용성이고 열에 의해 응고된다.
③ 중성 용매에는 불용성이나 묽은 산, 염기에는 가용성이다.
④ 곡식의 낟알에만 존재하며 밀의 글루테닌이 대표적이다.

37. 다음 중 식물계에는 존재하지 않는 당은? 빈출

① 과당 ② 유당
③ 설탕 ④ 맥아당

38. 다음 중 보관 장소가 나머지 재료와 크게 다른 재료는? 빈출

① 설탕 ② 소금
③ 밀가루 ④ 생이스트

답안표기란				
29	①	②	③	④
30	①	②	③	④
31	①	②	③	④
32	①	②	③	④
33	①	②	③	④
34	①	②	③	④
35	①	②	③	④
36	①	②	③	④
37	①	②	③	④
38	①	②	③	④

39. 다음 중 유지의 경화 공정과 관계가 없는 물질은? 빈출

① 불포화지방산
② 수소
③ 콜레스테롤
④ 촉메제

40. 유지에 알칼리를 가할 때 일어나는 반응은?

① 가수분해
② 비누화
③ 에스터화
④ 산화

41. 다음 중 일반적인 제빵 조합 재료로 틀린 것은?

① 소맥분 + 중조 → 밤만두피
② 소맥분 + 유지 → 파운드 케이크
③ 소맥분 + 분유 → 건포도 식빵
④ 소맥분 + 달걀 → 카스텔라

42. 다음 중 포화지방산은? 

① 올레산(oleic acid)
② 스테아르산(stearic acid)
③ 리놀레산(linoleic acid)
④ 아이코사펜테노익산(eicosapentaenoic acid)

43. 노인의 경우 필수지방산의 흡수를 위하여 다음 중 어떤 종류의 기름을 섭취하는 것이 좋은가? 빈출

① 콩기름 ② 닭기름
③ 돼지기름 ④ 소기름

44. 소화 시 담즙의 작용은? 

① 지방을 유화시킨다.
② 지방질을 가수분해한다.
③ 단백질을 가수분해한다.
④ 콜레스테롤을 가수분해한다.

45. 당질이 혈액 내에 존재하는 형태는? 빈출

① 글루코오스(glucose)
② 글리코겐(glycogen)
③ 갈락토오스(galactose)
④ 프락토오스(fructose)

46. 트립토판 360mg은 체내에서 나이아신 몇 mg로 전환되는가?

① 0.6mg ② 6mg
③ 36mg ④ 60mg

47. 다음 중 필수지방산의 결핍으로 인해 발생할 수 있는 것은?

① 신경통 ② 결막염
③ 안질 ④ 피부염

48. 질병에 대한 저항력을 지닌 항체를 만드는 데 꼭 필요한 영양소는?

① 탄수화물 ② 지방
③ 칼슘 ④ 단백질

49. 시금치에 들어 있으며 칼슘의 흡수를 방해하는 유기산은? 빈출

① 초산 ② 호박산
③ 수산 ④ 구연산

50. 동물성 지방을 과다 섭취하였을 때 발생할 가능성이 높아지는 질병은? 빈출

① 신장병
② 골다공증
③ 부종
④ 동맥경화증

답안표기란	
39	① ② ③ ④
40	① ② ③ ④
41	① ② ③ ④
42	① ② ③ ④
43	① ② ③ ④
44	① ② ③ ④
45	① ② ③ ④
46	① ② ③ ④
47	① ② ③ ④
48	① ② ③ ④
49	① ② ③ ④
50	① ② ③ ④

51. 다음 중 냉장온도에서도 증식이 가능하여 육류, 가금류 외에도 열처리하지 않은 우유나 아이스크림, 채소 등을 통해서도 식중독을 일으키며 태아나 임산부에 치명적인 식중독균은? 빈출

① 캠필로박터균(Campylobacter jejuni)
② 바실러스균(Bacilluscereus)
③ 리스테리아균(Listeria monocy-togenes)
④ 비브리오 패혈증균(Vibrio vulnificus)

52. 부패 미생물이 번식할 수 있는 최적의 수분활성도(Aw)의 순서로 옳은 것은? 빈출

① 세균 > 곰팡이 > 효모
② 세균 > 효모 > 곰팡이
③ 효모 > 곰팡이 > 세균
④ 효모 > 세균 > 곰팡이

53. 식품첨가물의 안전성 시험과 가장 거리가 먼 것은?

① 아급성 독성 시험법
② 만성 독성 시험법
③ 맹독성 시험법
④ 급성 독성 시험법

54. 유지산패도를 측정하는 방법이 아닌 것은? 빈출

① 과산화물가(peroxide value, POV)
② 휘발성 염기질소(volatile basic nitrogen value, VBN)
③ 카르보닐가(carbonyl value, CV)
④ 관능검사

55. 일반적인 식품의 저온 살균 온도로 가장 적합한 것은? 빈출

① 20~30℃
② 60~70℃
③ 100~110℃
④ 130~140℃

56. 식중독균 등 미생물의 성장을 조절하기 위해 사용하는 저장방법과 그 예의 연결이 틀린 것은? 빈출

① 산소 제거 - 진공포장 햄
② pH 조절 - 오이피클
③ 온도 조절 - 냉동 생선
④ 수분활성도 저하 - 상온 보관 우유

57. 다음 중 작업공간의 살균에 가장 적당한 것은? 빈출

① 자외선 살균
② 적외선 살균
③ 가시광선 살균
④ 자비살균

58. 다음 중 감염병과 관련 내용의 연결이 옳지 않은 것은?

① 콜레라 - 외래 감염병
② 파상열 - 바이러스성 인수공통감염병
③ 장티푸스 - 고열 수반
④ 세균성 이질 - 점액성 혈변

59. 저장미에 발생한 곰팡이가 원인이 되는 황변미 현상을 방지하기 위한 수분 함량은? 빈출

① 13% 이하
② 14~15%
③ 15~17%
④ 17% 이상

60. 인체 유래 병원체에 의한 감염병의 발생과 전파를 예방하기 위한 올바른 개인위생관리로 가장 적합한 것은?

① 식품 작업 중 화장실 사용 시 위생복을 착용한다.
② 설사증이 있을 때에는 약을 복용한 후 식품을 취급한다.
③ 식품 취급 시 장신구는 순금제품을 착용한다.
④ 정기적으로 건강검진을 받는다.

답안표기란

51	①	②	③	④
52	①	②	③	④
53	①	②	③	④
54	①	②	③	④
55	①	②	③	④
56	①	②	③	④
57	①	②	③	④
58	①	②	③	④
59	①	②	③	④
60	①	②	③	④

PART 05

제3회 제빵기능사 CBT 모의고사

(QR) 자격종목	시험시간	문항수	점수
제빵기능사	60분	60문항	

1. 스펀지법에서 스펀지 반죽의 가장 적합한 반죽 온도는? 빈출

   ① 13~15℃ ② 18~20℃
   ③ 23~25℃ ④ 30~32℃

2. 일반적으로 작은 규모의 제과점에서 사용하는 믹서는? 빈출

   ① 수직형 믹서
   ② 수평형 믹서
   ③ 초고속 믹서
   ④ 커터 믹서

3. 식빵의 밑이 움푹 패이는 원인이 아닌 것은?

   ① 2차 발효실의 습도가 높을 때
   ② 팬의 바닥에 수분이 있을 때
   ③ 오븐 바닥열이 약할 때
   ④ 팬에 기름칠을 하지 않을 때

4. 1차 발효 중에 펀치를 하는 이유는? 

   ① 반죽의 온도를 높이기 위해
   ② 이스트를 활성화시키기 위해
   ③ 효소를 불활성화시키기 위해
   ④ 탄산가스 축적을 증가시키기 위해

5. 다음 제빵 공정 중 시간보다 상태로 판단하는 것이 좋은 공정은?

   ① 포장 ② 분할
   ③ 2차 발효 ④ 성형

6. 오븐 온도가 낮을 때 제품에 미치는 영향은? 

   ① 2차 발효가 지나친 것과 같은 현상이 나타난다.
   ② 껍질이 급격히 형성된다.
   ③ 제품의 옆면이 터지는 현상이다.
   ④ 제품의 부피가 작아진다.

7. 2차 발효가 과다할 때 일어나는 현상이 아닌 것은? 

   ① 옆면이 터진다.
   ② 색상이 여리다.
   ③ 신 냄새가 난다.
   ④ 오븐에서 주저앉기 쉽다.

8. 다음 중 정상적인 스펀지 반죽을 발효시키는 동안 스펀지 내부의 온도 상승은 어느 정도가 가장 바람직한가?

   ① 1~2℃
   ② 4~6℃
   ③ 8~10℃
   ④ 12~14℃

9. 빵 반죽의 이스트 발효 시 주로 생성되는 물질은? 

   ① 물 + 이산화탄소
   ② 알코올 + 이산화탄소
   ③ 알코올 + 물
   ④ 알코올 + 글루텐

답안표기란

1	① ② ③ ④
2	① ② ③ ④
3	① ② ③ ④
4	① ② ③ ④
5	① ② ③ ④
6	① ② ③ ④
7	① ② ③ ④
8	① ② ③ ④
9	① ② ③ ④

10. 굽기의 실패 원인 중 빵의 부피가 작고 껍질 색이 짙으며 껍질이 부스러지고 약해지기 쉬운 결과가 생기는 원인은?

① 높은 오븐열
② 불충분한 오븐열
③ 너무 많은 증기
④ 불충분한 열의 분배

11. 미국식 데니시 페이스트리 제조 시 반죽 무게에 대한 충전용 유지(롤인 유지)의 사용 범위로 가장 적합한 것은? 빈출

① 10~15%
② 20~40%
③ 45~60%
④ 60~80%

12. 직접반죽법에 의한 발효 시 가장 먼저 발효되는 당은? 빈출

① 맥아당(maltose)
② 포도당(glucose)
③ 과당(fructose)
④ 갈락토오스(galactose)

13. 다음 중 연속식 제빵법의 특징이 아닌 것은? 빈출

① 발효 손실 감소
② 설비, 설비공간 및 설비면적 감소
③ 노동력 감소
④ 일시적 기계 구입 비용의 경감

14. 식빵 반죽 표피에 수포가 생긴 이유로 적합한 것은?

① 2차 발효실 상대습도가 높았다.
② 2차 발효실 상대습도가 낮았다.
③ 1차 발효실 상대습도가 높았다.
④ 1차 발효실 상대습도가 낮았다.

15. 다음 중 굽기 과정에서 일어나는 변화로 틀린 것은? 빈출

① 글루텐이 응고된다.
② 반죽의 온도가 90℃일 때 효소의 활성이 증가한다.
③ 오븐 팽창이 일어난다.
④ 향이 생성된다.

16. 빵을 구웠을 때 갈변이 되는 것은 어떤 반응에 의한 것인가? 빈출

① 비타민 C의 산화에 의하여
② 효모에 의한 갈색반응에 의하여
③ 마이야르(maillard) 반응과 캐러멜화 반응이 동시에 일어나서
④ 클로로필(chlorophyll)이 열에 의해 변성되어서

17. 베이커스 퍼센트(baker's percent)에 대한 설명으로 옳은 것은? 빈출

① 전체 재료의 양을 100%로 하는 것이다.
② 물의 양을 100%로 하는 것이다.
③ 밀가루의 양을 100%로 하는 것이다.
④ 물과 밀가루의 양의 합을 100%로 하는 것이다.

18. 다음 중 발효 시간을 연장시켜야 하는 경우는? 빈출

① 식빵 반죽 온도가 27℃이다.
② 발효실 온도가 24℃이다.
③ 이스트 푸드가 충분하다.
④ 1차 발효실 상대습도가 80%이다.

19. 수돗물 온도 18℃, 사용할 물 온도 9℃, 사용 물의 양 10kg일 때 얼음 사용량은?

① 0.81kg ② 0.92kg
③ 1.11kg ④ 1.21kg

답안표기란

10	①	②	③	④
11	①	②	③	④
12	①	②	③	④
13	①	②	③	④
14	①	②	③	④
15	①	②	③	④
16	①	②	③	④
17	①	②	③	④
18	①	②	③	④
19	①	②	③	④

20. 탈지분유를 빵에 넣으면 발효 시 pH 변화에 어떤 영향을 미치는가? 빈출

① pH 저하를 촉진시킨다.
② pH 상승을 촉진시킨다.
③ pH 변화에 대한 완충 역할을 한다.
④ pH가 중성을 유지하게 된다.

21. 빵의 관능적 평가법에서 외부적 특성을 평가하는 항목으로 틀린 것은? 빈출

① 대칭성
② 껍질 색상
③ 껍질 특성
④ 맛

22. 식빵 반죽을 분할할 때 처음에 분할한 반죽과 나중에 분할한 반죽은 숙성도의 차이가 크므로 단시간 내에 분할해야 하는데, 몇 분 이내로 완료하는 것이 가장 좋은가? 빈출

① 2~7분
② 8~13분
③ 15~20분
④ 25~30분

23. 다음은 어떤 공정의 목적인가?

자른 면의 점착성을 감소시키고 표피를 형성하여 탄력을 유지시킨다.

① 분할
② 둥글리기
③ 중간 발효
④ 정형

24. 데니시 페이스트리에서 롤인 유지 함량 및 접기 횟수에 대한 내용 중 틀린 것은? 빈출

① 롤인 유지 함량이 증가할수록 제품 부피는 증가한다.
② 롤인 유지 함량이 적어지면 같은 접기 횟수에서 제품의 부피가 감소한다.
③ 같은 롤인 유지 함량에서는 접기 횟수가 증가할수록 부피는 증가하다 최고점을 지나면 감소한다.
④ 롤인 유지 함량이 많은 것이 롤인 유지 함량이 적은 것보다 접기 횟수가 증가함에 따라 부피가 증가하다가 최고점을 지나면 급격히 감소한다.

25. 모닝빵을 1,000개 만드는 데 한 사람이 3시간 걸렸다. 1,500개 만드는 데 30분 내에 끝내려면 몇 사람이 작업해야 하는가? 빈출

① 2명
② 3명
③ 9명
④ 15명

26. 냉동제법에서 믹싱 다음 단계의 공정은? 빈출

① 1차 발효
② 분할
③ 해동
④ 2차 발효

27. 식빵의 온도를 28℃까지 냉각한 후 포장할 때 식빵에 미치는 영향은? 빈출

① 노화가 일어나서 빨리 딱딱해진다.
② 빵에 곰팡이가 쉽게 발생한다.
③ 빵의 모양이 찌그러지기 쉽다.
④ 식빵을 슬라이스하기 어렵다.

답안표기란

20	①	②	③	④
21	①	②	③	④
22	①	②	③	④
23	①	②	③	④
24	①	②	③	④
25	①	②	③	④
26	①	②	③	④
27	①	②	③	④

28. 같은 밀가루로 식빵, 불란서빵을 만들 경우, 식빵의 가수율이 63%였다면 불란서빵의 가수율을 얼마로 하는 것이 가장 좋은가?

① 61% ② 63%
③ 65% ④ 67%

29. 다음 중 반죽 발효에 영향을 주지 않는 재료는? 빈출

① 쇼트닝
② 설탕
③ 이스트
④ 이스트 푸드

30. β-아밀라아제의 설명으로 틀린 것은? 빈출

① 전분이나 덱스트린을 맥아당으로 만든다.
② 아밀로오스의 말단에서 시작하여 포도당 2분자씩을 끊어가면서 분해한다.
③ 전분의 구조가 아밀로펙틴인 경우 약 52%까지만 가수분해한다.
④ 액화효소 또는 내부 아밀라아제라고도 한다.

31. 비터 초콜릿(Bitter Chocolate) 32% 중에는 코코아가 약 얼마 정도 함유되어 있는가? 빈출

① 8%
② 16%
③ 20%
④ 24%

32. 다음 중 신선한 달걀의 특징으로 옳은 것은? 빈출

① 난각 표면에 광택이 없고 선명하다.
② 난각 표면이 매끈하다.
③ 난각에 광택이 있다.
④ 난각 표면에 기름기가 있다.

33. 밀가루 반죽의 탄성을 강하게 하는 재료가 아닌 것은? 빈출

① 비타민 A ② 레몬즙
③ 칼슘염 ④ 식염

34. 다음 중 이스트의 영양원이 되는 물질은? 

① 인산칼슘
② 소금
③ 황산암모늄
④ 브로민산칼슘

35. 밀가루의 일반적인 자연숙성 기간은?

① 1~2주
② 2~3개월
③ 4~5개월
④ 5~6개월

36. 산화제를 사용하면 두 개의 -SH기가 S-S 결합으로 바뀌게 되는데, 이와 같은 반응이 일어나는 것은 무엇에 의한 것인가?

① 밀가루의 단백질
② 밀가루의 전분
③ 고구마 전분
④ 감자 전분

37. 제빵 제조 시 물의 기능이 아닌 것은? 빈출

① 글루텐 형성을 돕는다.
② 반죽 온도를 조절한다.
③ 이스트의 먹이 역할을 한다.
④ 효소 활성화에 도움을 준다.

38. 젤리를 제조하는 데 당분 60~65%, 펙틴 1.0~1.5%일 때 가장 적합한 pH는? 빈출

① pH 1.0 ② pH 3.2
③ pH 7.8 ④ pH 10.0

답안표기란

28 ① ② ③ ④
29 ① ② ③ ④
30 ① ② ③ ④
31 ① ② ③ ④
32 ① ② ③ ④
33 ① ② ③ ④
34 ① ② ③ ④
35 ① ② ③ ④
36 ① ② ③ ④
37 ① ② ③ ④
38 ① ② ③ ④

39. 달걀 흰자의 조성과 가장 거리가 먼 것은?

① 오브알부민
② 콘알부민
③ 라이소자임
④ 카로틴

40. 제과제빵에서 달걀의 역할로만 묶인 것은?

① 영양가치 증가, 유화역할, pH 강화
② 영양가치 증가, 유화역할, 조직 강화
③ 영양가치 증가, 조직 강화, 방부효과
④ 유화역할, 조직 강화, 발효 시간 단축

41. 식용유지로 튀김요리를 반복할 때 발생하는 현상이 아닌 것은? 빈출

① 발연점 상승
② 유리지방산 생성
③ 카르보닐화합물 생성
④ 점도 증가

42. 패리노그래프에 관한 설명 중 틀린 것은? 빈출

① 흡수율 측정
② 믹싱 시간 측정
③ 믹싱 내구성 측정
④ 전분의 점도 측정

43. 지질의 대사산물이 아닌 것은? 빈출

① 물 ② 수소
③ 이산화탄소 ④ 에너지

44. 밀의 제1 제한아미노산은 무엇인가? 빈출

① 메티오닌(methionine)
② 라이신(lysine)
③ 발린(valine)
④ 류신(leucine)

45. 단백질 효율(PER)은 무엇을 측정하는 것인가?

① 단백질의 질
② 단백질의 열량
③ 단백질의 양
④ 아미노산 구성

46. 단백질의 소화효소 중 췌장에서 분비되고, 아르기닌 등 염기성 아미노산의 COOH기에서 만들어진 펩타이드(peptide) 결합을 분해하는 효소는? 빈출

① 트립신(trypsin)
② 펩신(pepsin)
③ 아미노펩티다아제(amino-peptidase)
④ 카르복시펩티다아제(carboxy-peptidase)

47. 1일 2,000kcal를 섭취하는 성인의 경우 탄수화물의 적절한 섭취량은?

① 1,100~1,400g
② 850~1,050g
③ 500~1,250g
④ 275~350g

48. 올리고당류의 특징으로 가장 거리가 먼 것은?

① 청량감이 있다.
② 감미도가 설탕보다 20~30% 낮다.
③ 설탕에 비해 항충치성이 있다.
④ 장내 비피더스균의 증식을 억제한다.

49. 유당불내증이 있는 사람에게 적합한 식품은? 빈출

① 우유 ② 크림소스
③ 요구르트 ④ 크림스프

50. 비타민 C가 가장 많이 함유되어 있는 식품은? 빈출

① 풋고추 ② 사과
③ 미역 ④ 양배추

답안표기란

39	①	②	③	④
40	①	②	③	④
41	①	②	③	④
42	①	②	③	④
43	①	②	③	④
44	①	②	③	④
45	①	②	③	④
46	①	②	③	④
47	①	②	③	④
48	①	②	③	④
49	①	②	③	④
50	①	②	③	④

51. 제과에 많이 사용되는 우유의 위생과 관련된 설명 중 옳은 것은?

① 우유는 자기살균작용이 있어 열처리된 우유는 위생상 크게 문제되지 않는다.
② 사료나 환경으로부터 우유를 통해 유해성 화학물질이 전달될 수 있다.
③ 우유의 살균 방법은 병원균 중 가장 저항성이 큰 포도상구균을 기준으로 마련되었다.
④ 저온살균을 하면 우유 1ml당 약 102마리의 세균이 살아남는다.

52. 식품시설에서 교차오염을 예방하기 위한 방법으로 바람직한 것은?

① 작업장은 최소한의 면적을 확보함
② 냉수 전용 수세 설비를 갖춤
③ 작업 흐름을 일정한 방향으로 배치함
④ 불결 작업과 청결 작업이 교차하도록 함

53. 생산공장시설의 효율적 배치에 대한 설명 중 적합하지 않은 것은?

① 작업용 바닥 면적은 그 장소를 이용하는 사람들의 수에 따라 달라진다.
② 판매장소와 공장의 면적 배분은 판매 3 : 공장 1의 비율로 구성되는 것이 바람직하다.
③ 공장의 소요 면적은 주방 설비의 설치 면적과 기술자의 작업을 위한 공간 면적으로 이루어진다.
④ 공장의 모든 업무가 효과적으로 진행되기 위한 기본은 주방의 위치와 규모에 대한 설계이다.

54. 세균성 식중독에 관한 설명 중 옳은 것은?

① 황색포도상구균(Staphylococcus aureus) 식중독은 치사율이 아주 높다.
② 보툴리누스균(Clostridium botulinum)이 생산하는 독소는 열에 아주 강하다.
③ 장염 비브리오균(Vibrio parahaemolyticus)은 감염형 식중독이다.
④ 여시니아균(Yersinia enterocolitica)은 냉장온도와 진공 포장에서는 증식이 멈춘다.

55. 「식품위생법」에서 식품 등의 공전은 누가 작성, 보급하는가? 빈출

① 보건복지부장관
② 식품의약품안전처장
③ 국립보건원장
④ 시 · 도지사

56. 식품첨가물을 수입할 경우 누구에게 신고해야 하는가? 빈출

① 서울특별시장 및 도지사
② 관할 검역소장
③ 보건복지부장관
④ 시장 및 도지사

57. 대장균 O-157이 내는 독성물질은?

① 베로톡신
② 테트로도톡신
③ 삭시톡신
④ 베네루핀

58. 주로 돼지고기를 익혀 먹지 않아서 감염되며 머리가 구형으로 22~32개의 갈고리를 가지고 있어서 갈고리 촌충이라고도 불리는 기생충은?

① 무구조충
② 유구조충
③ 간디스토마
④ 선모충

59. 다음 중 메주의 독소로 알맞은 것은?

① 고시폴(Gossypol)
② 아플라톡신(Aflatoxin)
③ 솔라닌(Solanine)
④ 에르고톡신(Ergotoxine)

60. 장티푸스에 대한 일반적인 설명으로 잘못된 것은?

① 잠복기간은 7~14일이다.
② 사망률은 10~20%이다.
③ 앓고 난 뒤 강한 면역이 생긴다.
④ 예방할 수 있는 백신은 개발되어 있지 않다.

답안표기란				
51	①	②	③	④
52	①	②	③	④
53	①	②	③	④
54	①	②	③	④
55	①	②	③	④
56	①	②	③	④
57	①	②	③	④
58	①	②	③	④
59	①	②	③	④
60	①	②	③	④

제1회 제과기능사 CBT 모의고사

	자격종목	시험시간	문항수	점수
	제과기능사	60분	60문항	

1. 유화제를 사용하는 목적이 아닌 것은? 빈출

① 빵이나 케이크를 부드럽게 한다.
② 빵이나 케이크가 노화되는 것을 지연시킬 수 있다.
③ 물과 기름이 잘 혼합되게 한다.
④ 달콤한 맛이 나게 하는 데 사용한다.

2. 달걀에 대한 설명 중 옳은 것은?

① 흰자는 대부분이 물이고 그 다음 많은 성분은 지방질이다.
② 껍데기는 대부분 탄산칼슘으로 이루어져 있다.
③ 노른자에 가장 많은 것은 단백질이다.
④ 흰자보다 노른자 중량이 더 크다.

3. 잎을 건조해서 만든 향신료는? 빈출

① 넛메그
② 메이스
③ 계피
④ 오레가노

4. 껍데기를 포함한 무게가 60g인 달걀 1개의 가식 부분은 몇 g 정도인가? 빈출

① 36g
② 43g
③ 48g
④ 54g

5. 베이킹파우더(Baking Powder)에 대한 설명으로 틀린 것은?

① 베이킹파우더의 팽창력은 이산화탄소에 의한 것이다.
② 케이크나 쿠키를 만드는 데 많이 사용된다.
③ 과량의 산은 반죽의 pH를 높게, 과량의 중조는 pH를 낮게 만든다.
④ 소다가 기본이 되고 여기에 산을 첨가하여 중화가를 맞추어 놓은 것이다.

6. 육두구과 상록활엽교목에 맺히는 종자를 말리면 넛메그가 된다. 이 넛메그의 종자를 싸고 있는 빨간 껍질을 말린 향신료는?

① 클로브
② 생강
③ 시나몬
④ 메이스

7. 다음 중 코팅용 초콜릿이 갖추어야 하는 성질은? 빈출

① 융점이 겨울에는 낮고, 여름에는 높은 것
② 융점이 겨울에는 높고, 여름에는 낮은 것
③ 융점이 항상 높은 것
④ 융점이 항상 낮은 것

8. 베이킹파우더가 반응을 일으키면 발생하는 가스는?

① 질소가스
② 탄산가스
③ 암모니아가스
④ 산소가스

답안표기란

1	①	②	③	④
2	①	②	③	④
3	①	②	③	④
4	①	②	③	④
5	①	②	③	④
6	①	②	③	④
7	①	②	③	④
8	①	②	③	④

9. 버터를 쇼트닝으로 대치하려 할 때 고려해야 할 재료와 거리가 먼 것은? 빈출

① 수분
② 소금
③ 유지고형질
④ 유당

10. 커스터드크림에서 달걀은 주로 어떤 역할을 하는가? 빈출

① 결합제
② 쇼트닝 작용
③ 저장성
④ 팽창제

11. 휘핑용 생크림에 대한 설명 중 틀린 것은? 

① 기포성을 이용하여 제조한다.
② 유지방이 기포 형성의 주체이다.
③ 거품의 품질 유지를 위해 높은 온도에서 보관한다.
④ 유지방 40% 이상의 진한 생크림을 쓰는 것이 좋다.

12. 다음 중 유지를 고온으로 계속 가열하였을 때 점차 낮아지는 것은? 빈출

① 산가
② 발연점
③ 점도
④ 과산화물가

13. 생크림에 대한 설명으로 옳지 않은 것은?

① 생크림은 냉장온도에서 보관하여야 한다.
② 생크림은 우유로 제조한다.
③ 생크림의 유지방 함량은 82% 정도이다.
④ 유사 생크림은 팜유, 코코넛유 등 식물성 기름을 사용하여 만든다.

14. 우유 중 제품의 껍질 색을 개선해 주는 성분은? 

① 칼슘
② 유당
③ 유지방
④ 광물질

15. 젤리화의 요소가 아닌 것은? 

① 염류
② 펙틴류
③ 당분류
④ 유기산류

16. 다음 중 설탕을 포도당과 과당으로 분해하여 만든 당으로 감미도와 수분 보유력이 높은 것은?

① 황설탕
② 전화당
③ 정백당
④ 빙당

17. 제과에 많이 쓰이는 럼주의 원료는? 

① 타피오카
② 옥수수 전분
③ 포도당
④ 당밀

18. 일반적인 버터의 수분 함량은? 

① 18% 이하
② 24% 이하
③ 32% 이하
④ 40% 이하

19. 다음 중 감미가 가장 강한 것은? 

① 포도당
② 맥아당
③ 설탕
④ 과당

답안표기란

9	① ② ③ ④
10	① ② ③ ④
11	① ② ③ ④
12	① ② ③ ④
13	① ② ③ ④
14	① ② ③ ④
15	① ② ③ ④
16	① ② ③ ④
17	① ② ③ ④
18	① ② ③ ④
19	① ② ③ ④

20. 다음 혼성주 중 오렌지 성분을 원료로 하여 만들지 않는 것은? 빈출

① 그랑 마니에르(Grand Marnier)
② 쿠앵트로(Cointreau)
③ 마라스키노(Maraschino)
④ 큐라소(Curacao)

21. 열대성 다년초의 다육질 뿌리로, 매운맛과 특유의 방향을 가지고 있는 향신료는? 빈출

① 계피 ② 생강
③ 넛메그 ④ 올스파이스

22. 우유에 대한 설명으로 옳은 것은?

① 우유 단백질 중 가장 많은 것은 카세인이다.
② 우유의 유당은 이스트에 의해 쉽게 분해된다.
③ 시유의 현탁액은 비타민 B_2에 의한 것이다.
④ 시유의 비중은 1.3 정도이다.

23. 제과 · 제빵용 건조 재료와 팽창제 및 유지 재료를 알맞은 배합율로 균일하게 혼합한 원료는?

① 밀가루 개량제
② 팽창제
③ 향신료
④ 프리믹스

24. 다음 중 함께 계량할 때 가장 문제가 되는 재료의 조합은? 빈출

① 소금, 설탕
② 이스트, 소금
③ 밀가루, 반죽 개량제
④ 밀가루, 호밀가루

25. 파이나 퍼프 페이스트리는 무엇에 의하여 팽창되는가? 빈출

① 유지에 의한 팽창
② 이스트에 의한 팽창
③ 중조에 의한 팽창
④ 화학적 팽창

26. 다음 중 반죽형 케이크가 아닌 것은? 

① 옐로우 레이어 케이크
② 소프트 롤 케이크
③ 데블스 푸드 케이크
④ 화이트 레이어 케이크

27. 튀김용 기름의 조건으로 알맞지 않은 것은?

① 도넛에 기름기가 적게 남는 것이 유리하다.
② 발연점이 높은 기름이 유리하다.
③ 장시간 튀김에 유리지방산 생성이 적고 산패가 되지 않아야 한다.
④ 과산화물가가 높을수록 기름의 흡유율이 적어 담백한 맛이 나고 건강에 도움이 된다.

28 파운드 케이크 제조 시 유지 함량의 증가에 따른 조치가 옳은 것은?

① 소금과 베이킹파우더 증가
② 달걀 증가, 우유 감소
③ 달걀과 베이킹파우더 감소
④ 우유 증가, 소금 감소

29. 쿠키를 분당 425개 생산하는 성형기를 사용하여 5,000봉(25개/봉)을 생산하는 데 소요되는 생산시간은? (제조손실 2% 고려, 소수점 이하 반올림) 빈출

① 4시간 20분
② 4시간 50분
③ 5시간
④ 5시간 10분

30. 차아염소산 나트륨 100ppm은 몇 %인가?

① 0.1%
② 0.01%
③ 10%
④ 1%

답안표기란

20	① ② ③ ④
21	① ② ③ ④
22	① ② ③ ④
23	① ② ③ ④
24	① ② ③ ④
25	① ② ③ ④
26	① ② ③ ④
27	① ② ③ ④
28	① ② ③ ④
29	① ② ③ ④
30	① ② ③ ④

31. 박력분에 대한 설명으로 옳은 것은? 빈출

① 글루텐의 함량은 13~14%이다.
② 식빵이나 마카로니를 만들 때 사용한다.
③ 경질소맥을 제분한다.
④ 연질소맥을 제분한다.

32. 식물성 안정제가 아닌 것은? 빈출

① 젤라틴
② 펙틴
③ 한천
④ 로커스트빈검

33. 스펀지 케이크에 사용되는 필수 재료가 아닌 것은?

① 설탕 ② 달걀
③ 박력분 ④ 베이킹파우더

34. 도넛의 가장 적합한 튀김 온도는? 

① 160℃ ② 180℃
③ 200℃ ④ 130℃

35. 반죽형 반죽법과 거품형 반죽법을 혼합하여 제조한 제품은? 빈출

① 파운드 케이크
② 과일 케이크
③ 시폰 케이크
④ 스펀지 케이크

36. 다음 중 비용적이 가장 큰 케이크는?

① 스펀지 케이크
② 파운드 케이크
③ 초콜릿 케이크
④ 화이트 레이어 케이크

37. 제과 생산관리에서 제1차 관리의 3대 요소가 아닌 것은?

① 재료(Material)
② 사람(Man)
③ 자금(Money)
④ 방법(Method)

38. 제과에서 달걀의 기능이 아닌 것은? 

① 수분공급의 역할을 한다.
② 천연유화제의 기능이 있다.
③ 제품 껍질의 갈색화를 일으킨다.
④ 팽창제의 역할을 한다.

39. 반죽형 반죽에서 모든 재료를 일시에 넣고 믹싱하는 방법은? 빈출

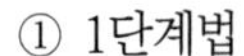
① 1단계법
② 블렌딩법
③ 크림법
④ 설탕물법

40. 제과 기기 및 도구 관리가 옳지 않은 것은?

① 스크래퍼에 흠집이 있으면 교체한다.
② 밀대의 이물질은 철수세미를 사용하여 제거한다.
③ 체는 물로 세척하여 건조시킨 후 사용한다.
④ 붓은 용도별로 구분하여 사용해야 한다.

41. 반죽의 비중과 관련이 없는 것은?

① 기공의 크기
② 완제품의 조직
③ 완제품의 부피
④ 팬 용적

42. 다음 중 질 좋은 단백질을 많이 함유하고 있는 식품은? 빈출

① 고기류 ② 쌀
③ 감자류 ④ 버섯류

답안표기란				
31	①	②	③	④
32	①	②	③	④
33	①	②	③	④
34	①	②	③	④
35	①	②	③	④
36	①	②	③	④
37	①	②	③	④
38	①	②	③	④
39	①	②	③	④
40	①	②	③	④
41	①	②	③	④
42	①	②	③	④

43. 도넛의 발한 현상을 방지하는 방법으로 틀린 것은? 빈출

① 튀김 시간을 늘린다.
② 도넛 위에 뿌리는 설탕 사용량을 늘린다.
③ 점착력이 낮은 기름을 사용한다.
④ 충분히 식히고 나서 설탕을 묻힌다.

44. 설탕 시럽 제조 시 주석산 크림을 사용하는 가장 주된 이유는?

① 시럽을 빨리 끓이기 위함이다.
② 시럽을 하얗게 만들기 위함이다.
③ 설탕을 빨리 용해시키기 위함이다.
④ 냉각 시 설탕의 재결정을 막기 위함이다.

45. 머랭(Meringue)을 만들 때 설탕을 끓여서 시럽으로 만들어 제조하는 것은? 빈출

① 스위스 머랭
② 냉제 머랭
③ 온제 머랭
④ 이탈리안 머랭

46. 버터크림의 시럽 제조 시 설탕에 대한 물 사용량으로 알맞은 것은?

① 25~30% ② 45~50%
③ 55~60% ④ 34~40%

47. 케이크 위에 파인애플, 키위 등을 사용한 후 젤라틴액을 씌울 때는 쉽게 굳지 않는데 그 이유는?

① 과일 내의 효소 때문에
② 특별한 향기 때문에
③ 색이 진하기 때문에
④ 설탕이 부족하기 때문에

48. 합성보존료가 아닌 것은? 빈출

① 데히드로초산(DHA)
② 안식향산(Benzoic Acid)
③ 소브산(Sorbic Acid)
④ 부틸하이드록시아니솔(BHA)

49. 케이크 제조에 있어 달걀의 기능으로 가장 거리가 먼 것은? 빈출

① 결합작용 ② 유화작용
③ 착색작용 ④ 팽창작용

50. 다음의 케이크 반죽 중 일반적으로 pH가 가장 낮은 것은?

① 스펀지 케이크
② 엔젤 푸드 케이크
③ 데블스 푸드 케이크
④ 파운드 케이크

51. 케이크 제조 시 반죽 온도에 영향을 미치는 주요 원인은? 빈출

① 바닐라향 에센스 온도, 베이킹파우더 온도
② 설탕 온도, 바닐라향 에센스 온도
③ 밀가루 온도, 설탕 온도
④ 베이킹파우더 온도, 분유 온도

52. 굳어진 단순 아이싱 크림을 여리게 하는 방법으로 부적합한 것은?

① 전분이나 밀가루를 넣는다.
② 중탕으로 가열한다.
③ 설탕 시럽을 더 넣는다.
④ 소량의 물을 넣고 중탕으로 가온한다.

53. 다음 중 파이 롤러를 사용하지 않는 제품은? 빈출

① 데니시 페이스트리
② 퍼프 페이스트리
③ 롤 케이크
④ 케이크 도넛

54. 다음 중 글루텐을 형성하는 단백질이 아닌 것은? 빈출

① 글리아딘(Gliadin)
② 미오신(Myosin)
③ 메소닌(Mesonin)
④ 글루테닌(Glutenin)

답안표기란

43	①	②	③	④
44	①	②	③	④
45	①	②	③	④
46	①	②	③	④
47	①	②	③	④
48	①	②	③	④
49	①	②	③	④
50	①	②	③	④
51	①	②	③	④
52	①	②	③	④
53	①	②	③	④
54	①	②	③	④

55. 제과 반죽이 너무 산성에 치우쳐 발생하는 현상과 거리가 먼 것은?

① 여린 껍질 색
② 옅은 향
③ 빈약한 부피
④ 거친 기공

56. 가수분해나 산화에 의하여 튀김기름을 나쁘게 만드는 요인이 아닌 것은? 빈출

① 온도
② 산소
③ 물
④ 비타민 E(토코페롤)

57. 과자류 제품을 제조할 때 1단계법을 사용하는 목적으로 옳은 것은?

① 노화를 지연시킨다.
② 기계의 성능은 무관하다.
③ 시간과 노동력을 절약한다.
④ 화학팽창제를 사용하지 않는다.

58. 충전물 제조 시 사용하는 농후화제가 아닌 것은? 빈출

① 타피오카 전분
② 충전용 유지
③ 옥수수 전분
④ 식물성 검류

59. 비스킷 제조에 가장 부적당한 밀가루는? 빈출

① 강력분
② 중력분
③ 박력분
④ 박력분 + 중력분

60. 튀김기름의 조건으로 틀린 것은? 빈출

① 산가가 낮아야 한다.
② 여름철에 융점이 낮은 기름을 사용해야 한다.
③ 산패에 대한 안정성이 있어야 한다.
④ 발연점이 높아야 한다.

답안표기란				
55	①	②	③	④
56	①	②	③	④
57	①	②	③	④
58	①	②	③	④
59	①	②	③	④
60	①	②	③	④

PART 05

제2회 제과기능사 CBT 모의고사

자격종목	시험시간	문항수	점수
제과기능사	60분	60문항	

답안표기란

1 ① ② ③ ④
2 ① ② ③ ④
3 ① ② ③ ④
4 ① ② ③ ④
5 ① ② ③ ④
6 ① ② ③ ④
7 ① ② ③ ④
8 ① ② ③ ④
9 ① ② ③ ④
10 ① ② ③ ④

1. 반죽의 온도가 정상보다 높을 때, 예상되는 결과는? 빈출

① 표면이 터진다.
② 기공이 밀착된다.
③ 노화가 촉진된다.
④ 부피가 작다.

2. 시폰 케이크의 적정 비중으로 옳은 것은? 빈출

① 0.50~0.60
② 0.70~0.80
③ 0.60~0.70
④ 0.40~0.50

3. HACCP에 대한 설명 중 틀린 것은?

① 사후처리의 완벽을 추구한다.
② 원료부터 유통의 전 과정에 대한 관리이다.
③ 식품위생의 수준을 향상시킬 수 있다.
④ 종합적인 위생관리체계이다.

4. 과일 파운드 케이크에서 건포도의 전처리 목적이 아닌 것은? 빈출

① 반죽의 색깔을 개선한다.
② 반죽과 건포도 사이의 수분 이동을 방지한다.
③ 씹는 조직감을 개선한다.
④ 과일 원래의 풍미를 되살아나게 도와준다.

5. 포도당을 합성할 수 있는 아미노산은? 빈출

① 알라닌
② 메티오닌
③ 트립토판
④ 페닐알라닌

6. 흰자로 거품형의 머랭을 만들고 노른자는 반죽형으로 만들어 두 가지 반죽을 혼합한 믹싱법은? 빈출

① 시폰법　② 공립법
③ 별립법　④ 단단계법

7. 파리가 전파하는 질병이 아닌 것은? 빈출

① 발진티푸스
② 파라티푸스
③ 회충
④ 결핵

8. 쥐를 매개체로 감염되는 질병이 아닌 것은? 빈출

① 돈단독증
② 쯔쯔가무시병
③ 렙토스피라증
④ 신증후군출혈열(유행성출혈열)

9. 다음 제품 중 성형하여 팬닝할 때 반죽의 간격을 가장 충분히 유지하여야 하는 제품은? 빈출

① 슈
② 핑거 쿠키
③ 오믈렛
④ 쇼트 브레드 쿠키

10. 식품 및 축산물 안전관리인증기준을 제·개정하여 고시하는 자는?

① 시장, 군수 또는 구청장
② 식품의약품안전처장
③ 한국식품안전관리인증원장
④ 보건복지부장관

11. 각 식품별 부족한 영양소의 연결이 틀린 것은?

① 채소류 - 메티오닌
② 옥수수 - 트립토판
③ 콩류 - 트레오닌
④ 곡류 - 라이신

12. 우유 중 제품의 껍질 색을 개선시켜 주는 성분은? 빈출

① 유지방 ② 칼슘
③ 유당 ④ 광물질

13. 제과제빵에서 공장의 입지 조건으로 고려할 사항과 가장 거리가 먼 것은?

① 인원 수급 문제
② 폐수처리 시설
③ 주변에 밀 경작 여부
④ 상수도 시설

14. 식품의 변질에 관여하는 요인과 거리가 먼 것은? 빈출

① 산소 ② pH
③ 압력 ④ 수분

15. 빵의 노화 현상과 거리가 먼 것은? 

① 빵의 내부조직 변화
② 빵의 풍미 저하
③ 곰팡이 번식에 의한 변화
④ 빵 껍질의 변화

16. 굽기에 대한 설명으로 가장 적합한 것은? 

① 고율배합은 낮은 온도에서 단시간 굽는다.
② 고율배합은 높은 온도에서 장시간 굽는다.
③ 저율배합은 낮은 온도에서 장시간 굽는다.
④ 저율배합은 높은 온도에서 단시간 굽는다.

17. 다음 중 베이킹파우더를 더 많이 사용해도 좋은 경우는?

① 강력분 사용량을 증가시킬 경우
② 분유 사용량을 감소시킬 경우
③ 크림성이 좋은 버터를 사용할 경우
④ 달걀 사용량을 증가시킬 경우

18. 다음 중 제품의 비중이 틀린 것은? 

① 파운드 케이크 : 0.75~0.85
② 레이어 케이크 : 0.8~0.9
③ 젤리 롤 케이크 : 0.7~0.8
④ 시폰 케이크 : 0.45~0.5

19. 장티푸스 질환의 특성은?

① 만성 간염 질환
② 급성 전신성 열성질환
③ 급성 간염 질환
④ 급성 이완성 마비질환

20. 다음 제품 중 반죽 희망 온도가 가장 낮은 것은? 

① 파운드 케이크
② 카스텔라
③ 슈
④ 퍼프 페이스트리

21. 다음 중 식물계에는 존재하지 않는 당은?

① 유당 ② 과당
③ 맥아당 ④ 설탕

22. 산화방지제와 거리가 먼 것은? 

① 디부틸히드록시톨루엔(BHT)
② 비타민 A
③ 몰식자산프로필(propyl gallate)
④ 부틸히드록시아니솔(BHA)

답안표기란	
11	① ② ③ ④
12	① ② ③ ④
13	① ② ③ ④
14	① ② ③ ④
15	① ② ③ ④
16	① ② ③ ④
17	① ② ③ ④
18	① ② ③ ④
19	① ② ③ ④
20	① ② ③ ④
21	① ② ③ ④
22	① ② ③ ④

23. 유지의 크림성에 대한 설명 중 틀린 것은?

① 크림이 되면 부드러워지고 부피가 커진다.
② 액상 기름은 크림성이 없다.
③ 유지에 공기가 혼입되면 빛이 난반사되어 하얀색으로 보이는 현상을 크림화라고 한다.
④ 버터는 크림싱이 가장 뛰어나다.

24. 커스터드크림에서 달걀의 주요 역할은? 빈출

① 팽창제의 역할
② 저장성을 높이는 역할
③ 결합제의 역할
④ 영양가를 높이는 역할

25. 다음 중 3절 5회 밀어 편 퍼프 페이스트리의 결의 수는 대략 얼마인가?

① 81겹
② 15겹
③ 27겹
④ 243겹

26. 도넛의 포장 시 발한 현상을 방지하기 위한 도넛의 수분 함량으로 알맞은 것은? 빈출

① 16~20%
② 21~25%
③ 26~38%
④ 11~16%

27. 다음 중 발병 시 감염성이 가장 낮은 것은? 빈출

① 콜레라
② 폴리오
③ 납 중독
④ 장티푸스

28. 빵의 제조과정에서 빵 반죽을 분할기에서 분할할 때 달라붙지 않게 하는 식품첨가물은? 빈출

① 추출용제
② 피막제
③ 증점제
④ 이형제

29. 완제품 600g짜리 파운드 케이크 1,200개를 만들고자 할 때 완제품의 총 무게는?

① 540kg ② 600kg
③ 450kg ④ 720kg

30. 다음 중 지방 분해효소는? 빈출

① 프로테아제
② 치마아제
③ 말타아제
④ 리파아제

31. 멸균에 대한 설명으로 옳은 것은? 빈출

① 미생물의 생육을 저지시키는 것
② 모든 미생물을 완전히 사멸시키는 것
③ 오염된 물질을 세척하는 것
④ 물리적 방법으로 병원체를 감소시키는 것

32. 옥수수 단백질(Zein)에서 부족하기 쉬운 아미노산은? 빈출

① 트립토판 ② 트레오닌
③ 메티오닌 ④ 라이신

33. 밀가루에 함유된 단백질과 물이 결합하여 형성한 단백질은? 빈출

① 글로불린 ② 카세인
③ 글루텐 ④ 알부민

답안표기란

23	①	②	③	④
24	①	②	③	④
25	①	②	③	④
26	①	②	③	④
27	①	②	③	④
28	①	②	③	④
29	①	②	③	④
30	①	②	③	④
31	①	②	③	④
32	①	②	③	④
33	①	②	③	④

34. 설탕 120%, 유화 쇼트닝 60%, 초콜릿 32%를 사용하는 초콜릿 케이크에서 탈지분유 사용량은?

① 12.4%
② 8.4%
③ 11.4%
④ 10.4%

35. 다음 중 과자 반죽을 밀어 펴는 기계는? 빈출

① 파이 롤러(pie roller)
② 도우 컨디셔너(dough conditioner)
③ 도우 리프트(dough lift)
④ 도킹(docking)

36. 다음 중 호밀빵에 주로 사용하는 향신료는?

① 오레가노
② 크레송
③ 민트
④ 캐러웨이

37. 포자형성균의 멸균에 알맞은 소독법은? 빈출

① 희석법
② 고압증기멸균법
③ 저온소독법
④ 자비소독법

38. 케이크 제품의 기공이 조밀하고 속이 축축한 결점의 원인이 아닌 것은?

① 액체 재료 사용량 과다
② 너무 높은 오븐 온도
③ 달걀 함량의 부족
④ 과도한 액체당 사용

39. 밀가루와 유지를 먼저 믹싱한 후 다른 건조 재료와 액체 재료 일부를 투입하여 믹싱하는 것으로, 유연감을 우선으로 하는 제품에 많이 사용하는 믹싱법은? 빈출

① 1단계법
② 블렌딩법
③ 설탕물법
④ 크림법

40. 이스트의 가스 생산과 보유를 고려할 때 제빵에서 가장 좋은 물의 경도는?

① 0~60ppm
② 180ppm 이상(영구)
③ 180ppm 이상(일시)
④ 120~180ppm

41. 식물성 자연독의 관계가 틀린 것은? 빈출

① 청매 - 리신
② 목화씨 - 고시폴
③ 독버섯 - 무스카린
④ 감자 - 솔라닌

42. 일반적으로 식중독 원인 세균이 가장 잘 자라는 온도 범위는? 빈출

① 0~10℃
② 11~20℃
③ 26~36℃
④ 39~46℃

43. 열원으로 찜(수증기)을 이용했을 때의 주 열전달 방식은?

① 전도
② 대류
③ 초음파
④ 복사

답안표기란

34	①	②	③	④
35	①	②	③	④
36	①	②	③	④
37	①	②	③	④
38	①	②	③	④
39	①	②	③	④
40	①	②	③	④
41	①	②	③	④
42	①	②	③	④
43	①	②	③	④

44. 빵 · 과자의 윗면을 아이싱하는 데 쓰이는 퐁당을 만들 때 설탕 시럽은 몇 ℃ 정도로 끓이는 것이 가장 적당한가?

① 124℃
② 116℃
③ 112℃
④ 96℃

45. 초콜릿을 템퍼링한 효과에 대한 설명 중 틀린 것은? 빈출

① 광택이 좋고 내부조직이 조밀하다.
② 팻 블룸(fat bloom)이 일어나지 않는다.
③ 안정한 결정이 많고 결정형이 일정하다.
④ 입안에서의 용해성이 나쁘다.

46. 다음 중 크림법을 사용하여 만들 수 있는 제품은? 빈출

① 파운드 케이크
② 엔젤 푸드 케이크
③ 버터 스펀지 케이크
④ 슈

47. 레이어 케이크 제조 시 물의 기능이 아닌 것은? 빈출

① 제품의 구조력 증가
② 제품의 유연성 증가
③ 제품의 수율 증가
④ 제품의 노화 지연

48. 빵 반죽용 믹서의 부대 기구가 아닌 것은?

① 휘퍼
② 스크래퍼
③ 비터
④ 훅

49. 중조 1.2%를 사용하는 배합 비율의 팽창제를 베이킹파우더로 대체하고자 할 경우 사용량으로 알맞은 것은? 빈출

① 3.6%
② 1.8%
③ 2.5%
④ 4.2%

50. 다음 중 독소형 세균성 식중독에 해당되는 것은? 빈출

① 리스테리아균
② 비브리오균
③ 클로스트리디움 페르프린젠스균
④ 병원성 대장균

51. 밀가루의 흡수율을 알 수 있는 기계는? 빈출

① 익스텐소그래프
② 패리노그래프
③ 아밀로그래프
④ 믹소그래프

52. 인수공통감염병 중 오염된 우유나 유제품을 통해 사람에게 감염되는 것은? 빈출

① 결핵
② 야토병
③ 구제역
④ 탄저

53. 식물성 기름을 원료로 하여 마가린, 쇼트닝을 제조할 때 생성되어 건강에 나쁜 영향을 주는 것은? 빈출

① 트랜스지방
② 시스지방
③ 불포화지방
④ 포화지방

답안표기란

44	①	②	③	④
45	①	②	③	④
46	①	②	③	④
47	①	②	③	④
48	①	②	③	④
49	①	②	③	④
50	①	②	③	④
51	①	②	③	④
52	①	②	③	④
53	①	②	③	④

54. 밀가루 성분 중 함량이 많을수록 노화가 촉진되는 것은? 빈출

① 단백질
② 수분
③ 아밀로오스
④ 비수용성 펜토산

55. 스펀지 케이크를 부풀리는 방법은? 

① 이스트에 의한 방법
② 화학팽창제에 의한 방법
③ 수증기 팽창에 의한 방법
④ 달걀의 기포성에 의한 방법

56. 다음 중 비중이 높은 제품의 특징이 아닌 것은? 

① 껍질 색이 진하다.
② 제품이 단단하다.
③ 기공이 조밀하다.
④ 부피가 작다.

57. 화학적 식중독에 대한 설명으로 잘못된 것은?

① 인공감미료 중 사이클라메이트는 발암성이 문제되어 사용이 금지되어 있다.
② 유해색소의 경우 급성 독성은 문제가 되나 소량을 연속적으로 섭취할 경우 만성 독성의 문제는 없다.
③ 유해성 표백제인 롱가릿 사용 시 포르말린이 오래도록 식품에 잔류할 가능성이 있으므로 위험하다.
④ 유해성 보존료인 포름알데히드는 식품에 첨가할 수 없으며 플라스틱 용기로부터 식품 중에 용출되는 것도 규제하고 있다.

58. 우유 단백질 중 카세인의 함량은? 

① 약 50%
② 약 45%
③ 약 95%
④ 약 80%

59. 다음 중 케이크 아이싱에 주로 사용되는 것은? 빈출

① 프랄린
② 마지팬
③ 글레이즈
④ 휘핑크림

60. 당과 산에 의해서 젤을 형성하여 젤화제, 증점제, 안정제 등으로 사용되는 것은? 빈출

① 펙틴
② 한천
③ 젤라틴
④ 씨엠씨(C.M.C)

답안표기란	
54	① ② ③ ④
55	① ② ③ ④
56	① ② ③ ④
57	① ② ③ ④
58	① ② ③ ④
59	① ② ③ ④
60	① ② ③ ④

제3회 제과기능사 CBT 모의고사

	자격종목	시험시간	문항수	점수
	제과기능사	60분	60문항	

1. 다음 중 식품위생균 검사의 위생지표세균으로 부적합한 것은? 빈출

① 분변계 대장균
② 장염 비브리오균
③ 장구균
④ 대장균

2. 도넛 글레이즈의 사용 온도로 가장 적합한 것은?

① 18℃ ② 38℃
③ 72℃ ④ 48℃

3. 발효가 부패와 다른 점은?

① 성분의 변화가 일어난다.
② 단백질의 변화반응이다.
③ 미생물이 작용한다.
④ 생산물을 식용으로 한다.

4. 리놀렌산(Linolenic acid)의 급원 식품으로 가장 적합한 것은? 빈출

① 라드
② 들기름
③ 면실유
④ 해바라기씨유

5. 다음 제품 중 건조 방지를 목적으로 나무틀을 사용하여 굽기를 하는 제품은? 빈출

① 카스텔라
② 슈
③ 밀푀유
④ 퍼프 페이스트리

6. 다음 중 인체 내에서 합성할 수 없으므로 식품으로 섭취해야 하는 지방산이 아닌 것은? 빈출

① 아라키돈산(Arachidonic Acid)
② 올레산(Oleic Acid)
③ 리놀레산(Linoleic Acid)
④ 리놀렌산(Linolenic Acid)

7. 경구 감염병과 거리가 먼 것은?

① 세균성 이질
② 콜레라
③ 일본뇌염
④ 유행성 간염

8. 다음 당류 중 감미도가 가장 낮은 것은? 빈출

① 포도당
② 유당
③ 전화당
④ 맥아당

9. 반죽의 비중과 관계가 가장 적은 것은?

① 제품의 점도
② 제품의 부피
③ 제품의 기공
④ 제품의 조직

답안표기란

1	①	②	③	④
2	①	②	③	④
3	①	②	③	④
4	①	②	③	④
5	①	②	③	④
6	①	②	③	④
7	①	②	③	④
8	①	②	③	④
9	①	②	③	④

10. 위해요소중점관리기준(HACCP)을 식품별로 정하여 고시하는 자는? 빈출

① 보건복지부장관
② 시장, 군수 또는 구청장
③ 식품의약품안전처장
④ 환경부장관

11. 주기적으로 열이 반복되어 나타나므로 파상열이라고 불리는 인수공통감염병은?

① 돈단독
② Q열
③ 결핵
④ 브루셀라병

12. 다음 중 밀가루에 함유되어 있지 않은 색소는?

① 플라본
② 카로틴
③ 크산토필
④ 멜라닌

13. 고율배합에 대한 설명으로 틀린 것은? 빈출

① 비중이 높다.
② 굽는 온도를 낮춘다.
③ 화학팽창제를 적게 쓴다.
④ 반죽 시 공기 혼입이 많다.

14. 다음 중 쿠키의 퍼짐성이 작은 이유가 아닌 것은?

① 믹싱의 지나침
② 높은 온도의 오븐
③ 너무 진 반죽
④ 너무 고운 입자의 설탕 사용

15. 제과에서 유지의 기능이 아닌 것은?

① 공기 포집 기능
② 노화 촉진 기능
③ 보존성 개선 기능
④ 연화 기능

16. 무스(Mousse)의 원 뜻은?

① 생크림
② 거품
③ 광택제
④ 젤리

17. 스펀지 케이크 400g짜리 완제품을 만들 때 굽기 손실이 20%라면 분할반죽의 무게는? 빈출

① 600g
② 400g
③ 500g
④ 300g

18. 반죽의 온도가 정상보다 높을 때 예상되는 결과는?

① 노화가 촉진된다.
② 부피가 작다.
③ 기공이 밀착된다.
④ 표면이 터진다.

19. 메틸알코올의 중독 증상과 거리가 먼 것은?

① 두통
② 실명
③ 환각
④ 구토

20. 시폰 케이크 제조 시 냉각 전에 팬에서 분리되는 결점이 나타났을 때의 원인과 거리가 먼 것은?

① 밀가루 양이 많다.
② 반죽에 수분이 많다.
③ 오븐 온도가 낮다.
④ 굽기 시간이 짧다.

답안표기란				
10	①	②	③	④
11	①	②	③	④
12	①	②	③	④
13	①	②	③	④
14	①	②	③	④
15	①	②	③	④
16	①	②	③	④
17	①	②	③	④
18	①	②	③	④
19	①	②	③	④
20	①	②	③	④

21. 혈당 저하와 가장 관계가 깊은 것은?

① 프로테아제
② 리파아제
③ 인슐린
④ 펩신

22. 밀가루 반죽에 관여하는 단백질은?

① 라이소자임
② 글루텐
③ 알부민
④ 글로불린

23. 글루텐의 구성 물질 중 반죽을 질기고 탄력성 있게 하는 물질은? 빈출

① 글리아딘
② 메소닌
③ 알부민
④ 글루테닌

24. 옐로 레이어 케이크의 비중이 낮을 경우에 나타나는 현상은? 빈출

① 상품적 가치가 높다.
② 조직이 무겁게 된다.
③ 부피가 작아진다.
④ 구조력이 약화되어 중앙 부분이 함몰한다.

25. 다음 중 단당류는? 빈출

① 자당
② 유당
③ 맥아당
④ 갈락토오스

26. 달걀의 특징적 성분으로 지방의 유화력이 강한 성분은?

① 세팔린(Cephalin)
② 레시틴(Lecithin)
③ 아비딘(Avidin)
④ 스테롤(Sterol)

27. 패리노그래프에 관한 설명 중 틀린 것은?

① 밀가루 흡수율 측정
② 믹싱 시간 측정
③ 전분의 점도 측정
④ 믹싱 내구성 측정

28. 튀김기름의 품질을 저하시키는 요인으로만 나열된 것은? 빈출

① 수분, 공기, 반복 가열
② 수분, 질소, 탄소
③ 공기, 금속, 토코페롤
④ 공기, 탄소, 세사몰

29. 포장된 제과 제품의 품질 변화 현상이 아닌 것은?

① 수분의 이동
② 전분의 호화
③ 촉감의 변화
④ 향의 변화

30. 전분의 호화 현상에 대한 설명으로 틀린 것은?

① 알칼리성일 때 호화가 촉진된다.
② 수분이 적을수록 호화가 촉진된다.
③ 전분의 종류에 따라 호화 특성이 달라진다.
④ 전분 현탁액에 적당량의 수산화나트륨(NaOH)을 가하면 가열하지 않아도 호화될 수 있다.

31. 우유의 성분 중 치즈를 만드는 원료는? 빈출

① 카세인
② 비타민
③ 유당
④ 유지방

답안표기란	
21	① ② ③ ④
22	① ② ③ ④
23	① ② ③ ④
24	① ② ③ ④
25	① ② ③ ④
26	① ② ③ ④
27	① ② ③ ④
28	① ② ③ ④
29	① ② ③ ④
30	① ② ③ ④
31	① ② ③ ④

32. 생체 내에서의 지방의 기능으로 틀린 것은?

① 효소의 주요 구성 성분이다.
② 생체기관을 보호한다.
③ 체온을 유지한다.
④ 주요한 에너지원이다.

33. 식중독의 원인 세균은 대체로 중온균이다. 다음 중 중온균의 발육온도는?

① 10~20℃
② 25~37℃
③ 50~60℃
④ 15~25℃

34. 식중독 발생 시 의사는 환자의 식중독이 확인되는 대로 가장 먼저 누구에게 보고해야 하는가? 빈출

① 국립보건원장
② 식품의약품안전처장
③ 특별자치시장 · 시장 · 군수 · 구청장
④ 시 · 도보건연구소장

35. 연수의 광물질 함량 범위는?

① 181ppm 이상
② 0~60ppm
③ 121~170ppm
④ 61~120ppm

36. 단순단백질이 아닌 것은?

① 알부민
② 글로불린
③ 프롤라민
④ 헤모글로빈

37. 다음 중 캐러멜화가 가장 높은 온도에서 일어나는 당은? 빈출

① 포도당 ② 벌꿀
③ 설탕 ④ 전화당

38. 유지의 기능이 아닌 것은? 

① 감미제
② 가소성
③ 유화성
④ 안정화

39. 감염병 및 질병 발생의 3대 요소가 아닌 것은? 

① 병인(병원체)
② 항생제
③ 환경
④ 숙주(인간)

40. 탄수화물은 체내에서 주로 어떤 작용을 하는가? 

① 혈액을 구성한다.
② 골격을 형성한다.
③ 체작용을 조절한다.
④ 열량을 공급한다.

41. 다음 중 세균에 의한 경구 감염병인 것은?

① 폴리오
② 콜레라
③ 살모넬라증
④ 유행성 간염

42. 다음 중 4대 기본 맛이 아닌 것은?

① 신맛
② 단맛
③ 짠맛
④ 떫은맛

답안표기란	
32	① ② ③ ④
33	① ② ③ ④
34	① ② ③ ④
35	① ② ③ ④
36	① ② ③ ④
37	① ② ③ ④
38	① ② ③ ④
39	① ② ③ ④
40	① ② ③ ④
41	① ② ③ ④
42	① ② ③ ④

43. 정제가 불충분한 기름 중에 남아 식중독을 일으키는 고시폴(Gossypol)은 어느 기름에서 유래하는가?

① 면실유
② 콩기름
③ 미강유
④ 피마자유

44. 장염 비브리오균에 감염되었을 때 나타나는 주요 증상은? 빈출

① 신경마비 증상
② 간경변 증상
③ 피부수포
④ 급성위장염 질환

45. 아미노산과 아미노산 간의 결합은? 빈출

① 글리코사이드 결합
② 펩타이드 결합
③ α-1,4 결합
④ 에스테르 결합

46. 다음 중 제품의 가치에 속하지 않는 것은?

① 재고가치
② 귀중가치
③ 교환가치
④ 사용가치

47. 안정제를 사용하는 목적으로 적합하지 않은 것은? 빈출

① 아이싱의 끈적거림 방지
② 머랭의 수분 배출 촉진
③ 포장성 개선
④ 크림 토핑의 거품 안정

48. 다음 중 저온장시간 살균법으로 가장 일반적인 조건은? 빈출

① 71.7℃, 15초간 가열
② 60~65℃, 30분간 가열
③ 95~120℃, 30~60분간 가열
④ 130~150℃, 1~3초간 가열

49. 다음 중 파이 롤러를 사용하지 않는 제품은? 빈출

① 롤 케이크
② 케이크 도넛
③ 퍼프 페이스트리
④ 쇼트 브레드 쿠키

50. 퍼프 페이스트리 제조 시 팽창이 부족하여 부피가 빈약해지는 결점의 원인에 해당하지 않는 것은? 빈출

① 밀어 펴기가 부적절하였다.
② 부적합한 유지를 사용하였다.
③ 오븐의 온도가 너무 높았다.
④ 반죽의 휴지가 길었다.

51. 다음 중 비타민 K와 관계가 있는 것은?

① 자극 전달
② 근육 긴장
③ 노화 방지
④ 혈액 응고

52. 초콜릿의 보관온도 및 습도로 가장 알맞은 것은?

① 온도 36℃, 습도 45%
② 온도 30℃, 습도 70%
③ 온도 24℃, 습도 60%
④ 온도 18℃, 습도 45%

답안표기란

43	①	②	③	④
44	①	②	③	④
45	①	②	③	④
46	①	②	③	④
47	①	②	③	④
48	①	②	③	④
49	①	②	③	④
50	①	②	③	④
51	①	②	③	④
52	①	②	③	④

53. 스펀지 케이크에서 달걀 사용량을 감소시킬 때의 조치사항으로 잘못된 것은? 빈출

① 양질의 유화제를 병용한다.
② 물 사용량을 추가한다.
③ 쇼트닝을 첨가한다.
④ 베이킹파우더를 사용한다.

54. 산양, 양, 돼지, 소에게 감염되면 유산을 일으키고, 인체 감염 시 고열이 주기적으로 일어나는 인수공통감염병은?

① 광우병
② 파상열
③ 공수병
④ 신증후군출혈열

55. 이당류에 속하는 것은? 빈출

① 과당
② 유당
③ 갈락토오스
④ 포도당

56. 순수한 지방 20g이 내는 열량은?

① 370kcal
② 420kcal
③ 180kcal
④ 90kcal

57. 다음 중 고온에서 빨리 구워야 하는 제품은? 빈출

① 파운드 케이크
② 저율배합 제품
③ 고율배합 제품
④ 패닝량이 많은 제품

58. 엔젤 푸드 케이크 제조 시 팬에 사용하는 이형제로 가장 적합한 것은? 빈출

① 라드
② 물
③ 밀가루
④ 쇼트닝

59. 다음 중 곰팡이독과 관계가 없는 것은?

① 고시폴(Gossypol)
② 파튤린(Patulin)
③ 아플라톡신(Aflatoxin)
④ 시트리닌(Citrinin)

60. 주로 단백질 식품이 혐기성균의 작용에 의해 본래의 성질을 잃고 악취를 내거나 유해물질을 생성하여 먹을 수 없게 되는 현상은?

① 발효
② 부패
③ 갈변
④ 산패

답안표기란

53	①	②	③	④
54	①	②	③	④
55	①	②	③	④
56	①	②	③	④
57	①	②	③	④
58	①	②	③	④
59	①	②	③	④
60	①	②	③	④

제1회 제빵산업기사 CBT 모의고사

자격종목	시험시간	문항수	점수
제빵산업기사	60분	60문항	

1. 미생물의 증식에 대한 설명으로 틀린 것은?

① 70℃에서도 생육이 가능한 미생물이 있다.
② 냉장온도에서는 유해 미생물이 전혀 증식할 수 없다.
③ 수분 함량이 낮은 저장 곡류에서도 미생물은 증식할 수 있다.
④ 한 종류의 미생물이 많이 번식하면 다른 미생물의 번식이 억제될 수 있다.

2. 다음 중 식품접객업에 해당되지 않는 것은?

① 제과점영업
② 위탁급식영업
③ 식품냉동 · 냉장업
④ 일반음식점영업

3. 제품 포장 시 포장재 중 종이류의 위험 요인이 아닌 것은?

① 천연 펄프 사용
② 형광증백제 사용
③ 파라핀 사용
④ 폼알데하이드 사용

4. 화농성 질환의 작업자가 작업에 종사할 때 발생할 수 있는 식중독은? 빈출

① 알레르기성 식중독
② 포도상구균 식중독
③ 살모넬라 식중독
④ 보툴리누스 식중독

5. HACCP 7원칙 중 식품위생상 파악된 위해요소의 발생을 예방, 제거하고 허용 수준 이하로 감소시킬 수 있는 공정을 결정하는 과정은?

① 중요 관리점 설정
② 모니터링 체계 확립
③ 개선조치 수립
④ 검증절차 수립

6. 감자 및 곡류 등 전분 함량이 높은 식품을 120℃의 고온에서 가열할 때 생성되는 발암물질은?

① 벤조피렌
② 아크릴아마이드
③ 아질산나트륨
④ 메틸알코올

7. 글루텐 프리라 불리며 "무 글루텐"으로 표시할 수 있는 총 글루텐 함량은 몇 mg/kg 이하인가?

① 20mg/kg
② 50mg/kg
③ 100mg/kg
④ 10mg/kg

8. 탈지분유 1% 변화에 따른 반죽의 흡수율 차이로 적당한 것은?

① 1% 증가
② 3% 증가
③ 별 영향이 없다.
④ 2% 증가

답안표기란

1	① ② ③ ④
2	① ② ③ ④
3	① ② ③ ④
4	① ② ③ ④
5	① ② ③ ④
6	① ② ③ ④
7	① ② ③ ④
8	① ② ③ ④

9. 비상 스트레이트법으로 전환 시 필수요건이 아닌 것은? 빈출

① 이스트 사용량을 2배로 증가시킨다.
② 물 사용량을 1% 증가시킨다.
③ 반죽 시간을 20~30% 늘린다.
④ 설탕 사용량을 1% 증가시킨다.

10. 오버 베이킹에 대한 설명 중 옳은 것은?

① 높은 온도에서 짧은 시간 동안 구운 것이다.
② 노화가 빨리 진행된다.
③ 수분 함량이 많다.
④ 가라앉기 쉽다.

11. 어떤 빵의 굽기 손실이 12%일 때 완제품의 중량을 600g으로 만들려면 분할 무게는 약 몇 g인가?

① 712g
② 702g
③ 612g
④ 682g

12. 밀가루의 물리적 시험법에 대한 설명으로 틀린 것은? 빈출

① 아밀로그래프로 아밀라아제의 역가를 알 수 있다.
② 아밀로그래프로 최고 점도와 호화 개시 온도를 알 수 있다.
③ 익스텐소그래프로 반죽의 신장도와 저항력을 알 수 있다.
④ 익스텐소그래프로 강력분과 중력분을 구별할 수 있다.

13. 소규모 회사에서 적용되는 생산관리 조직으로 가장 적합한 것은?

① 라인-스태프 조직
② 라인(Line) 조직
③ 직능 조직
④ 사업부제 조직

14. OJT(On The Job of Training) 교육에 대한 설명과 거리가 먼 것은? 빈출

① 다수의 근로자에게 조직적인 훈련이 가능하다.
② 직장의 실정에 맞게 실제적인 훈련이 가능하다.
③ 훈련에 필요한 업무의 지속성이 유지된다.
④ 직장의 직속상사에 의한 교육이 가능하다.

15. 마케팅 믹스(Marketing Mix)의 4P에 해당하지 않는 것은? 빈출

① 가격(Price)
② 제품(Product)
③ 과정(Process)
④ 판매 촉진(Promotion)

16. 분할 중량 170g짜리 3덩이를 한 팬으로 하는 식빵 100개를 주문받았다. 발효 손실은 2%이고 전체 배합률이 180%일 때 밀가루 사용량은 얼마인가?

① 32kg
② 26kg
③ 29kg
④ 35kg

17. 제품의 판매가격은 어떻게 결정하는가? 

① 총원가 + 이익
② 제조원가 + 이익
③ 직접재료비 + 직접경비
④ 직접경비 + 이익

18. 기업 경영의 3요소(3M)가 아닌 것은?

① 사람(Man)
② 자본(Money)
③ 재료(Material)
④ 방법(Method)

답안표기란	
9	① ② ③ ④
10	① ② ③ ④
11	① ② ③ ④
12	① ② ③ ④
13	① ② ③ ④
14	① ② ③ ④
15	① ② ③ ④
16	① ② ③ ④
17	① ② ③ ④
18	① ② ③ ④

19. 다음 중 총원가에 포함되지 않는 것은?

① 제조설비의 감가상각비
② 매출원가
③ 직원의 급료
④ 판매이익

20. 세계보건기구(WHO)는 성인의 경우 하루 섭취 열량 중 트랜스지방의 섭취를 몇 % 이하로 권고하고 있는가?

① 1%
② 3%
③ 2%
④ 0.5%

21. 프랑스빵 제조 시 굽기를 실시할 때 스팀을 너무 많이 주입했을 때의 대표적인 현상은? 빈출

① 질긴 껍질
② 두꺼운 표피
③ 표피에 광택 부족
④ 밑면이 터짐

22. 달걀 껍데기를 제외한 전란의 고형질 함량은 일반적으로 약 몇 %인가? 빈출

① 50%
② 12%
③ 25%
④ 7%

23. 빵 반죽의 흡수율에 대한 설명으로 틀린 것은?

① 반죽 온도가 높아지면 흡수율이 감소된다.
② 손상 전분이 적정량 이상이면 흡수율이 증가한다.
③ 설탕 사용량이 많아지면 흡수율이 감소된다.
④ 연수는 경수보다 흡수율이 증가한다.

24. 다음 중 인수공통감염병으로 바이러스성 질병인 것은?

① 결핵
② 광우병
③ 사스
④ 탄저병

25. 템퍼링(Tempering)할 때 주의할 점이 아닌 것은? 빈출

① 균일하게 녹일 수 있도록 비슷한 크기로 자른다.
② 수분이 들어가지 않도록 주의한다.
③ 27℃로 초콜릿을 녹인다.
④ 공기가 들어가지 않도록 저어준다.

26. 휘핑 시 오버런이 가장 좋은 제품은? 빈출

① 동물성 생크림
② 식물성 크림
③ 버터크림
④ 사워크림

27. 빵 제조 시 반죽 온도에 대한 설명으로 틀린 것은?

① 반죽기에 따라 마찰열이 서로 달라 마찰계수를 구해야 한다.
② 단백질 함량이 많은 밀가루는 반죽 시 반죽 온도가 높아진다.
③ 많이 사용하는 재료가 반죽 온도에 영향을 미친다.
④ 반죽 온도가 높으면 발효가 빨라져 양질의 제품을 만들 수 있다.

답안표기란

19	①	②	③	④
20	①	②	③	④
21	①	②	③	④
22	①	②	③	④
23	①	②	③	④
24	①	②	③	④
25	①	②	③	④
26	①	②	③	④
27	①	②	③	④

28. 이스트에 들어 있는 효소가 아닌 것은?

① Invertase
② Maltase
③ Lipase
④ Lactase

29. 다음 중 굽기에 관한 내용으로 틀린 것은? 빈출

① 발효가 많이 된 반죽은 정상 발효된 반죽보다 높은 온도에서 굽는다.
② 고배합 및 중량이 많은 반죽은 낮은 온도에서 오랫동안 굽는다.
③ 저배합 및 중량이 적은 반죽은 낮은 온도에서 오랫동안 굽는다.
④ 발효가 적게 된 반죽은 정상 발효된 반죽보다 낮은 온도에서 굽는다.

30. 데니시 페이스트리를 제조할 때 가장 적절한 2차 발효실의 온도 조건은? 빈출

① 발효를 시키지 않는다.
② 충전용으로 사용한 유지 융점보다 낮게 한다.
③ 충전용으로 사용한 유지 융점보다 높게 한다.
④ 일반적인 발효실 온도 그대로 한다.

31. 피자에 대한 설명으로 옳지 않은 것은?

① 피자 도우(Dough)가 두꺼우면 팬피자, 얇으면 씬피자이다.
② 주재료에 무엇이 들어가는지에 따라 피자의 명칭이 달라진다.
③ 피자에 자주 쓰이는 향신료로 오레가노가 있다.
④ 피자는 미국에서 유래되었다.

32. 호밀빵 제조 시 호밀을 사용하는 이유와 거리가 먼 것은?

① 독특한 맛 부여
② 조직의 특성 부여
③ 색상 향상
④ 구조력 향상

33. 다음 중 고율배합의 빵이 아닌 것은? 빈출

① 스위트롤빵
② 앙금빵
③ 크림빵
④ 바게트빵

34. 세균의 가장 대표적인 증식 방법은?

① 출아법
② 분열법
③ 유포자 형성
④ 무성포자 형성

35. 식품체에 함유된 단백질 분해효소는?

① 레닌
② 브로멜린
③ 펩신
④ 트립신

36. 불포화지방의 안정성을 높이는 물질은? 빈출

① 수소 첨가
② 물 첨가
③ 산소 첨가
④ 유화제 첨가

37. 다음 중 대장균 O-157이 내는 독성물질로 옳은 것은? 빈출

① 베로톡신
② 테트로도톡신
③ 삭시톡신
④ 베네루핀

답안표기란

28	①	②	③	④
29	①	②	③	④
30	①	②	③	④
31	①	②	③	④
32	①	②	③	④
33	①	②	③	④
34	①	②	③	④
35	①	②	③	④
36	①	②	③	④
37	①	②	③	④

38. 소독제와 소독 시 사용하는 농도의 연결이 틀린 것은?

① 석탄산 - 3~5% 수용액
② 승홍수 - 0.1% 수용액
③ 알코올 - 36% 수용액
④ 과산화수소 - 3% 수용액

39. 다음의 원가에 대한 설명 중 틀린 것은?

① 직접재료비와 제조간접비의 합을 가공원가라고도 한다.
② 직접원가와 제조간접비의 합이 제조원가이다.
③ 기회비용이란 여러 대체안 중에서 어느 하나를 선택함으로 인해 상실하게 되는 최대의 경제적 효익을 말한다.
④ 회피불능원가란 의사결정을 할 때 발생을 회피할 수 없는 원가를 말한다.

40. 조리장 설비 시 고려해야 할 사항이 아닌 것은?

① 가스를 사용하는 장소에는 환기 덕트를 설치한다.
② 주방 내에 여유 공간을 최대한 많이 둔다.
③ 종업원의 출입구와 손님용 출입구는 별도로 하고 재료의 반입을 종업원 출입구로 한다.
④ 주방의 환기는 소형의 것을 여러 개 설치하는 것보다 대형의 환기장치 1개를 설치하는 것이 좋다.

41. 원가관리 개념에서 식품을 저장하고자 할 때 저장 온도로 적절하지 않은 것은? 빈출

① 상온식품은 15~20℃에서 저장한다.
② 보냉식품은 10~15℃에서 저장한다.
③ 냉장식품은 5℃ 전후에서 저장한다.
④ 냉동식품은 -40℃ 이하로 저장한다.

42. 일반적으로 식품에 설탕을 첨가해 저장할 때 미생물 번식을 억제하는 설탕 농도는? 빈출

① 5% 이하
② 10% 정도
③ 20% 정도
④ 65% 이상

43. 판매촉진 전략에 대한 설명 중 틀린 것은?

① 상품에 따라 촉진믹스의 성격이 달라진다.
② 광고는 비인적 대중매체를 활용하는 촉진수단이다.
③ 불황기에는 촉진활동의 효과가 없다.
④ 촉진의 본질은 소비자에 대한 정보 전달에 있다.

44. 균일한 제품을 반복 생산하여 작업을 간편하게 하기 위해 제품별로 작업 표준서를 작성하여 활용하는 것이 좋다. 다음 항목 중 전형적인 아이스박스 쿠키와 관계가 없는 것은? 빈출

① 믹싱작업
② 정형작업
③ 냉동 보관과 해동
④ 2차 발효관리

45. 유지가 층상구조를 이루는 퍼프 페이스트리, 크루아상, 데니시 페이스트리 등의 제품은 유지의 어떤 성질을 이용한 것인가? 빈출

① 쇼트닝성
② 가소성
③ 안정성
④ 크림성

답안표기란

38 ① ② ③ ④
39 ① ② ③ ④
40 ① ② ③ ④
41 ① ② ③ ④
42 ① ② ③ ④
43 ① ② ③ ④
44 ① ② ③ ④
45 ① ② ③ ④

46. 슈 반죽에 해당하지 않는 것은? 

① 에클레어
② 생또노레
③ 파리브레스트
④ 파바로바

47. 퍼프 페이스트리 제조 시 다른 조건이 같을 때 충전용 유지에 대한 설명으로 틀린 것은?

① 충전용 유지가 많을수록 결이 분명해진다.
② 충전용 유지가 많을수록 밀어 펴기가 쉬워진다.
③ 충전용 유지가 많을수록 부피가 커진다.
④ 충전용 유지는 가소성 범위가 넓은 파이용이 적당하다.

48. 파이 반죽을 냉장고에서 휴지시키는 이유가 아닌 것은? 빈출

① 밀가루의 수분 흡수를 돕는다.
② 유지의 결 형성을 돕는다.
③ 작업 시 끈적임을 방지한다.
④ 제품의 퍼짐성을 크게 한다.

49. 초콜릿 템퍼링 방법으로 옳지 않은 것은? 

① 중탕 그릇이 초콜릿 그릇보다 넓어야 한다.
② 중탕 시 물의 온도는 60℃로 맞춘다.
③ 용해된 초콜릿의 온도는 40~45℃로 맞춘다.
④ 용해된 초콜릿에 물이 들어가지 않도록 주의한다.

50. 젤리 롤(Jelly Roll)을 말 때 겉면이 잘 터지는 경우 조치할 사항으로 옳지 않은 것은?

① 설탕 일부를 물엿으로 대체한다.
② 팽창을 다소 증가시킨다.
③ 덱스트린의 점착성을 이용한다.
④ 노른자 비율을 감소하고 전란을 증가한다.

51. 퍼프 페이스트리 반죽 휴지 동안 준비해야 할 내용으로 적절하지 않은 것은?

① 충전용 유지를 비닐에 넣고 사각형이 되도록 밀어 편다.
② 충전용 유지가 단단하면 밀대로 두드려 부드럽게 해준다.
③ 냉장고에 보관되어 있는 충전용 유지는 미리 실온에 끼내어 반죽의 되기와 크기가 비슷하게 준비한다.
④ 충전용 유지를 반죽보다 묽게 한다.

52. 빵, 과자 제품을 너무 낮은 온도로 냉각시킨 후 포장했을 때의 결과로 옳은 것은? 빈출

① 제품을 썰 때 문제가 생긴다.
② 껍질이 너무 건조하게 된다.
③ 포장지에 수분이 응축된다.
④ 곰팡이 발생이 빠르다.

53. 반죽형 케이크 제조 시 반죽의 되기(수분 함량)에 따라 제품의 품질에 큰 영향을 미친다. 반죽의 수분 함량이 정상보다 많은 경우에 반죽의 비중, 부피 및 풍미에 미치는 영향으로 옳은 것은?

① 비중 증가, 부피 감소, 풍미 감소
② 비중 증가, 부피 증가, 풍미 증가
③ 비중 감소, 부피 증가, 풍미 증가
④ 비중 감소, 부피 감소, 풍미 감소

54. 공장 설비 중 제품의 생산능력은 어떤 설비가 가장 중요한 기준이 되는가?

① 오븐
② 발효기
③ 믹서
④ 작업 테이블

답안표기란

46	①	②	③	④
47	①	②	③	④
48	①	②	③	④
49	①	②	③	④
50	①	②	③	④
51	①	②	③	④
52	①	②	③	④
53	①	②	③	④
54	①	②	③	④

55. 오븐에서 빵이 갑자기 팽창하는 현상인 오븐 스프링이 발생하는 이유와 거리가 먼 것은? 빈출

① 가스압의 증가
② 알코올의 증발
③ 탄산가스의 증발
④ 단백질의 변성

56. 식빵의 가장 일반적인 포장 적온은? 

① 15℃
② 25℃
③ 35℃
④ 45℃

57. 병원성 대장균 식중독의 가장 적합한 예방책은?

① 곡류의 수분을 10% 이하로 조정한다.
② 어류의 내장을 제거하고 충분히 세척한다.
③ 어패류는 민물로 깨끗이 씻는다.
④ 건강보균자나 환자의 분변 오염을 방지한다.

58. 코코아(Cocoa)에 대한 설명 중 옳은 것은? 

① 카카오 닙스를 건조한 것이다.
② 초콜릿 리큐어를 압착, 건조한 것이다.
③ 코코아 버터를 만들고 남은 박(Press Cake)을 분쇄한 것이다.
④ 비터 초콜릿을 건조, 분쇄한 것이다.

59. 제과제빵에서 사용하는 팽창제에 대한 설명으로 틀린 것은? 빈출

① 이스트는 생물학적 팽창제로 이스트에 함유된 효모가 알코올 발효를 하면서 이산화탄소를 만들어낸다.
② 베이킹파우더는 소다의 단점인 쓴맛을 제거하기 위하여 산으로 중화시켜 놓은 것이다.
③ 암모니아는 냄새 때문에 과자 등을 만드는 데 사용하지 않는다.
④ 소다(Soda)의 사용량이 과다하면 쓴맛이 난다.

60. 다음 중 성형(메이크업) 공정을 올바르게 나타낸 것은? 빈출

① 1차 발효 – 밀어 펴기 – 말기 – 정형 – 2차 발효
② 분할 – 둥글리기 – 중간 발효 – 정형 – 팬에 넣기
③ 정형 – 팬에 넣기 – 2차 발효 – 굽기 – 냉각
④ 팬에 넣기 – 2차 발효 – 굽기 – 냉각 – 포장

답안표기란				
55	①	②	③	④
56	①	②	③	④
57	①	②	③	④
58	①	②	③	④
59	①	②	③	④
60	①	②	③	④

제1회 제과산업기사 CBT 모의고사

자격종목	시험시간	문항수	점수
제과산업기사	60분	60문항	

1. 파이의 일반적인 결점 중 바닥 크러스트가 축축한 원인이 아닌 것은? 빈출

① 파이 바닥 반죽이 고율배합
② 오븐 온도가 높음
③ 충전물 온도가 높음
④ 불충분한 바닥열

2. 반죽형 반죽 중에서 수분이 가장 많은 쿠키는? 빈출

① 쇼트 브레드 쿠키
② 스냅 쿠키
③ 드롭 쿠키
④ 스펀지 쿠키

3. 제품의 외부평가 항목이 아닌 것은? 빈출

① 기공 ② 껍질 색
③ 부피 ④ 대칭성

4. 과자의 반죽 방법 중 시폰형 반죽이란? 빈출

① 달걀과 설탕을 중탕하여 믹싱한다.
② 화학팽창제를 사용한다.
③ 유지와 설탕을 믹싱한다.
④ 모든 재료를 한꺼번에 넣고 믹싱한다.

5. 파운드 케이크의 배합률 중 밀가루 : 설탕 : 달걀 : 버터의 비율이 올바르게 설명된 것은? 빈출

① 1 : 1 : 1 : 1
② 1 : 2 : 1 : 2
③ 2 : 1 : 2 : 1
④ 1 : 2 : 1 ; 1

6. HACCP 적용 7원칙 중 위해요소 관리가 허용범위 이내로 충분히 이루어지고 있는지 여부를 판단할 수 있는 원칙은?

① 모니터링
② 한계기준
③ 중요관리점
④ 위해요소 분석

7. 파운드 케이크 제조 시 윗면이 터지는 경우가 아닌 것은? 빈출

① 팬에 넣은 반죽을 장시간 방치할 때
② 설탕 입자가 남아 있을 때
③ 굽기 중 껍질이 천천히 형성될 때
④ 반죽 내의 수분이 충분하지 않을 때

8. 도넛 글레이즈 온도로 적당한 것은? 빈출

① 45~50℃
② 25~45℃
③ 25~25℃
④ 30~40℃

9. 공개 채용의 장점이 아닌 것은?

① 지원자의 적격성에 관한 선발기준을 현실화하여야 한다.
② 일정한 자격이 있는 모든 사람에게 지원할 수 있는 공정한 기회를 제공한다.
③ 시간, 노동력, 채용 비용을 절감할 수 있다.
④ 차별 금지, 능력을 기초로 한 채용이 가능하다.

답안표기란

1 ① ② ③ ④
2 ① ② ③ ④
3 ① ② ③ ④
4 ① ② ③ ④
5 ① ② ③ ④
6 ① ② ③ ④
7 ① ② ③ ④
8 ① ② ③ ④
9 ① ② ③ ④

10. 재고회전율에 대한 설명으로 틀린 것은?

① 월초 재고량과 월말 재고량의 평균치이다.
② 총매출액을 재고액으로 나눈 것이다.
③ 재고량과는 반비례한다.
④ 수요량과는 정비례한다.

11. 머랭 중 설탕이 적은 것은?

① 온제 머랭
② 스위스 머랭
③ 이탈리안 머랭
④ 프렌치 머랭

12. 다음 중 필수아미노산이 아닌 것은? 

① 류신 ② 발린
③ 시스테인 ④ 라이신

13. 구매관리 기법이 아닌 것은? 

① ABC 분석법
② 시장조사법
③ 가치분석법
④ 표준화 및 다양화법

14. 퐁당 크림을 부드럽게 하고 수분 보유력을 높이기 위해 일반적으로 첨가하는 것은?

① 물엿, 전화당 시럽
② 소금, 크림
③ 물, 레몬
④ 한천, 젤라틴

15. 동물성 식중독 중 모시조개, 바지락에 함유된 독성물질은? 

① 시큐톡신
② 베네루핀
③ 삭시톡신
④ 테트로도톡신

16. 다음 중 관능검사가 아닌 것은?

① 색상
② 검사
③ 조직감
④ 크기 및 모양

17. 스펀지 케이크 제조 시 달걀 사용량이 16% 감소했다면 밀가루 사용의 변화는? 

① 5%
② 4%
③ 2%
④ 6%

18. 식품에 식염을 첨가함으로써 미생물 증식을 억제하는 효과로 옳지 않은 것은?

① 탈수 작용에 의한 식품 내 수분 감소
② 삼투압 증가
③ 산소의 용해도 감소
④ 품질 유지 및 향상

19. 박력분에 대한 설명으로 옳지 않은 것은? 빈출

① 글루텐의 질은 매우 부드럽다.
② 밀가루의 입도는 분상질이다.
③ 연질소맥으로 단백질 함량은 7~9%이다.
④ 주로 케이크에 사용하며 회분 함량은 0.4~0.5%이다.

답안표기란

10	① ② ③ ④
11	① ② ③ ④
12	① ② ③ ④
13	① ② ③ ④
14	① ② ③ ④
15	① ② ③ ④
16	① ② ③ ④
17	① ② ③ ④
18	① ② ③ ④
19	① ② ③ ④

20. 마케팅 환경 분석 중 3C에 해당하지 않는 것은? 빈출

① 경쟁사(Competitor)
② 소통(Communication)
③ 자회사(Company)
④ 고객(Customer)

21. 제과점에서 고객 응대 시 일반적인 인사법으로 적당한 것은? 빈출

① 보통례
② 목례
③ 입례
④ 정중례

22. 커스터드크림의 주요 재료에 속하지 않는 것은?

① 달걀
② 버터
③ 설탕
④ 전분

23. 다음 중 사용 금지된 유해 감미료는?

① 사카린나트륨
② 아스파탐
③ 둘신
④ 스테비오시드

24. 굽기에 대한 설명으로 틀린 것은?

① 높은 온도에서 구울 때 언더 베이킹이 되기 쉽다.
② 높은 온도는 저배합의 빵류에 적당하다.
③ 오븐 온도가 낮을 경우 2차 발효를 감소시킨다.
④ 과발효된 반죽은 낮은 압력의 스팀이 좋다.

25. 젤리 롤 케이크 반죽을 만들어 팬닝하는 방법으로 틀린 것은? 빈출

① 평평하게 팬닝하기 위해 고무주걱 등으로 윗부분을 마무리한다.
② 철판에 팬닝하고 볼에 남은 반죽으로 무늬 반죽을 만든다.
③ 기포가 꺼지므로 팬닝은 가능한 한 빨리한다.
④ 넘치는 것을 방지하기 위하여 팬 종이는 팬 높이보다 2cm 정도 높게 한다.

26. 다음 쿠키 중에서 상대적으로 수분이 적어서 밀어 펴는 형태로 만드는 제품은? 빈출

① 머랭 쿠키
② 스냅 쿠키
③ 스펀지 쿠키
④ 드롭 쿠키

27. 파운드 케이크를 구운 직후 달걀 노른자에 설탕을 넣고 칠할 때 설탕의 역할이 아닌 것은?

① 맛의 개선
② 보존기간 개선
③ 광택제 효과
④ 탈색 효과

28. 완만 해동 방법으로 옳지 않은 것은?

① 낮은 온도에서 오븐 안의 바람에 의한 해동
② 상온에서 해동
③ 흐르는 물에서 해동
④ 냉장고에서 해동

29. 생리 기능의 조절 작용을 하는 영양소는? 빈출

① 탄수화물, 단백질
② 지방, 단백질
③ 무기질, 비타민
④ 탄수화물, 지방

답안표기란	
20	① ② ③ ④
21	① ② ③ ④
22	① ② ③ ④
23	① ② ③ ④
24	① ② ③ ④
25	① ② ③ ④
26	① ② ③ ④
27	① ② ③ ④
28	① ② ③ ④
29	① ② ③ ④

30. 부패의 물리학적 판정에 이용되지 않는 것은? 빈출

① 점도
② 냄새
③ 탄성
④ 색 및 전기저항

31. 다음 설명 중 옳은 것은?

① 아라비아고무, 젤라틴, 난황, 알긴산 등은 유화제로 천연 계면활성제이다.
② 중조와 베이킹파우더는 산소를 발생시키는 팽창제로 작용한다.
③ 소금은 반죽과정에서 흡수율이 감소하고 반죽의 저항성을 감소시키는 특성이 있다.
④ 황산칼슘은 이스트의 생장에 영향을 주어 발효에 도움을 주는 제빵 개량제이다.

32. 언더 베이킹에 대한 설명으로 틀린 것은? 빈출

① 중앙 부분이 익지 않는 경우가 많다.
② 높은 온도에서 짧은 시간 굽는 것이다.
③ 제품이 건조되어 바삭바삭하다.
④ 수분이 빠지지 않아 껍질이 쭈글쭈글하다.

33. 다음 중 가장 고온에서 굽는 제품은? 빈출

① 과일 케이크
② 시폰 케이크
③ 퍼프 페이스트리
④ 파운드 케이크

34. 원가에 대한 설명 중 옳지 않은 것은? 빈출

① 제조원가는 직접비에 제조간접비를 가산한다.
② 직접원가는 직접재료비, 직접노무비, 직접경비를 합한 비용이다.
③ 원가의 3요소는 재료비, 노무비, 세금이다.
④ 총원가는 제조원가에 일반관리비와 판매비를 합한 것이다.

35. 감자 같은 탄수화물이 많이 함유된 식품을 튀길 때 생성되는 독소물질은?

① 아크릴아마이드
② 트라이메틸아민
③ 나이트로사민
④ 디이옥신

36. 스펀지 재료에 들어가지 않는 재료는? 빈출

① 이스트 푸드
② 소금
③ 밀가루
④ 이스트

37. 여름철(실온 30℃)에 사과파이 껍질을 제조할 때 적당한 물의 온도는?

① 35℃ ② 19℃
③ 28℃ ④ 4℃

38. 다음 중 필수지방산을 가장 많이 함유하고 있는 식품은? 빈출

① 식물성 유지
② 버터
③ 달걀
④ 고급지방산

39. 설탕 공예용 당액 제조 시 고농도화된 당의 결정을 막아주는 재료는? 빈출

① 베이킹파우더
② 주석산
③ 중조
④ 포도당

40. 1인당 생산가치는 생산가치를 무엇으로 나누어 계산하는가?

① 임금 ② 시간
③ 인원수 ④ 원재료비

답안표기란

30	①	②	③	④
31	①	②	③	④
32	①	②	③	④
33	①	②	③	④
34	①	②	③	④
35	①	②	③	④
36	①	②	③	④
37	①	②	③	④
38	①	②	③	④
39	①	②	③	④
40	①	②	③	④

41. 반죽형 쿠키의 굽기 과정에서 퍼짐성이 나쁠 때 퍼짐성을 좋게 하기 위해 사용할 수 있는 방법은? 빈출

① 반죽을 오래 한다.
② 오븐의 온도를 높인다.
③ 설탕의 양을 줄인다.
④ 입자가 굵은 설탕을 많이 사용한다.

42. HACCP 선행요건이 아닌 것은? 

① 공정 흐름도 현장 확인
② 검사 관리
③ 영업장 관리
④ 냉장 · 냉동시설 · 설비 관리

43. 효과적인 원가관리를 위한 3단계 협조체계가 아닌 것은?

① 판매원의 원가 절감
② 구매부의 원가 절감
③ 소비자의 구매유도
④ 생산부서의 절약

44. 설탕에 대한 설명으로 잘못된 것은? 

① 설탕은 130℃에서 캐러멜라이징이 시작된다.
② 글루텐의 연화작용과 윤활작용을 한다.
③ 설탕의 분해효소인 인베르타아제에 의해 포도당과 과당으로 분해된다.
④ 수분 보유력이 있어 노화가 지연된다.

45. 커스터드 크림 파이와 전분 크림 파이의 가장 큰 차이점?

① 농후화제 ② 굽는 온도
③ 굽는 방법 ④ 껍질의 성질

46. 작업실 조도는? 

① 100~200Lux ② 150~300Lux
③ 200~500Lux ④ 300~600Lux

47. 다크 초콜릿의 템퍼링 과정이 잘못된 것은? 

① 식히는 온도는 27℃ 정도이다.
② 최종 온도는 30~31℃이다.
③ 화이트 초콜릿의 최종 온도는 다크 초콜릿보다 낮다.
④ 1차 용해 온도는 35~40℃이다.

48. 다음 중 거품형 쿠키는? 

① 쇼트 브레드 쿠키
② 버터 쿠키
③ 핑거 쿠키
④ 초코 칩펠 쿠키

49. 손익계산서에 대한 설명으로 잘못된 것은?

① 손익계산이란 특정 기간 동안 기업의 경영성과를 평가하여 기업의 손익을 계산하여 확정하는 것을 말한다.
② 매출 총이익 = 매출액 − 매출 원가
③ 순이익 = 매출액 - (판매비 + 일반관리비 + 세금)
④ 손익계산서의 기본요소는 수익, 비용, 순수익이다.

50. 페이스트리 제조 시 주의할 점이 아닌 것은? 

① 2차 발효실 온도는 충전용 유지의 융점보다 낮아야 한다.
② 반죽과 충전용 유지 온도는 동일해야 한다.
③ 밀어 펴기 시 덧가루를 많이 사용해야 한다.
④ 발효가 지나치면 굽기 중 유지가 층으로부터 새어 나온다.

51. 과자류 제품 포장재의 기능이 아닌 것은? 

① 제품을 차별화하여 판매의 촉진 효과
② 제품의 가치 증대를 위한 고급 포장재 사용
③ 생산, 저장, 운반 등 단계별 취급의 편의
④ 물리적, 화학적, 생물학적 내용물 보호

답안표기란	
41	① ② ③ ④
42	① ② ③ ④
43	① ② ③ ④
44	① ② ③ ④
45	① ② ③ ④
46	① ② ③ ④
47	① ② ③ ④
48	① ② ③ ④
49	① ② ③ ④
50	① ② ③ ④
51	① ② ③ ④

52. 인간이 생활에 직 · 간접적으로 필요한 물자나 용역을 만들어내는 행위를 무엇이라 하는가?

① 공급
② 생산
③ 기술
④ 투자

53. 다음 중 인수공통감염병이 아닌 것은? 빈출

① 세균성 이질
② 탄저병
③ 브루셀라증
④ 페스트

54. 식중독 예방원칙 중 안전한 온도에서의 식품 보관에 대한 설명으로 옳지 않은 것은? 빈출

① 조리된 식품 및 부패하기 쉬운 모든 음식은 즉시 냉장 보관
② 조리된 음식은 실온에서 2시간 이상 방치 금지
③ 조리된 식품은 40℃ 이상 온도 유지
④ 상온에서 냉동식품 해동 금지

55. 자당의 분해 과정으로 옳은 것은?

① 치마아제에 의해 포도당과 유당으로 분해된다.
② 인버타아제에 의해 과당과 포도당으로 분해된다.
③ 말타아제에 의해 두 분자의 포도당으로 분해된다.
④ 락타아제에 의해 포도당과 갈락토오스로 분해된다.

56. 다음 중 냉과 제품은 어느 것인가? 빈출

① 스콘
② 애클레어
③ 마카롱
④ 바바루아

57. 단백질의 주요 기능이 아닌 것은?

① 호르몬 형성
② 에너지 발생
③ 체조직 구성
④ 대사작용 조절

58. 제과점에서 고객 응대 시 일반적인 인사법으로 적당한 것은? 빈출

① 정중례
② 목례
③ 보통례
④ 입례

59. 비중이 높은 제품의 특징이 아닌 것은? 빈출

① 제품이 단단하다.
② 껍질 색이 진하다.
③ 기공이 조밀하다.
④ 부피가 작다.

60. 살균, 소독에 대한 설명 중 옳지 않은 것은? 빈출

① 자외선 살균은 대부분의 물질을 투과하지 않는다.
② 우유의 저온 살균은 결핵균 살균을 목적으로 한다.
③ 방사선은 발아 억제효과만 있고 살균효과는 없다.
④ 열탕 또는 증기 소독 후 살균된 용기를 충분히 건조해야 그 효과가 유지된다.

답안표기란

52	①	②	③	④
53	①	②	③	④
54	①	②	③	④
55	①	②	③	④
56	①	②	③	④
57	①	②	③	④
58	①	②	③	④
59	①	②	③	④
60	①	②	③	④

Chapter 02 제과제빵 CBT 모의고사 정답 및 해설

제1회 제빵기능사 CBT 모의고사

01	02	03	04	05	06	07	08	09	10	11	12	13	14	15	16	17	18	19	20
②	③	③	④	③	②	②	②	③	④	①	③	③	③	②	③	③	④	②	③
21	**22**	**23**	**24**	**25**	**26**	**27**	**28**	**29**	**30**	**31**	**32**	**33**	**34**	**35**	**36**	**37**	**38**	**39**	**40**
①	④	④	③	②	④	④	③	④	②	②	③	②	①	①	④	②	②	②	④
41	**42**	**43**	**44**	**45**	**46**	**47**	**48**	**49**	**50**	**51**	**52**	**53**	**54**	**55**	**56**	**57**	**58**	**59**	**60**
④	③	④	③	①	③	①	①	②	②	①	③	④	④	④	③	②	③	④	④

01 ②
단백질 분해효소인 프로테아제를 첨가하면 효소의 영향으로 반죽이 부드러워지므로, 팬 흐름성이 좋아진다.

02 ③
팬오일은 이형유, 이형제를 말하며 발연점이 높아야 한다.

03 ③
냉동빵은 나중에 사용하기 위해 만들어지는 제품이므로 냉동빵에 들어있는 이스트의 활동을 억제하기 위해 반죽의 온도를 낮춘다.

04 ④
과발효된 빵은 이산화탄소가 더 많이 발생하여 반죽이 더 부풀기 때문에 빵의 부피가 가장 크게 된다.

05 ③
비상 스트레이트법은 일반 스트레이트법보다 빠르게 반죽을 처리하는 방법으로 일반 스트레이트법의 27℃에 비해 3℃ 가량 높게 잡으므로 30℃가 적당하다.

06 ②
고율배합은 달걀과 유지, 설탕의 함량이 높아서 수분을 보유할 수 있는 능력이 더 뛰어나기 때문에 저율배합보다 고율배합이 냉동반죽에 더 유리하다.

07 ②
이스트는 27~32℃의 온도를 가장 좋아하고, 38℃에서 가장 활발하다. 0~10℃에서는 활동이 멈추게 되고, 60℃부터 사멸되기 시작한다.

08 ②
도우 컨디셔너는 프로그래밍에 의한 자동 제어 장치에 의해 반죽을 냉동, 냉장, 완만한 해동, 2차 발효 등을 할 수 있는 다기능 제빵기계이다.

09 ③
사용할 물의 온도
= (희망 온도 × 3) - (실내 온도 + 밀가루 온도 + 마찰계수)
= (27 × 3) - (20 + 20 + 30) = 81 - 70
= 11℃

10 ④
- 산화제 : 브로민산칼륨, 요오드칼륨(아이오딘칼륨), ADA
- 환원제 : L-시스테인, 글루타티온, 소르브산

11 ①
빵의 부피가 작은 경우엔 발효 시간을 늘려 해결한다.

12 ③
식빵의 비용적은 산형 식빵이 3.2~3.4cm³/g, 풀만 식빵이 3.3~4cm³/g 정도이다. 식빵의 일반적인 비용적은 총 범위의 평균값을 말하는 것이므로, 3.2~4cm³/g 범위의 평균값인 3.6cm³/g과 가장 근사치인 3.36m³/g이 정답이 된다.

13 ③
마스터 스펀지법은 하나의 스펀지 반죽으로 여러 도우를 제조하는 방법으로, 노동력과 시간을 절약할 수 있다.

14 ③
적절한 2차 발효점은 완제품 용적의 70~80%가 적당하다.

15 ②
팬닝 시 철판의 온도는 32℃로 맞춘다.

16 ③
아미노산과 당의 캐러멜화 반응, 마이야르 반응의 영향으로 갈변한다.

17 ③
캐러멜화가 진행되어 색이 변하는 온도는 160~180℃이므로, 개시되는 온도는 150℃가 가장 가깝다.

18 ④
굽기와 전분의 노화는 관계가 없다. 굽는 과정에서는 호화 현상이 일어나고, 굽고 나서 시간이 지나면서 노화 현상이 나타난다.

19 ②
2차 발효 시의 습도는 빵의 종류마다 조금씩 다른데, 일반적으로 단과자빵(햄버거빵)의 반죽의 온습도를 가장 높게 설정해야 한다.

20 ③
어린 반죽은 발효가 부족하여 반죽이 단단한 상태에서 구워지기 때문에 모서리가 예리하게 된다.

21 ①
얼음 사용량을 구하기 위해선 마찰계수, 물 온도 계산을 선행한다.

22 ④
맛은 외부적 특성으로 볼 수 없고, 내부적 특성에 속한다.

23 ④
설탕 5% 증가 시 반죽의 흡수량은 1% 감소한다.

24 ③
탄력성의 증가는 발전 상태, 신장성의 증가는 렛 다운 상태와 관련이 깊다. 유지를 첨가하는 단계라면 클린업 상태이다.

25 ②
하스브레드는 철판이나 틀을 사용하지 않고 오븐의 하스에 직접 얹어 구운 빵으로 비엔나빵, 아이리시빵, 불란서빵 등이 하스브레드에 속한다.

26 ④
중간 발효 과정은 탄력성과 신장성에 좋은 영향을 미친다.

27 ④
빵 반죽을 하는 동안 빵 반죽이 치대지며 열이 생기기 때문에, 온도가 상승하게 된다.

28 ③
믹서 용량의 약 70%의 반죽을 넣어야 적당하다. 가장 근접한 양은 15kg이다.

29 ④
냉각 손실은 2% 정도가 적당하다.

30 ②
프렌치 롤은 하드 롤에 속한다.

31 ②
한천은 끓는 물에 용해되고, 젤라틴은 약 35℃에서 녹기 시작하며, 일반 펙틴은 찬물보다 뜨거운 물에서 더 잘 녹는다. 찬물에 잘 녹는 것은 씨엠씨이다.

32 ③
탈지분유는 우유에서 지방분을 제거한 것으로 유당이 50% 정도를 차지한다.

33 ②
피자 제조 시 많이 사용하는 향신료는 오레가노이다.

34 ①
포도당의 감미도는 결정 상태일 때 가장 높다.

35 ①
모노글리세리드와 디글리세리드는 제과에서 유화제 역할을 한다.

36 ④

식품에 사용하는 향료는 첨가물로 품질과 규격, 사용법을 반드시 준수해야 한다.

37 ②

밀가루 중 글루텐은 물을 흡수하여 젖은 글루텐으로 변하는데, 일반적으로 건조 글루텐의 약 3배에 해당하는 물을 흡수할 수 있다.

38 ②

- 달걀 1개의 중량 52g에서 노른자 비율 33%에 해당하는 중량 = 52g × 0.33 = 17.16g
- 필요한 노른자 500g을 얻기 위해 필요한 달걀의 수

$$= \frac{500g}{17.16g} = 29.1개$$

- 따라서 30개의 달걀이 준비되어야 한다.

39 ②

정상 조건의 베이킹파우더 100g에서 12% 이상의 유효 이산화탄소 가스가 발생되어야 한다.

40 ④

빵에 당을 첨가하는 것은 발효가 어려운 경수의 경우이며, 유산을 첨가하는 경우는 알칼리성의 물일 때 첨가하게 된다.

41 ④

장내 비피더스균 생육 인자는 올리고당이며, 럼의 원료가 당밀이다. 아스파탐은 설탕의 약 200배의 단맛을 가진 인공 감미료이다.

42 ③

반죽에 사용하는 물이 연수일 때 당을 첨가해야 한다면, 포도당을 사용한다. 설탕을 사용하게 되면 반죽이 질어지게 된다.

43 ④

까망베르 치즈는 프랑스가 원산지인 연질 치즈로 곰팡이와 세균으로 숙성시킨다.

44 ③

밀가루에는 라이신이라는 필수아미노산이 부족한 반면, 대두에는 트립토판이라는 필수아미노산이 풍부하므로, 이 두 식품을 조합하여 섭취하면 상호 보충 효과를 얻을 수 있다.

45 ①

위에서는 영양소의 흡수가 아닌 분해가 활발히 일어난다.

46 ③

무기질 중 칼슘(Ca)과 인(P)은 2 : 1의 비율로 뼈를 구성한다.

47 ①

케톤체는 탄수화물 섭취의 부족에 의해 만들어진다.

48 ①

1~2세의 영유아는 빠른 성장과 발달이 필요한 시기이므로 체중 1kg당 단백질 권장량이 가장 많다.

49 ②

달걀은 완전히 익히지 않은 반숙이 소화가 잘 된다.

50 ②

칼슘의 흡수에는 부갑상선 호르몬이 관계가 깊다. 주로 뼈나 신장, 장에서 작용해서 비타민 D와 상호작용을 한다.

51 ①

식품을 냉장 보관하는 것이 경구 감염병의 직접적인 예방법이 될 수는 없다.

52 ③

집단급식소의 운영일지 작성은 조리사가 아니라 영양사의 직무이다.

53 ④

부패는 단백질의 변질로 인해 식품이 썩는 현상으로, 이를 방지하기 위한 방법에는 냉동법, 보존료 첨가, 자외선 살균 등이 있다.

54 ④

식품 및 식품첨가물 직접종사자들은 1년에 1회 정기 건강진단을 받아야 한다.

55 ④

알루미늄박은 식품 포장에 일반적으로 쓰이는 소재로, 화학적 식중독의 우려는 적다.

56 ③

저온유통체제에 관한 설명이다.

57 ②

발진티푸스는 해충 매개 감염병이다.

58 ③

결핵은 인수공통감염병으로, 투베르쿨린 반응 검사와 X선 촬영으로 감염 여부를 조기에 알 수 있다.

59 ④

펩티드 결합은 아미노산의 결합에 대한 내용이므로, 미생물 증식 억제와는 관련이 없다.

60 ④

거품을 제거할 때 사용하는 첨가물은 소포제이다.

제2회 제빵기능사 CBT 모의고사

01	02	03	04	05	06	07	08	09	10	11	12	13	14	15	16	17	18	19	20
④	①	③	①	②	④	①	④	①	③	①	②	②	③	①	④	②	④	④	④
21	22	23	24	25	26	27	28	29	30	31	32	33	34	35	36	37	38	39	40
①	③	①	④	③	④	④	③	③	③	①	②	②	①	①	①	②	④	③	②
41	42	43	44	45	46	47	48	49	50	51	52	53	54	55	56	57	58	59	60
③	②	①	①	①	②	④	④	③	④	③	②	③	②	②	④	①	②	①	④

01 ④

액체 발효법을 기계화한 것이 연속식 제빵법이다. 자동화 시설을 갖추기 위한 설비 공간의 면적은 일반적인 작업시설에 비해 많이 소요되지 않는다.

02 ①

뜨거운 공기를 순환시켜 열을 전달하는 방식을 대류라 한다.

03 ③

마이야르 반응 촉진은 과당이 가장 빠르고, 포도당과 설탕 순이다.

04 ①

- 총 완제품 무게 = 400g × 200개 = 80,000g
- 손실량을 적용한 총 완제품 무게
  = 완제품 무게 ÷ {(1 - 발효 손실률) × (1 - 굽기 및 냉각 손실률)}
  = 80,000 ÷ {(1 - 0.02) × (1 - 0.12)}
  = 92,764.37g
- 밀가루비율(100):밀가루중량(x) = 총 배합률(180):총 완제품 무게(92,764.37)
  180x = 9,276,437
  x = 9,276,437 ÷ 180 = 51,535.76 = 51,536g

05 ②

반죽을 급속으로 냉동하고, 천천히 해동하는 방법이 적합하다.

06 ④

포장재의 특성과 단열성은 관계가 없다.

07 ①

ADMI법과 관련이 깊은 제빵법은 액종법이다.

08 ④

빵의 냉각 시 수분 함량은 약 38%, 온도는 35-40℃가 적합하다.

09 ①

굽기 손실과 믹싱 시간은 관계가 없다.

10 ③

단백질 함량이 1% 증가할 경우 흡수율은 약 1.5~2% 증가된다. 따라서 단백질 함량이 2% 증가할 경우 흡수율은 3~4%의 증가를 보이게 된다.

11 ①

어린 반죽은 발효가 덜 된 상태이므로 어린 반죽으로 제조를 할 시 중간 발효 시간을 길게 늘려주어야 한다.

12 ②

조단백질의 함량을 알기 위해선 건조 글루텐의 함량을 구해야 한다. 밀가루 50g 대비 젖은 글루텐 15g의 구성비는 30%이므로, 젖은 글루텐의 약 1/3의 양으로 계산할 수 있는 건조 글루텐은 약 10%이다. 이와 가장 근접한 수치는 12%이다.

13 ②

노타임법은 무발효법이라고도 하는데, 발효가 없이도 발효가 된 것처럼 결과물이 나와야 하므로 산화제와 환원제를 함께 사용하게 된다.

14 ③

냉동반죽을 보관하는 온도는 약 -18 ~ -24℃ 정도가 적절하다.

15 ①

통상적으로 오븐에서 구운 빵을 냉각할 때는 평균 2%의 수분 손실이 발생한다.

16 ④
브레이크와 슈레드는 반죽이 터지고 찢어지는 자연스러운 현상을 말한다. 오븐의 증기가 많으면 브레이크와 슈레드가 잘 일어난다.

17 ②
식빵 세소 시 반죽 온노에 가상 큰 영향을 주는 것은 물이고, 그 나음은 밀가루이다.

18 ④
렛 다운은 믹싱의 6단계 과정 이후 추가적으로 믹싱을 하는 단계를 말한다. 이 과정에서는 신장성이 늘어나고 부드럽게 되지만 반죽의 모양이 금방 퍼지게 되므로 틀을 사용하는 빵인 잉글리시 머핀과 햄버거빵에 적합한 과정이다.

19 ④
기계식 분할은 무게가 아닌 부피를 기준으로 한다.

20 ④
급속 냉동은 드립 현상과는 관계가 없다.

21 ①
건포도, 옥수수, 채소 등은 믹싱 전에 미리 들어가면 글루텐의 결합을 방해하므로 믹싱의 최종 단계 후에 넣는다.

22 ③
ppm은 100만이 기준이므로, % 계산식은 $(30 \div 1{,}000{,}000) \times 100 = 0.003\%$가 된다.

23 ①
설탕의 양이 5% 증가할 경우 흡수율은 1%씩 감소한다.

24 ④
성형은 반죽의 분할부터 팬닝까지가 모두 성형 과정이다. 2차 발효는 팬닝 이후의 과정이다.

25 ③
오븐 스프링은 이미 60℃에 도달한 상태이고, 60℃에 도달하지 않은 상태에서 온도상승에 따른 이스트의 활동으로 부피의 점진적 증가가 진행되는 현상은 오븐 라이즈 현상이다.

26 ④
둥글리기는 맛과 향의 변화와 관계가 없다.

27 ④
해동 온도는 완만 해동이 적합하기 때문에, ④는 옆면이 주저앉는 원인으로 볼 수 없나.

28 ③
밀가루 속의 단백질인 글루테닌과 글리아딘은 물과 결합하여 글루텐을 형성한다.

29 ③
달걀 노른자에 가장 많은 것은 지방이며, 흰자에는 물과 단백질이 가장 많다. 달걀 흰자의 중량은 약 60%로, 약 30% 중량을 가진 노른자보다 중량이 크다.

30 ③
초콜릿에선 코코아가 약 5/8 정도 비율로 함유되어 있다. 32%의 5/8는 20%이다.

31 ①
효모는 당을 분해하여 이산화탄소와 알코올을 생성한다.

32 ②
트리글리세리드에 의해 유지의 가소성이 결정된다.

33 ②
호밀은 밀가루에 비해 펜토산 함량이 높다.

34 ①
밀가루의 등급이 낮을수록 흡수율은 증가하나, 반죽 시간과 안정도는 감소한다.

35 ①
포도당의 감미도는 결정 상태일 때 가장 높다.

36 ①
알부민은 물이나 묽은 염류용액에 용해되며, 열에 의해 응고된다.

37 ②
유당은 젖당이므로 포유동물의 젖에만 존재한다.

38 ④

생이스트는 온도에 민감하므로 반드시 냉장 보관을 한다.

39 ③

유지의 경화 공정과 콜레스테롤은 관계가 없다. 액체 형태인 불포화 지방산에 수소를 첨가하면 고체 형태가 되는데, 이때 촉매제는 수소화 반응을 촉진하는 역할을 한다.

40 ②

유지에 알칼리를 가할 때 비누화 반응이 일어난다.

41 ③

일반적인 제빵 조합 재료로는 분유가 아니라 이스트가 필요하다.

42 ②

올레산, 리놀레산, 리놀렌산, 아라키돈산은 불포화지방산이다. 대표적인 포화지방산으로는 스테아르산과 팔미트산 등이 있다.

43 ①

콩기름에는 필수지방산인 리놀렌산이 함유되어 있다.

44 ①

지방은 담즙에 의해서 유화된다.

45 ①

당질은 곧 탄수화물을 의미하며, 탄수화물은 포도당의 형태로 혈액 내에서 존재한다. 포도당의 화학명은 글루코오스이다.

46 ②

트립토판 60mg은 체내에서 나이아신 1mg으로 전환되므로 360mg은 6mg으로 전환된다.

47 ④

필수지방산의 결핍으로 인해 피부염이 발생할 수 있다.

48 ④

항체를 만드는 데 반드시 필요한 영양소는 단백질이다.

49 ③

칼슘의 흡수를 방해하는 유기산은 수산이다.

50 ④

동물성 지방을 과다 섭취하면 콜레스테롤이 축적되고, 동맥경화증이 발생할 가능성이 높아진다.

51 ③

리스테리아균은 태아와 임산부에 치명적인 균으로, 냉장온도에서도 증식이 가능하다.

52 ②

부패 미생물 번식의 최적 수분활성도 순서는 세균(0.95), 효모(0.87), 곰팡이(0.80) 순이다.

53 ③

식품첨가물의 안전성 시험에는 급성 독성 시험법, 아급성 독성 시험법, 만성 독성 시험법 등이 있고, 맹독성 시험법은 존재하지 않는다.

54 ②

휘발성 염기질소는 부패를 확인하는 방법이다.

55 ②

식품의 저온 살균 온도 범위는 60~70℃이다.

56 ④

우유는 냉장 보관이 필요하다.

57 ①

작업공간의 살균에는 자외선 살균이 가장 적합하다.

58 ②

파상열은 인수공통감염병으로 바이러스성이 아닌 세균성이다.

59 ①

황변미 현상의 원인이 되는 곰팡이를 방지, 억제하기 위한 수분 함량 기준은 13% 이하이다.

60 ④

식품 작업 중 화장실 사용 시에는 위생복을 탈의해야 하고, 설사증이 있는 경우에는 식품을 취급하지 않는다. 또한 식품 취급 시 장신구는 착용을 자제해야 한다.

제3회 제빵기능사 CBT 모의고사

01	02	03	04	05	06	07	08	09	10	11	12	13	14	15	16	17	18	19	20
③	①	③	②	③	①	①	②	②	①	②	②	④	①	②	③	③	②	②	③
21	22	23	24	25	26	27	28	29	30	31	32	33	34	35	36	37	38	39	40
④	③	②	④	③	②	①	①	①	④	③	①	②	③	②	①	③	②	④	②
41	42	43	44	45	46	47	48	49	50	51	52	53	54	55	56	57	58	59	60
①	④	②	②	①	①	④	④	③	①	②	③	②	③	②	③	①	②	②	④

01 ③
표준 제빵 반죽 온도는 27℃이며, 스펀지법에서 스펀지 반죽의 온도는 24℃가 적합하다.

02 ①
일반적으로 작은 규모의 제과점에서 사용하는 믹서는 수직형 믹서로, 버티컬 믹서라고도 한다.

03 ③
오븐 바닥열이 약한 것은 식빵의 밑이 패이는 현상과는 관계가 없다.

04 ②
1차 발효 중 펀치를 하는 이유는 균일하지 않은 반죽의 온도를 균일화하고, 산소가 투입되어 이스트를 활성화시키기 위함이다.

05 ③
2차 발효는 시간보다 상태를 기준으로 판단하는 것이 좋다.

06 ①
오븐의 온도가 낮으면 너무 천천히 열을 받아 팽창하게 되어 2차 발효의 과발효와 비슷한 현상이 나타난다.

07 ①
2차 발효가 과다할 시 오븐 스프링의 영향을 많이 받지 않으므로 옆면이 터지지는 않는다.

08 ②
스펀지 반죽의 발효 과정 중 내부 온도 상승은 4~6℃ 정도가 적당하다.

09 ②
이스트 발효 시 주로 생성되는 알코올은 빵의 풍미, 이산화탄소는 빵의 부피와 관련이 있다.

10 ①
빵의 부피가 작고 껍질의 색이 짙으며 껍질이 부스러지고 약해지기 쉬운 결과가 생기는 것은 오븐의 열이 과도하게 높아서 생기는 현상이다.

11 ②
미국식 데니시 페이스트리 제조 시에는 가소성 범위가 넓은 유지를 사용하게 되는데, 20~40%가 사용 범위로 가장 적합하다.

12 ②
직접반죽법은 표준 스트레이트법을 말하며, 가장 먼저 발효되는 당은 포도당이다.

13 ④
액종법을 기계화시킨 것이 연속식 제빵법이므로, 일시적 기계 구입 비용이 증가하게 된다.

14 ①
오븐에 들어가기 직전 반죽 표면의 고습도가 주요 원인이다.

15 ②
반죽의 온도가 60℃일 때 효소의 활성이 증가한다.

16 ③
빵을 구울 때의 갈변은 마이야르 반응, 캐러멜화 반응과 관련이 깊다.

17 ③

베이커스 퍼센트란 밀가루의 양을 100%로 기준을 잡는 것이다.

18 ②

발효실 온도는 반죽 온도와 동일하거나 약간 높아야 하므로 27℃ 이상이어야 한다. 발효실 온도가 24℃인 경우는 발효실 온도가 낮아 발효가 충분히 일어나지 않으므로 발효 시간을 연장해야 한다.

19 ②

얼음 사용량
= 물 사용량 × (수돗물 온도 - 사용할 물 온도) ÷ (80 + 수돗물 온도)
= 10 × (18 - 9) ÷ (80 + 18) = 0.918 ≒ 0.92kg

20 ③

탈지분유는 pH의 변화에 대한 완충 역할을 한다.

21 ④

맛은 외부적 특성으로 볼 수 없고, 내부적 특성에 속한다.

22 ③

숙성도를 균일하게 하기 위해 식빵 반죽 분할은 15~20분 내로 완료하는 것이 좋다.

23 ②

둥글리기 공정의 목적에 대한 설명이다.

24 ④

최고점을 지나고 부피가 감소하는 현상이 있으나 급격하지 않으며 서서히 나타난다.

25 ③

1인당 1시간 기준 작업량은 약 333개로, 1인당 1,500개를 만들기 위해선 약 4.5시간이 필요하고, 이를 30분(0.5시간) 안에 끝내기 위해선 9명이 필요하다.

26 ②

냉동제법에서 1차 발효는 필수가 아니므로 믹싱 다음 단계의 공정은 분할이다.

27 ①

식빵의 포장 시 적정 온도는 35~40℃이다. 너무 과하게 냉각을 했다면 노화가 빨리 일어나 딱딱해진다.

28 ①

불란서빵은 하스브레드 계열이기 때문에 반죽의 탄력성을 최대로 만들어야 하므로 식빵보다는 물의 양을 줄여 주어야 한다. 따라서 식빵의 가수율보다 낮은 61%가 적당하다.

29 ①

쇼트닝은 믹싱 시간에 영향을 줄 수는 있으나 반죽 발효와는 관련이 없다.

30 ④

β-아밀라아제는 당화효소이며, 외부 아밀라아제이다.

31 ③

초콜릿에선 코코아가 약 5/8 정도 비율로 함유되어 있다. 32%의 5/8는 20%이다.

32 ①

신선한 달걀은 난각 표면에 광택이 없고 선명하며, 표면이 까칠까칠하다.

33 ②

레몬즙은 보통 머랭을 만들 때 흰자의 구조를 탄탄하게 만드는 데 사용되며, 밀가루 반죽의 탄성과는 관계가 없다.

34 ③

이스트의 영양원은 질소와 인산, 칼륨이다. 이스트에 부족한 질소를 공급하기 위해 암모늄의 형태를 많이 활용하는데 황산암모늄이 대표적이다.

35 ②

밀가루는 23~27℃의 온도에서 2~3개월 정도 자연숙성을 거친다.

36 ①

-SH기의 S-S 결합 반응은 밀가루의 단백질과 연관이 깊다.

37 ③

물은 밀가루의 단백질과 결합하여 글루텐을 형성하고, 반죽 온도 조절과 효소 활성화에 도움을 주지만, 이스트의 먹이 역할을 하지는 않는다.

38 ②

젤리 제조 시 pH는 2.8~3.4가 적합하다.

39 ④

카로틴은 밀가루 내배유의 천연색소로, 달걀 흰자와는 관련이 없다.

40 ②

제과제빵에서 달걀의 역할 : 영양가치 증가, 유화역할, 조직 강화 등

41 ①

유지의 재가열 시엔 발연점이 하락한다.

42 ④

전분의 점도는 아밀로그래프로 측정한다.

43 ②

대사산물은 물질대사의 중간 산물로, 지질의 대사산물에는 물, 에너지, 이산화탄소가 있으며 수소와는 관련이 없다.

44 ②

밀에 가장 많이 결핍되어 있는 아미노산은 라이신이다.

45 ①

단백질 효율(PER)은 단백질의 질을 측정하는 것이다.

46 ①

- 트립신은 췌장에서 분비되는 소화효소로 펩타이드 결합을 분해한다.
- 펩신은 위에서 분비되는 소화효소이다.

47 ④

탄수화물의 1일 적정 섭취량은 총열량의 50~70%가 적절하다. 2,000kcal를 평균값인 60%로 계산하면 약 1,200kcal가 필요하고, 탄수화물은 1g당 4kcal의 열량을 내므로 섭취량은 약 300g이 적절하다.

48 ④

올리고당류는 장내 비피더스균의 증식을 촉진시킨다.

49 ③

유당불내증은 체내에 유당 분해효소인 락타아제가 결여되어 우유 중 유당을 소화하지 못하는 증상으로 우유나 크림보다는 요구르트가 적합하다.

50 ①

풋고추의 비타민 C 함유량은 사과의 약 18배이다.

51 ②

우유는 가축의 사료나 환경 등으로부터 유해성 화학물질이 전달될 수 있다.

52 ③

교차오염을 예방하기 위해 작업 흐름을 일정한 방향으로 배치하는 것이 바람직하다.

53 ②

판매장소와 공장의 면적 배분은 1 : 1이 적절하다.

54 ③

치사율이 아주 높은 것은 보툴리누스균이며, 포도상구균은 열에 아주 강한 균이다. 여시니아균은 냉장온도와 진공 포장 상태에서도 증식한다.

55 ②

「식품위생법」상 식품 등의 공전은 식품의약품안전처장이 작성, 보급한다.

56 ③

식품첨가물의 수입은 보건복지부장관에게 신고한다.

57 ①

테트로도톡신은 복어, 삭시톡신은 섭조개, 베네루핀은 모시조개의 독성물질이다.

58 ②

갈고리 촌충은 갈고리가 있으므로 있을 유(有)자를 사용하여 유구조충이라 하며, 주로 돼지고기를 익혀 먹지 않아서 감염된다.

59 ②

메주의 독소는 아플라톡신이다. 고시폴은 면실유, 솔라닌은 감자의 싹, 에르고톡신은 보리의 독소이다.

60 ④

장티푸스 예방 백신은 개발되어 있으며 예방 접종으로 예방이 가능하다.

제1회 제과기능사 CBT 모의고사

01	02	03	04	05	06	07	08	09	10	11	12	13	14	15	16	17	18	19	20
④	②	④	④	③	④	①	②	④	①	③	②	③	②	①	②	④	①	④	③
21	22	23	24	25	26	27	28	29	30	31	32	33	34	35	36	37	38	39	40
②	①	④	②	①	②	④	②	③	②	④	①	④	②	③	①	④	③	①	②
41	42	43	44	45	46	47	48	49	50	51	52	53	54	55	56	57	58	59	60
④	①	③	④	④	①	①	④	③	②	③	①	③	②	④	④	③	②	①	②

01 ④

유화제는 물과 기름을 잘 혼합시켜주는 역할을 하고, 빵이나 케이크를 부드럽게 하며 노화 과정을 지연시키는 데 사용된다.

02 ②

- 달걀의 껍데기는 약 95%가 탄산칼슘으로 이루어져 있다.
- 흰자는 대부분이 물로 수분 함량이 88%이고, 그 다음 많은 성분은 단백질이다.
- 노른자에는 단백질보다 지방이 많다.
- 흰자는 달걀의 60%를 차지하고, 노른자는 30%를 차지한다.

03 ④

오레가노는 잎을 건조해서 만든 향신료로 피자나 파스타에 많이 사용된다.

04 ④

달걀은 껍데기 10%, 흰자 60%, 노른자 30%로 구성되어 있으므로, 60g에 껍데기 10%를 제외하면 가식부위는 60g × 0.9 = 54g이다.

05 ③

과량의 산은 반죽의 pH를 낮게, 과량의 중조는 pH를 높게 만든다.

06 ④

1개의 종자에서 넛메그와 메이스를 얻을 수 있으며, 넛메그를 감싸고 있는 빨간 껍질이 메이스이다.

07 ①

코팅용 초콜릿은 융점(녹는점)이 겨울에는 낮아야 쉽게 굳지 않고, 여름에는 높아야 쉽게 녹지 않는다.

08 ②

베이킹파우더는 탄산수소나트륨이 이산화탄소와 물과 작용하여 탄산나트륨이 되며, 탄산가스가 발생한다.

09 ④

유당은 우유 속의 탄수화물로 유지와는 관련이 없다.

10 ①

달걀은 커스터드크림을 엉겨 붙게 하는 농후화제(결합제) 역할을 한다.

11 ③

생크림은 0~10℃로 냉장보관해야 한다.

12 ②

유지를 재가열하게 되면, 유리지방산이 많아져 발연점이 낮아진다.

13 ③

생크림은 유지방 함량이 18% 이상인 크림이다.

14 ②

우유 속의 탄수화물인 유당은 캐러멜화 작용으로 제품의 껍질 색을 개선해 준다.

15 ①

- 젤리화의 요소에는 유기산류, 당분류, 펙틴류가 있다.
- 젤리화의 3요소 : 당(설탕), 산, 펙틴

16 ②

- 황설탕 : 설탕 제조 공정 과정 중 열이 가해져 황갈색을 띠는 설탕
- 정백당 : 설탕 제조 과정에서 가장 먼저 만들어지는 작은 입자의 순도 높은 흰색의 설탕
- 빙당 : 바위 모양으로 굳힌 설탕으로 과실주나 리큐르 등을 만들 때 사용

17 ④

사탕수수와 사탕무의 즙액을 농축하고 결정화시켜 원심분리하면 원당과 제1당밀이 되는데, 원당으로 만드는 당이 설탕이고, 당밀을 발효하여 만든 술이 럼주이다.

18 ①

버터의 수분 함량은 18% 이하이다.

19 ④

과당의 감미도는 170으로 가장 높다.

20 ③

마라스키노는 체리 성분을 원료로 만든 술이다.

21 ②

- 계피 : 나무껍질로 만든 향신료로 케이크, 쿠키, 크림 등과 과자류나 빵류에 많이 사용한다.
- 넛메그 : 1개의 종자에서 넛메그와 메이스를 얻을 수 있고, 넛메그의 종자를 싸고 있는 빨간 껍질을 말린 향신료는 메이스가 된다. 넛메그는 단맛의 향기가 있고, 기름 냄새를 제거하는 데 탁월하여 튀김제품에도 많이 사용된다.
- 올스파이스 : 올스파이스나무의 열매를 익기 전에 말린 것으로 자메이카 후추라고도 하며 카레나 파이 등에 사용된다.

22 ①

우유의 비중은 1.030으로 물보다 무거우며, 유당은 이스트에 의해 분해되지 않는다.

23 ④

프리믹스란 빵이나 과자를 손쉽게 만들어 먹을 수 있도록 기본이 되는 재료들을 혼합해 놓은 가루이다.

24 ②

소금은 이스트의 발효력을 약화시키기 때문에 함께 계량하지 않는다.

25 ①

파이, 퍼프 페이스트리, 데니시 페이스트리 등은 밀가루 반죽 속의 유지 층이 공기를 포집하여 굽는 동안 증기압에 의해 팽창하는 방식으로 부피를 이룬다.

26 ②

소프트 롤 케이크는 거품형 반죽으로 만드는 제품이다.

27 ④

과산화물가는 유지의 자동산화 정도를 나타내는 지표로 과산화물가가 높다는 것은 유지가 산패되었다는 의미이다. 따라서 유지의 과산화물가가 높으면 튀김용 기름으로 좋지 않다.

28 ②

파운드 케이크 제조 시 유지를 증가하게 되면, 달걀의 사용은 증가시키고, 우유의 사용은 감소시켜야 한다.

29 ③

- 25개 × 5,000봉 = 125,000개
- 제조손실 = 125,000 × 0.02 = 2,500개
- 제조할 쿠키의 총량 125,000 + 2,500 = 127,500개
- 분당 425개를 제조하므로 소요되는 생산 시간은 127,500 ÷ 425 = 300분 = 5시간이다.

30 ②

- ppm은 백만분의 일을 나타내고, 백분율의 만분의 일이다. 따라서 %에 1만을 곱하면 간단하게 ppm을 구할 수 있다.
- 100/10,000 = 0.01%

31 ④

박력분은 연질소맥을 제분한 것으로 단백질 함량은 7~9% 정도로 낮고, 주로 제과 및 튀김옷 등에 사용된다.

32 ①

젤라틴은 동물의 껍질이나 연골 속에 있는 콜라겐에서 추출하는 동물성 단백질로 안정제, 젤화제로 사용된다.

33 ④

스펀지 케이크는 달걀의 기포성을 이용한 팽창을 이용하는 제품으로 설탕, 달걀, 박력분이 필수 재료이며, 베이킹파우더는 사용하지 않는다.

34 ②

도넛의 적정한 튀김 온도는 180~195℃이며 200℃ 이상에서는 튀기지 않는다.

35 ③

시폰 케이크는 달걀 흰자로 거품형의 머랭을 만들고, 노른자는 다른 재료와 섞어서 반죽형 반죽을 만들어 이 두 가지를 혼합하여 만드는 제품이다.

36 ①

비용적은 스펀지 케이크 5.08, 파운드 케이크 2.40, 레이어 케이크 2.96, 초콜릿 케이크는 레이어 케이크로 2.96이다.

37 ④

- 제1차 관리요소 : Man(사람, 질과 양), Material(재료, 품질), Money(자금, 원가)
- 제2차 관리요소 : Method(방법), Minute(시간, 공정), Machine(기계, 시설), Market(시장)

38 ③

제과 껍질의 갈색화는 설탕에 의한 것으로 캐러멜화 반응과 마이야르 반응이 동시에 일어나기 때문이다.

39 ①

반죽형 반죽에서 모든 재료를 한꺼번에 넣고 반죽하는 방법은 1단계법(단단계법)이다.

40 ②

밀대는 상처가 나지 않도록 부드러운 솔이나 헝겊을 이용하여 청소한다.

41 ④

반죽의 비중은 기공의 크기, 제품의 부피 및 조직에 결정적인 영향을 준다.

42 ①

단백질의 급원식품은 육류, 달걀, 우유 등이다.

43 ③

설탕을 많이 붙게 하는 점착력이 좋은 튀김기름을 사용해야 발한 현상을 줄일 수 있다.

44 ④

설탕 시럽의 냉각 시 설탕의 재결정을 막기 위하여 주석산 크림을 사용한다.

45 ④

이탈리안 머랭은 거품을 낸 흰자에 끓인 설탕 시럽을 실같이 흘려 넣으면서 만드는 것으로 시럽법이라고 한다.

46 ①

버터크림의 시럽 제조 시 설탕에 대한 물 사용량은 20~30% 정도이다.

47 ①

파인애플의 브로멜린, 키위의 액티니딘 등은 단백질의 분해효소로 단백질인 젤라틴의 응고를 방해한다.

48 ④

부틸하이드록시아니솔(BHA)은 유지의 산패로 인한 품질 저하를 방지하는 산화방지제이다.

49 ③

달걀은 케이크 제조에서 결합제, 유화제, 팽창제 등으로 사용된다. 달걀 노른자의 카로티노이드 색소로 약간의 착색작용도 있으나 보기 중에서는 가장 거리가 멀다.

50 ②

엔젤 푸드 케이크, 과일 케이크 등은 산도가 높은 제품으로 pH가 낮다.

51 ③

반죽 온도에 영향을 미치는 주요 요인은 실내온도, 밀가루, 설탕, 달걀, 유지, 물 온도 등이 있다.

52 ①

전분이나 밀가루는 아이싱의 끈적거림을 방지하는 흡수제 역할을 하지만, 아이싱 크림을 여리게 하는 데에는 적합하지 않다.

53 ③

롤 케이크는 말기를 해야 하는 제품으로 밀어 펴는 파이 롤러로 작업하기에 적합하지 않다. 파이 롤러는 스위트 롤, 파이류, 페이스트리류, 크루아상, 도넛류 등에 사용한다.

54 ②

글루텐을 형성하는 단백질에는 글리아딘과 글루테닌, 메소닌, 알부민, 글로불린이 있으나 일반적으로는 글루테닌과 글리아딘을 글루텐 형성 단백질로 본다.

55 ④

반죽이 산성에 치우치면 글루텐을 응고시켜 부피팽창을 방해하기 때문에 기공이 작고 조밀해지며, 부피가 작아진다. 또한, 당의 캐러멜화를 방해하여 옅은 향과 여린 껍질 색을 만든다.

56 ④

비타민 E(토코페롤)는 천연산화방지제로 가수분해나 산화에 의해 튀김기름이 산패되는 것을 방지한다.

57 ③

1단계법은 모든 재료를 한꺼번에 넣고 반죽하는 방법으로 시간과 노동력을 절약할 수 있어 대량생산에 적합하다.

58 ②

충전물 제조 시 농후화제로 사용되는 것은 밀가루, 전분, 달걀, 검류 등의 안정제 등이다.

59 ①

강력분은 탄력성, 점성, 수분 흡착력이 강하여 제빵에 어울리는 밀가루이다.

60 ②

튀김기름이 갖추어야 할 요건

- 발연점이 높은 것
- 거품이나 점도 형성에 대한 저항성이 좋을 것
- 산가가 낮은 것
- 산패에 대한 안정성과 저장성이 좋을 것
- 여름에는 높은 융점, 겨울에는 낮은 융점의 기름을 사용할 것

제2회 제과기능사 CBT 모의고사

01	02	03	04	05	06	07	08	09	10	11	12	13	14	15	16	17	18	19	20
③	④	①	①	①	①	③	①	①	②	③	③	③	③	③	④	①	③	②	④
21	22	23	24	25	26	27	28	29	30	31	32	33	34	35	36	37	38	39	40
①	②	④	③	④	②	③	④	④	④	②	①	③	③	①	④	②	③	②	④
41	42	43	44	45	46	47	48	49	50	51	52	53	54	55	56	57	58	59	60
①	③	②	②	④	①	①	②	①	③	②	①	①	③	④	①	②	④	④	①

01 ③

반죽의 온도가 정상보다 높으면 기공이 열리고 큰 공기 구멍이 생겨 조직이 거칠고 노화가 촉진되며, 부피가 커진다.

02 ④

시폰 케이크의 적정 비중은 0.4~0.5 정도이다.

03 ①

위해요소중점관리기준(HACCP)은 모든 잠재적 위해요소를 분석하여 사후적이 아닌 사전적으로 위해요소를 제거하고 개선할 수 있는 방법을 찾는 것이다.

04 ①

반죽의 색깔 개선은 건포도의 전처리 목적이 아니다.

05 ①

비필수아미노산인 알라닌은 알라닌 회로를 통하여 단백질로부터 포도당을 합성한다.

06 ①

시폰형 반죽은 달걀흰자로 거품형의 머랭을 만들고, 노른자는 다른 재료와 섞어서 반죽형 반죽을 만들어 이 두 가지를 혼합하여 만든다.

07 ③

- 파리는 장티푸스, 파라티푸스, 이질, 콜레라, 결핵 등을 전파하는 매개체이다.
- 회충은 주로 인간이나 동물의 장에서 기생하는 기생충으로 파리와는 관계가 없다.

08 ①

돈단독증은 인수공통감염병으로 가축의 내장이나 고기를 다룰 때 창상으로 돈단독균이 침입하여 감염된다.

09 ①

슈는 굽기 중 팽창이 매우 크므로 성형하여 팬닝할 때 반죽의 간격을 가장 충분히 유지하여야 한다.

10 ②

식품 및 축산물 안전관리인증기준은 식품의약품안전처장이 제·개정하여 고시한다.

11 ③

콩류(두류)에는 필수아미노산 중 메티오닌의 함량이 부족하다.

12 ③

유당은 캐러멜화나 마이야르 반응과 같은 갈변 반응을 일으켜 껍질색을 개선해준다.

13 ③

제과제빵 공장이 밀 경작지 주변에 있어야 할 이유는 특별하게 없다.

14 ③

식품의 변질에 영향을 미치는 요소에는 영양소, 수분, 온도, 산소, 최적 pH 등이 있다.

15 ③

곰팡이 번식에 의한 변화는 변질에 해당하며, 노화 현상과는 구별된다.

16 ④

- 고율배합 : 낮은 온도에서 장시간 굽는다.
- 저율배합 : 높은 온도에서 단시간 굽는다.

17 ①

- 우유(분유), 밀가루의 사용량을 늘리는 경우 베이킹파우더의 사용량을 늘린다.
- 유지의 양을 늘리거나 크림성이 좋은 유지를 사용하는 경우, 달걀의 사용량을 늘리는 경우 베이킹파우더의 사용량을 줄인다.

18 ③

롤 케이크의 반죽 비중은 0.45~0.55 정도이다.

19 ②

장티푸스 질환의 특성은 온몸에 열이 급속하게 나는 급성 전신성 열성질환이다.

20 ④

희망 반죽 온도가 가장 낮은 제품은 파이나 퍼프 페이스트리로 18~20℃ 정도이다.

21 ①

유당은 포유류의 젖에 존재하는 동물성 당류이다.

22 ②

천연산화방지제로 사용되는 비타민은 비타민 C와 비타민 E가 있다.

23 ④

버터는 융점이 낮고 크림성이 부족하여 가소성 범위가 좁으므로 18~21℃에서 사용하는 것이 좋다.

24 ③

커스터드크림에서 달걀은 엉겨 붙게 하는 농후화제(결합제) 역할을 한다.

25 ④

퍼프 페이스트리의 3절 5회 밀어 편 결의 수는 3^5=243겹이다.

26 ②

도넛의 포장 시 발한 현상을 방지하기 위한 도넛의 수분 함량은 21~25%이다.

27 ③

납 중독은 중금속에 의한 화학적 식중독으로 감염성은 거의 없다.

28 ④

빵 반죽을 분할할 때 또는 구울 때 달라붙지 않게 하기 위하여 이형제를 사용하며, 유동파라핀만 허용되어 있나.

29 ④

600g × 1,200개 = 720,000g = 720kg

30 ④

리파아제는 지방의 에스테르 결합을 가수분해하여 지방산과 글리세린으로 전환시키는 효소의 총칭이다.

31 ②

- 멸균 : 포자를 포함한 모든 미생물을 완전 사멸시켜 무균 상태로 만드는 것
- 살균 : 물리적·화학적 방법으로 되도록이면 유익한 미생물은 남기고 유해한 미생물만 선택 제거

32 ①

옥수수 단백질 제인(Zein)에는 필수아미노산인 트립토판과 라이신이 부족하며, 그중 트립토판이 더 부족하다.

33 ③

글루텐은 밀가루 단백질인 글리아딘과 글루테닌에 물을 넣고 반죽하면 형성되는 점탄성을 가진 반죽 단백질이다.

34 ③

- 달걀의 양 = 쇼트닝 × 1.1 = 60 × 1.1 = 66%
- 코코아의 양 = 32 × (5/8) = 20%
- 우유의 양 = 설탕 + 30 + (코코아 × 1.5) - 전란
  = 120 + 30 + (20 × 1.5) - 66 = 114
- 분유 사용량(우유의 10%) = 114 × 0.1 = 11.4%

35 ①

파이 롤러는 반죽을 일정한 두께로 밀어 펼 때 사용하는 기계이다.

36 ④

호밀빵 특유의 청량감이 있는 향미를 배가하기 위하여 캐러웨이 씨앗을 넣고 굽는다.

37 ②

세균의 체내에 포자를 형성하는 균은 바실러스속 균과 클로스트리디움속 균 등이며 이들이 형성하는 아포(포자)는 내열성이 강해 고압증기멸균법을 사용해야 완전히 사멸시킬 수 있다.

38 ③

달걀 함량이 부족하면 공기 포집 능력이 떨어져 기공은 조밀해지지만 수분 함량이 적어지기 때문에 속이 축축해지지는 않는다. 달걀 함량이 많고 휘핑이 적절하지 못하면 기공이 조밀하고 속이 축축해진다.

39 ②

반죽형 반죽의 블렌딩법에 대한 설명이다.

40 ④

제빵용으로 가장 좋은 물의 경도는 120~180ppm의 아경수이다.

41 ①

- 청매, 은행, 살구씨 등의 자연독은 아미그달린이다.
- 리신은 피마자의 독소이다.

42 ③

일반적으로 식중독 원인 세균은 증식 최적 온도가 25~37℃ 정도인 중온균이다.

43 ②

대류는 뜨거워진 액체나 기체가 위로 올라가고 차가워진 액체나 기체는 아래로 내려오는 순환 방식으로 열을 전달하는 방법으로 찜을 할 때 이용되는 방법이다.

44 ②

퐁당은 설탕 100에 물 30을 넣고 114~118℃로 끓여서 시럽을 만든 후 38~48℃로 냉각시켜서 만든다.

45 ④

템퍼링을 하면 입안에서 녹는 용해성(구용성)이 좋아진다.

46 ①

크림법은 반죽형 반죽의 대표적인 제법으로 파운드 케이크의 가장 일반적인 제법이다.

47 ①

- 레이어 케이크 제조 시 물이 구조력을 증가시키지는 못한다.
- 레이어 케이크 제조 시 물은 주로 제품의 유연성 증가, 수율 증가, 노화 지연 등의 역할을 한다.

48 ②

믹서는 반죽날개로 휘퍼, 비터, 훅이 있으며, 스크래퍼는 반죽을 분할하거나 한 곳으로 모으고 떼어낼 때 사용하는 도구이다.

49 ①

베이킹소다(중조)를 베이킹파우더로 대체할 경우, 베이킹소다의 3배를 사용해야 한다. 따라서 1.2% × 3 = 3.6%의 베이킹파우더가 필요하다.

50 ③

클로스트리디움 페르프린젠스균은 클로스트리디움 속의 혐기성균으로 아포를 형성하며 독소를 생성하는 독소형 식중독으로 웰치균을 말한다.

51 ②

패리노그래프는 밀가루의 흡수율, 믹싱 시간, 믹싱 내구성 등을 측정한다.

52 ①

결핵은 오염된 우유나 유제품을 통하여 사람에게 직접 감염되는 인수공통감염병이다.

53 ①

트랜스지방은 액체 상태의 불포화지방을 고체 상태로 가공하기 위해 수소를 첨가하는 과정(부분 경화)에서 생성되는 지방으로 섭취 시 건강에 좋지 않은 영향을 준다.

54 ③

밀가루의 전분 중 아밀로오스의 함량이 많을수록 노화가 빨라진다.

55 ④

스펀지 케이크는 거품형 반죽의 대표적인 제품으로 달걀 단백질의 변성에 의한 기포성, 유화성, 응고성을 이용하여 반죽을 부풀린다.

56 ①

반죽의 비중이 높은 제품은 공기의 혼입이 적어 기공의 조직이 조밀하고 부피가 작으며 조직이 단단하고 무거운 특징을 가진다. 껍질 색에는 영향을 주지 않는다.

57 ②

화학적 유해물질을 섭취하였을 경우 급성 독성뿐만 아니라 지속적으로 섭취할 경우 만성 독성의 문제가 발생한다.

58 ④

우유 단백질의 약 80%는 카세인이고, 나머지 20%의 대부분은 락토알부민과 락토글로불린이다.

59 ④

- 케이크의 아이싱에 주로 사용되는 것은 휘핑크림이다.
- 프랄린 : 견과류에 캐러멜화된 설탕을 입혀 만든 충전물로 사용한다.
- 마지팬 : 설탕과 아몬드를 갈아 만든 페이스트로 꽃이나 동물 등의 조형물을 만들 때 사용한다.
- 글레이즈 : 제품에 광택을 내기나 고딩을 하는 과정과 재료를 총칭한다.

60 ①

펙틴은 과일이나 채소류 등의 세포막이나 세포막 사이의 엷은 층에 존재하는 다당류로 당과 산이 존재하면 젤을 형성하는 성질이 있어 젤화제, 증점제, 안정제 등으로 사용된다.

제3회 제과기능사 CBT 모의고사

01	02	03	04	05	06	07	08	09	10	11	12	13	14	15	16	17	18	19	20
②	④	④	②	①	②	③	②	①	③	④	④	①	③	②	②	③	①	③	①
21	22	23	24	25	26	27	28	29	30	31	32	33	34	35	36	37	38	39	40
③	②	④	④	④	②	③	①	②	②	①	①	②	③	②	④	③	①	②	④
41	42	43	44	45	46	47	48	49	50	51	52	53	54	55	56	57	58	59	60
②	④	①	④	②	①	②	②	①	④	④	④	③	②	②	③	②	②	①	②

01 ②

위생지표세균에는 대장균, 분변계 대장균, 장구균 등이 있다.

02 ④

도넛 글레이즈의 사용 온도는 43~49℃ 정도가 가장 적합하다.

03 ④

- 발효 : 주로 탄수화물이 미생물에 의해 분해되어 유용한 물질로 변화·생성되는 현상을 말하며, 식품의 향과 맛을 좋게 하여 식용이 가능하다. 치즈, 젓갈, 된장 등의 장류 등은 단백질의 발효에 의한 식품이다.
- 부패 : 단백질이 미생물에 의해 분해되어 인체에 유해한 물질로 변화되는 것을 말한다.

04 ②

리놀렌산은 필수지방산으로 들기름에 많이 들어 있어 두뇌 성장과 시각 기능을 증진시킨다.

05 ①

카스텔라는 반죽의 건조 방지와 제품의 높이를 유지하기 위하여 나무 틀을 사용하여 굽는다.

06 ②

필수지방산이 아닌 것을 찾는 문제로, 올레산은 필수지방산이 아니다.

07 ③

- 일본뇌염은 경피 감염병으로 피부를 통해 감염된다.
- 경구 감염병은 세균이 입을 통하여(경구, Oral, 經口) 체내로 침입한 후 발병하는 감염병으로 소화기계 감염병이라고도 한다.

08 ②

감미도의 순서

전화당(130) > 포도당(75) > 맥아당(32) > 유당(16)

09 ①

반죽의 비중은 제품의 부피, 기공, 조직에 결정적인 영향을 준다.

10 ③

위해요소중점관리기준(HACCP)은 식품의약품안전처장이 정하여 고시한다.

11 ④

브루셀라병은 브루셀라균에 의해 감염된 동물로부터 감염되어 발생하는 인수공통감염병 중 하나로, 반복적인 열이 나타나 파상열이라고도 한다.

12 ④

밀가루에 함유된 대부분의 색소는 크산토필이며, 약간의 카로틴과 플라본 등이 있다.

13 ①

고율배합 반죽에는 공기 혼입량이 많기 때문에 비중을 측정하면 비중이 낮다.

14 ③

쿠키의 퍼짐성이 심한 이유

- 묽은 반죽
- 과다한 팽창제 사용
- 유지의 사용량이 너무 많을 경우
- 알칼리성 반죽
- 설탕의 사용량이 너무 많을 경우

• 낮은 굽기 온도
• 설탕 입자가 클 경우

15 ②

유지는 설탕처럼 과자의 수분을 보유하는 기능이 있어, 제품의 노화를 억제한다.

16 ②

무스(Mousse)란 프랑스어로 '거품'이란 뜻으로 커스터드 또는 초콜릿, 과일 퓌레에 생크림, 머랭, 젤라틴 등을 넣고 굳혀 만든 제품이다.

17 ③

분할 반죽의 무게 = 완제품의 무게 ÷ {1 - (굽기손실 ÷ 100)}
x = 400 ÷ {1 - (20 ÷ 100)}
= 500g

18 ①

반죽의 온도가 정상보다 높으면 기공이 열리고 큰 공기 구멍이 생겨 조직이 거칠고 노화가 촉진되며, 부피가 커진다.

19 ③

메틸알코올은 두통, 구토, 실명 등을 일으킨다. 환각을 일으키는 것은 에틸알코올이다.

20 ①

시폰 케이크 반죽에 밀가루 양이 많으면 제품의 구조력이 강해져 냉각 시 수축이 잘 일어나지 않아 팬에서 분리되지 않는다.

21 ③

혈당(혈액을 구성하는 당, 포도당)의 저하와 관계있는 것은 인슐린이다.

22 ②

• 밀가루 단백질(글리아딘, 글루테닌)에 물과 힘을 가하면 글루텐이 형성되어 밀가루 반죽을 만든다.
• 글루텐은 단순단백질인 글리아딘과 글루테닌이 주성분이 되어 엉겨있는 단백질의 복합체이다. 그러나 복합단백질은 아니다.

23 ④

글리아딘은 글루텐에 신장성을 부여하고, 글루테닌은 글루텐에 탄력성을 부여한다.

24 ④

비중이 낮으면, 반죽에 혼입된 공기량이 많아 구조력이 약화되어 중앙 부분이 함몰된다.

25 ④

• 이당류 : 자당, 맥아당, 유당
• 단당류 : 포도당, 과당, 갈락토오스

26 ②

달걀 노른자에 풍부한 레시틴은 지방과 인이 결합된 복합지질로서 유화력이 강하다.

27 ③

전분의 점도는 아밀로그래프로 측정한다.

28 ①

튀김기름의 4대 적 : 공기(산소), 수분(물), 이물질, 온도(반복 가열)

29 ②

전분의 호화는 굽기 공정에서 일어나는 화학반응으로 포장된 제품에서는 발생하지 않는다.

30 ②

수분이 많을수록 호화가 촉진된다.

31 ①

카세인은 우유 단백질의 주요 성분으로 우유 단백질의 약 80% 정도를 차지하고 있다. 열에는 응고하지 않으나 산과 효소 레닌에 의해 응유되며, 이 원리로 만든 유제품의 종류에는 치즈, 요구르트 등이 있다.

32 ①

• 효소의 주요 구성성분은 단백질이다.
• 지방은 주로 에너지원으로 사용되며, 체온 유지, 생체기관 보호, 세포막 구성 등에 중요한 역할을 한다.

33 ②

식중독의 원인균은 대체로 중온균으로 25~37℃에서 왕성하게 발육한다.

34 ③

의사는 환자의 식중독이 확인되는 대로 특별자치시장 · 시장 · 군수 · 구청장에게 보고해야 한다.

35 ②

- 연수(부드러운 물) : 0~60ppm
- 아연수(연수에 가까운 물) : 61~120ppm
- 아경수(경수에 가까운 물) : 121~180ppm
- 경수(단단한 물) : 181ppm 이상

36 ④

헤모글로빈은 일명 크로모단백질인 색소단백질에 속하는 복합단백질이다.

37 ③

설탕은 이당류로서 고분자 화합물이므로 캐러멜화가 가장 높은 온도에서 일어난다.

38 ①

감미제는 일반적으로 당류의 기능이다.

39 ②

감염병 및 질병 발생의 3대 요소에는 병인(병원체), 환경, 숙주(인간)가 있다.

40 ④

탄수화물은 3대 열량 영양소로서 체내에서 에너지원으로 사용되며, 열량을 공급한다.

41 ②

세균성 경구 감염병의 종류에는 세균성 이질, 장티푸스, 파라티푸스, 콜레라, 성홍열, 디프테리아 등이 있다.

42 ④

4대 기본 맛은 신맛, 단맛, 짠맛, 쓴맛으로, 떫은맛은 기본 맛에 포함되지 않는다.

43 ①

고시폴(Gossypol)은 면실유(목화씨를 압착하여 얻는 기름)에서 발견되는 독성 물질로, 면실유의 정제가 불충분할 경우 식중독을 일으킬 수 있다.

44 ④

장염 비브리오균은 호염성균으로 1차 오염된 어패류의 생식이나 2차 오염된 조리기구의 사용으로 여름철에 집중 발생한다. 주요 증상으로 급성위장염 등이 있다.

45 ②

아미노산은 단백질을 구성하는 기본 단위로 아미노산과 아미노산 간의 결합을 펩타이드 결합이라고 한다.

46 ①

제품의 재고량과 재고기간은 제품의 가치를 떨어뜨리는 요인이 된다.

47 ②

머랭에 안정제를 사용하면 수분 보유가 증진된다.

48 ②

가열 살균법

- 저온 장시간 살균법 : 60~65℃, 30분간 가열
- 고온 단시간 살균법 : 70~75℃, 15초간 가열
- 초고온 순간 살균법 : 130~140℃, 2초간 가열

49 ①

파이 롤러는 자동으로 밀어 펴는 기계이므로 말기를 해야 하는 롤 케이크에는 적합하지 않다.

50 ④

반죽의 휴지가 길면 글루텐이 부드러워져 유지에서 만들어지는 수증압에 의해 좀 더 팽창한다.

51 ④

비타민 K는 칼슘(Ca)과 함께 혈액 응고를 촉진하는 데 필수적인 요소이다.

52 ④

초콜릿의 보관온도 및 습도는 초콜릿의 숙성을 고려하여 설정한다. 포장한 초콜릿을 온도 18℃, 상대 습도 50% 이하의 저장실에서 7~10일간 숙성(보관)시키면 초콜릿 속의 카카오 버터 조직이 더욱 안정된다.

53 ③

- 스펀지 케이크 제조 시 달걀의 4가지 기능
  - 팽창작용
  - 수분 공급
  - 구조 형성
  - 유화작용
- 달걀의 구조 형성은 단백질이 많은 밀가루로 대체할 수 있다.

54 ②

고열이 '주기적으로 일어나는'을 한자어로 파상열이라고 한다. 파상열은 브루셀라증이라고도 하며, 동물에게는 유산을 일으키고, 사람에게는 열성 질환을 일으킨다.

55 ②

이당류에는 유당(젖당), 맥아당(엿당), 자당(설탕) 등이 있다. 과당, 갈락토오스, 포도당은 단당류이다.

56 ③

지방의 열량 = 지방의 중량(g) × 9kcal
= 20g × 9kcal = 180kcal

57 ②

- 고율배합 반죽, 다량 반죽일수록 낮은 온도에서 오래 구워야 한다.
- 저율배합 반죽, 소량 반죽일수록 높은 온도에서 짧게 구워야 한다.
- 파운드 케이크는 고율배합 반죽이다.

58 ②

- 이형제란 반죽을 구울 때 달라붙지 않게 하고 모양을 그대로 유지하기 위하여 사용하는 재료를 말한다.
- 엔젤 푸드 케이크 제조 시 껍질 얇고, 향・수분 손실 방지, 표면에 반점 방지를 위해 이형제로 물을 사용한다.

59 ①

고시폴은 목화씨에서 짠 기름의 정제가 불순한 면실유에 있는 식물성 자연독이다.

60 ②

- 발효나 부패는 미생물의 작용이면서 인간에게 유익한 경우와 유해한 경우를 나타낼 뿐이고 이 2가지 경우를 화학적이나 미생물학적으로 구분하기는 매우 어렵다. 문제에서 유해물질을 생성하여 먹을 수 없게 되는 현상을 묻고 있으므로 부패에 대한 내용이다. 발효된 식품은 먹을 수 있다.
- 갈변은 당의 열반응으로 일어난다.
- 산패는 지방의 산화 등에 의해 악취나 변색이 일어나는 현상을 말한다.

제1회 제빵산업기사 CBT 모의고사

01	02	03	04	05	06	07	08	09	10	11	12	13	14	15	16	17	18	19	20
②	③	①	②	①	②	①	①	④	②	④	④	②	①	③	③	①	④	④	①
21	22	23	24	25	26	27	28	29	30	31	32	33	34	35	36	37	38	39	40
①	③	④	③	③	②	④	④	③	②	④	④	④	②	②	①	①	③	①	④
41	42	43	44	45	46	47	48	49	50	51	52	53	54	55	56	57	58	59	60
④	④	③	④	②	④	②	④	①	②	④	②	①	①	④	③	④	③	③	②

01 ②

냉장온도에서도 미생물 증식은 가능하다.

02 ③

- 식품접객업 : 휴게음식점영업, 일반음식점영업, 단란주점영업, 유흥주점영업, 위탁급식영업, 제과점영업
- 식품보존업 : 식품냉동·냉장업, 식품조사처리업

03 ①

형광증백제, 파라핀, 폼알데하이드(포름알데하이드)는 유해물질이다.

04 ②

포도상구균은 자연계에 널리 분포된 세균으로, 식중독뿐 아니라 피부의 화농, 중이염, 방광염 등 화농성 질환을 일으키는 원인균이다.

05 ①

식품위생상 위해요소를 파악하여 발생을 예방·제거하고 허용 수준 이하로 감소시킬 수 있는 공정 단계를 결정하는 것은 중요 관리점 설정이다.

06 ②

아크릴아마이드는 감자나 곡류 등 탄수화물이 많은 식품을 120℃ 이상의 고온에서 조리 및 가공하였을 때 생성되는 발암물질이다.

07 ①

소비자 안전을 위한 표시사항(식품 등의 표시·광고에 관한 법률 시행규칙 별표 2)

다음의 어느 하나에 해당하는 경우 "무 글루텐"의 표시를 할 수 있다.

- 밀, 호밀, 보리, 귀리 또는 이들의 교배종을 원재료로 사용하지 않고 총 글루텐 함량이 1kg당 20mg 이하인 식품 등
- 밀, 호밀, 보리, 귀리 또는 이들의 교배종에서 글루텐을 제거한 원재료를 사용하여 총 글루텐 함량이 1kg당 20mg 이하인 식품 등

08 ①

탈지분유 1% 증가 시 반죽의 흡수율은 1% 증가한다.

09 ④

설탕 사용량을 1% 감소시킨다.

10 ②

오버 베이킹은 낮은 온도에서 장시간 굽는 방법으로 반죽이 많거나 고율배합일 때 사용하며, 수분 손실이 커서 노화가 빨리 진행된다.

11 ④

분할 반죽의 무게 = 완제품의 무게 ÷ {1 - (굽기 손실 ÷ 100)}

x = 600 ÷ {1 - (12 ÷ 100)}

= 682g

12 ④

강력분과 중력분을 구별할 수 있는 것은 패리노그래프이다.

13 ②

- 라인-스태프 조직 : 대규모 회사에 적합
- 직능 조직 : 중·소규모 회사에 적합
- 사업부제 조직 : 대기업 규모(전국을 대상으로 하는 회사)에 적합

14 ①

OJT는 현장감독자 등 직속상사가 작업 현장에서 개별지도·교육하는 것이므로 다수의 근로자에게 동시에 진행하는 것이 어렵다.

15 ③

마케팅 믹스의 4P

Product(제품), Price(가격), Place(유통 경로), Promotion(판매 촉진)

16 ③

제품의 총 무게 = 510g(170g짜리 덩어리 3개) × 100개 = 51kg
반죽의 총 무게 = 51kg ÷ {1 - (2 ÷ 100)} = 52.04kg
밀가루의 사용량 = 반죽의 총 무게 × 밀가루 비율 ÷ 배합률
= 52.04kg × 100 ÷ 180 = 28.91kg = 29kg

17 ①

판매가격 = 총원가 + 판매이익

18 ④

경영의 3요소 : 사람(Man), 자본(Money), 재료(Material)

19 ④

총원가 = 제조원가 + 판매비 + 일반관리비

20 ①

세계보건기구(WHO)에서는 성인의 경우 트랜스지방의 섭취를 하루 1% 이하로 권고하고 있다.

21 ①

- 프랑스빵 제조 시 너무 많은 스팀을 주입하면 질긴 껍질이 된다.
- 프랑스빵 제조 시 스팀을 사용하는 이유
  - 거칠고 불규칙하게 터지는 것을 방지
  - 겉껍질에 광택을 내줌
  - 얇고 바삭거리는 껍질 형성

22 ③

전란의 고형질 함량은 25%이다.

23 ④

반죽의 흡수율은 경수의 경우 흡수율이 높아지고 연수의 경우 흡수율이 낮아진다. 즉, 경수는 연수보다 흡수율이 증가한다.

24 ③

탄저병, 결핵, 살모넬라증, 야토병은 세균성, 메르스, 사스는 바이러스성 질병이다.

25 ③

초콜릿의 용해 온도는 40~50℃이다.

26 ②

100cc의 생크림을 거품 내어 200cc가 되었을 때 오버런 100%라고 한다. 동물성 크림의 최고 오버런은 250~270, 식물성 크림은 350~380 정도이다.

27 ④

반죽 온도가 정확해야 양질의 제품을 만들 수 있다.

28 ④

이스트에 들어 있는 효소

- 인베르타아제(인버테이스, invertase)
- 말타아제(말테이스, maltase)
- 리파아제(라이페이스, lipase)
- 프로테아제(프로테이스, protease)
- 치마아제(치메이스, zymase)

29 ③

설탕 사용량이 많은 고율배합의 제품과 중량이 많은 제품은 저온에서 장시간 굽는다(오버 베이킹).

30 ②

충전용 유지가 사용된 제품은 2차 발효 온도가 높으면 유지가 녹게 되어 완성도가 떨어진다. 따라서 충전용으로 사용한 유지의 융점보다 낮은 온도에서 2차 발효를 진행해야 한다.

31 ④

피자는 이탈리아에서 유래되었다.

32 ④

구조력 향상은 밀가루의 주기능이다.

33 ④

저율배합의 빵은 설탕, 유지, 달걀 등의 비율이 낮으며 빵의 기본 재료인 밀가루, 소금, 물을 위주로 하여 만든 빵을 말한다. 대표적인 빵으로 바게트, 캉파뉴, 치아바타 등의 유럽식 빵이 있다.

34 ②

세균은 알균과 막대균 등의 균형을 유지하면서 하나가 둘로 분열하는 이분법(Binary Fission)에 의해서 증식한다.

35 ②

- 브로멜린 : 주로 파인애플에 함유된 단백질 분해효소
- 레닌 : 동물성 (우유)단백질 응고효소
- 펩신 : 위액에 존재하는 단백질 분해효소
- 트립신 : 췌액에 존재하는 단백질 분해효소

36 ①

불포화지방산은 구조상 이중 결합을 가지고 있어 포화지방산보다 안정성이 떨어지는데, 수소를 첨가하면 보다 안정성이 높아진다.

37 ①

- 테트로도톡신 : 복어 독
- 삭시톡신 : 섭조개, 대합조개의 독소
- 베네루핀 : 굴, 바지락, 모시조개의 독소

38 ③

알코올(에탄올)은 70~85% 희석하여 소독용으로 사용한다.

39 ①

가공원가 = 직접노무비 + 제조간접비

40 ④

환기시설은 주방 구조에 적합한 환기시설을 설비하되, 대형의 환기장치 1개를 설치하는 것보다 소형의 환기장치 여러 개 설치하는 것이 효과적이다.

41 ④

냉동식품은 -18℃ 이하로 저장한다.

42 ④

설탕절임법은 설탕 50% 이상의 농도에서는 삼투압에 의해 미생물의 증식이 억제되는 것을 이용한 보존방법이다.

43 ③

불황기에도 촉진활동의 효과가 있다.

44 ④

아이스박스 쿠키는 2차 발효 과정이 필요 없는 쿠키이다.

45 ②

페이스트리, 크루아상, 데니시 페이스트리 등의 제품에서 유지가 층상 구조를 이루는 이유는 가소성 때문으로 이와 같은 파이용 제품은 가소성이 좋은 유지를 사용한다.

46 ④

에클레어, 생또노레, 파리브레스트는 슈 반죽으로 제조한다.

47 ②

충전용 유지가 많을수록 부드러워져 밀어 펴기가 어려워진다.

48 ④

파이 반죽을 냉장고에서 휴지시키는 이유는 온도가 올라간 버터를 차갑게 만들고 반죽이 퍼지지 않게 하며, 반죽의 점성이 너무 강해지는 것을 막기 위함이다.

49 ①

중탕 그릇이 초콜릿 그릇보다 넓으면 초콜릿에 물이 들어가기 쉽다. 템퍼링 시 초콜릿에 물이 들어가면 뭉치고 덩어리지므로 물이 들어가지 않도록 주의한다.

50 ②

롤 케이크 제조 시 표면이 터지는 결점에 대한 조치 사항

- 설탕의 일부는 물엿으로 대체한다.
- 배합에 덱스트린을 사용한다.
- 팽창제 사용을 감소시킨다.
- 노른자 비율을 감소하고 전란을 증가시킨다.

51 ④

충전용 유지는 반죽의 되기가 비슷한 것이 좋다.

52 ②

- 냉각 온도가 낮을 경우 껍질이 건조하여 마르고 노화의 진행이 빠르다.
- 냉각 온도가 높을 경우 포장지에 수분이 응축되어 곰팡이가 발생하기 쉽고, 썰기가 힘들다.

53 ①

반죽에 수분이 많으면 반죽의 비중이 증가한다.

- 높은 비중 : 제품의 기공이 조밀하고 무거운 조직 → 작은 부피, 제품이 단단함
- 낮은 비중 : 제품의 기공이 거칠고 가벼운 조직 → 큰 부피

54 ①

오븐의 제품 생산능력보다 믹서와 발효실에서 만들어지는 반죽이 많으면 반죽이 지치게 되기 때문에 오븐을 제품 생산능력의 기준으로 삼는다.

55 ④

오븐 스프링(Oven spring)

- 반죽의 내부 온도가 40℃에 달하면서 반죽이 급격히 부풀어 굽기 전 크기를 기준으로 약 1/3 정도 부피가 팽창하는 것을 말한다.
- 발효하는 동안 가스세포가 열을 받으며 세포벽이 팽창하여 탄산가스와 알코올이 기화하면서 가스압이 증가하고 알코올은 79℃부터 증발하여 빵에 특유의 향이 발생한다.

56 ③

식빵의 가장 일반적인 포장 적온은 35~40℃이다.

57 ④

대장균 감염은 사람에서 사람으로 전염이 될 수 있다. 분변을 통해 간접적으로 전염될 수 있기 때문에 건강보균자나 환자의 분변 오염을 방지하고, 항상 수시로 손을 깨끗이 닦고 청결을 유지하여 예방한다.

58 ③

코코아는 카카오나무의 열매를 건조하여 분말로 만든 것이다.

59 ③

과자의 퍼짐성을 좋게 하기 위하여 베이킹파우더, 중조, 암모늄염 등의 화학팽창제를 사용한다.

60 ②

성형 공정

분할 - 둥글리기 - 중간 발효 - 정형 - 팬에 넣기(팬닝)

제1회 제과산업기사 CBT 모의고사

01	02	03	04	05	06	07	08	09	10	11	12	13	14	15	16	17	18	19	20
②	③	①	②	①	②	③	①	③	①	④	③	④	①	②	②	②	④	④	②
21	22	23	24	25	26	27	28	29	30	31	32	33	34	35	36	37	38	39	40
①	②	③	④	④	②	④	①	③	②	①	③	③	③	①	②	④	①	②	③
41	42	43	44	45	46	47	48	49	50	51	52	53	54	55	56	57	58	59	60
④	①	③	①	①	③	④	③	③	③	②	②	①	③	②	④	④	③	②	③

01 ②

오븐 온도가 낮으면 파이의 바닥 크러스트가 축축한 원인이 된다.

02 ③

스펀지 쿠키는 거품형 반죽이며, 드롭 쿠키는 반죽형 반죽으로 달걀 사용량이 많아 짤주머니에 모양깍지를 끼우고 짜는 쿠키이다.

03 ①

기공은 내부평가 항목이다.

04 ②

시폰형 반죽은 별립법처럼 달걀을 흰자와 노른자로 분리하지만 노른자는 거품을 내지 않고 흰자를 거품내 머랭을 만들고 화학팽창제(베이킹파우더)를 넣어 팽창시킨다.

05 ①

파운드 케이크는 밀가루, 설탕, 달걀, 버터의 비율을 각각 1파운드(453g)씩 사용했다고 해서 만들어진 이름이다. 즉 밀가루, 설탕, 달걀, 버터의 비율이 각각 1:1:1:1로 사용된다.

06 ②

한계기준은 모든 위해요소의 관리가 기준치 설정대로 충분히 이루어지고 있는지 여부를 판단할 수 있는 관리 한계를 설정한다.

07 ③

파운드 케이크 제조 시 높은 온도에서 구워 껍질이 빨리 형성될 경우 윗면이 터진다. 굽기 중 껍질 형성이 느리면 반죽 온도가 낮다는 것으로, 이는 껍질이 천천히 형성되면서 수분이 많이 손실되어 터지지 않는 원인이 된다.

08 ①

도넛 글레이즈 온도는 49℃ 정도가 적당하다.

09 ③

시간, 노동력, 채용 비용 절감, 채용 절차의 간소화 등은 비공개 수시 채용 방식의 장점이다.

10 ①

- 재고회전율이란 재고가 연간 몇 번 회전하는가(재고의 회전속도)를 산정한 것으로 [연간 입고량 ÷ 월간 재고량]을 이용한다.
- 회전율이 높을수록 재고가 빨리 소진됨을 의미한다.

11 ④

- 프렌치 머랭 = 흰자 : 설탕 = 1 : 1
- 스위스 머랭 = 흰자 : 설탕 = 1 : 1.8
- 온제 머랭 = 흰자 : 설탕 = 1 : 2
- 이탈리안 머랭 = 흰자 : 설탕 = 1 : 2

12 ③

필수아미노산의 종류에는 트립토판, 라이신, 페닐알라닌, 트레오닌, 이소류신, 발린, 메티오닌, 류신이 있다.

13 ④

구매관리의 과학화, 근대화의 일환으로 구매시장조사, 가치분석, 표준화 및 단순화, ABC 분석, 경제적 주문량 결정법 등의 기법이 개발, 도입되고 있다.

14 ①

퐁당 크림을 부드럽게 하고 수분 보유력을 높이기 위해서는 물엿, 전화당과 같은 시럽 형태의 당을 첨가한다.

15 ②

- 베네루핀 : 모시조개, 바지락, 굴의 독성물질
- 시큐톡신 : 독미나리의 독성물질
- 삭시톡신 : 섭조개의 독성물질
- 테트로도톡신 : 복어의 독

16 ②

관능검사란 인간의 감각을 계측기로 하는 검사로, 시각 · 후각 · 미각 · 촉각 · 청각을 이용하여 제품을 평가한다.

17 ②

달걀의 수분 함량은 75%, 고형분 함량은 25%이므로, 달걀 16%는 밀가루 4%와 수분 12%로 대체할 수 있다.

- 수분 : 16 × 0.75 = 12%
- 밀가루 : 16 × 0.25 = 4%

18 ④

품질 유지 및 향상은 식품첨가물의 역할이다.

19 ④

제과용 박력분의 회분 함량은 0.4% 이하이다.

20 ②

마케팅 환경 분석 중 3C는 고객(Customer), 회사(Company), 경쟁사(Competitor)이다.

21 ①

보통례는 허리를 30도 정도 굽히고 어른이나 상사, 내방객을 맞이할 때 하는 인사이다.

22 ②

커스터드크림은 우유, 설탕, 달걀을 혼합하여 안정제로 전분이나 박력분을 사용하여 끓인 크림을 말한다.

23 ③

둘신과 사이클라메이트는 사용이 금지된 유해 감미료이다.

24 ④

과발효된 반죽은 높은 압력의 스팀이 적당하다.

25 ④

팬 종이의 높이가 너무 높으면 그림자 지는 부위만 색이 덜 날 수 있으므로 팬 종이는 팬 높이 정도까지 재단한다.

26 ②

- 스냅 쿠키는 수분이 적은 편이어서 밀어 펴는 형태로 성형할 수 있다.
- 머랭 쿠키와 스펀지 쿠키는 거품형 쿠키로 달걀이 많이 사용되었기 때문에 수분이 많다.
- 드롭 쿠키는 반죽형 쿠키 중에서 수분이 가장 많은 쿠키이다(짜는 쿠키).

27 ④

달걀 노른자에 설탕을 넣고 칠할 때 설탕은 광택이 나게 하며 터진 부분의 수분 증발을 막아줌으로써 보존기간을 개선하고 촉촉함을 유지할 수 있어 맛의 변화를 막을 수 있다.

28 ①

낮은 온도에서 오븐 안의 바람에 의한 해동은 대류식 오븐을 이용하는 방법으로 급속 해동에 해당한다.

29 ③

무기질, 비타민은 조절 영양소이다.

30 ②

식품위생 검사의 종류에는 관능검사, 생물학적 검사, 화학적 검사, 물리적 검사, 독성검사 등이 있는데, 냄새는 관능검사의 한 방법이다.

31 ①

- 중조와 베이킹파우더는 이산화탄소를 발생시키는 팽창제로 작용한다.
- 소금은 반죽과정에서 흡수율이 감소하고 반죽의 저항성이 증가되는 특성이 있다.
- 황산칼슘은 반죽 조절제로 연수를 아경수로 바꾸어 반죽에 탄력성을 준다.

32 ③

언더 베이킹은 높은 온도에서 짧은 시간 굽는 것으로, 중앙 부분이 익지 않는 경우가 많고 수분이 빠지지 않아 껍질이 쭈글쭈글하다. 또한 조직이 거칠어져 설익거나 주저 앉기 쉽다.

33 ③

퍼프 페이스트리는 설탕을 넣지 않은 반죽이기 때문에 일반적인 제과제품에 비해 고온에서 구워 색을 낸다. 낮은 온도에서 구우면 표피가 말라버려서 글루텐의 신장성이 적어지고 증기압이 잘 발생되지 않아 부피가 작아진다.

34 ③

원가의 3요소는 재료비, 노무비, 경비이다.

35 ①

감자에 들어 있는 아스파라긴과 포도당이 120℃ 이상의 고온에 반응을 하면 아크릴아마이드가 형성되는데, 요리과정 중 삶거나 175℃ 이하에서 튀기거나 구우면 아크릴아마이드의 발생을 줄일 수 있다.

36 ②

스펀지법(중종법)에서 스펀지에 들어가는 재료는 밀가루, 이스트, 물, 이스트 푸드이다.

37 ④

파이는 반죽을 한 후 냉장 휴지를 시키는 제품이므로 반죽 온도를 18℃ 정도로 맞춘다. 마찰열이나 실내 온도, 다른 재료의 온도도 반죽 온도를 높이는 요인이 되므로 찬물을 넣어 18℃의 반죽을 만든다.

38 ①

필수지방산인 리놀레산, 리놀렌산, 아라키돈산은 불포화지방산으로 주로 식물성 유지에 많이 함유되어 있다.

39 ②

설탕의 재결정화를 방지할 목적으로 주석산을 사용하는 경우

- 이탈리안 머랭을 제조하기 위하여 시럽을 만들 때
- 버터크림을 제조하기 위하여 시럽을 만들 때
- 설탕 공예용 당액(시럽)을 만들 때

40 ③

1인당 생산가치 = 생산가치 ÷ 인원수

41 ④

쿠키의 퍼짐성을 좋게 하기 위한 방법에는 굵은 입자의 설탕 사용, 팽창제 사용, 알칼리성 재료 사용, 오븐 온도 낮추기 등이 있다.

42 ①

HACCP 선행요건 8가지

- 영업장 관리
- 위생 관리
- 제조 · 가공시설 · 설비 관리
- 냉장 · 냉동시설 · 설비 관리
- 용수 관리
- 보관 · 운송 관리
- 검사 관리
- 회수 프로그램 관리

43 ③

원가관리 3단계 협조체제는 생산부서의 절약, 구매부의 원가 절감, 판매원의 원가 절감이다.

44 ①

설탕의 캐러멜화 온도는 160℃ 이상이다.

45 ①

커스터드크림의 농후화제는 달걀이고, 전분크림의 농후화제는 전분이다.

46 ③

제과제빵 공정상의 조도 기준

- 발효 과정 : 50Lux
- 계량, 반죽, 조리, 성형 과정 : 200Lux
- 굽기 과정 : 100Lux
- 포장, 장식, 마무리 작업 : 500Lux

47 ④

다크 초콜릿의 1차 용해 온도는 45~50℃이다.

48 ③

핑거 쿠키는 거품형 쿠키로 공립법으로 제조하며, 5cm 정도로 짜서 굽는다. 쇼트 브레드 쿠키, 버터 쿠키(드롭 쿠키), 초코 칩펠 쿠키(큐벨 쿠키)는 반죽형 쿠키에 해당한다.

49 ③

순이익 = 매출 총이익 - (판매비 + 일반관리비 + 세금)

50 ③

페이스트리 제조 시 과도한 덧가루를 사용하면 결이 단단해지고 제품이 부서지기 쉬우며 생밀가루 냄새가 날 수 있으므로 소량의 덧가루를 사용한다.

51 ②

포장재의 가치는 제품이어야 하며 품질이 좋고 저렴한 포장재를 사용한다.

52 ②

생산이란 인간이 생활하는 데 필요한 각종 물건을 만들어 내는 것을 말한다.

53 ①

인수공통감염병이란 사람과 동물 사이에서 상호 전파되는 병원체에 의한 전염성 질병으로, 특히 동물이 사람에 옮기는 감염병을 지칭한다. 종류에는 탄저병, 브루셀라증, 페스트, 광견병, 결핵, 야토병, 돈단독, Q열 등이 있다.

54 ③

조리된 식품을 보관할 때에는 따뜻하게 먹을 음식은 60℃ 이상, 차갑게 먹을 음식은 빠르게 식혀 5℃ 이하에서 보관한다. 육류 등의 식품은 중심온도 75℃에서 1분 이상 완전히 조리하며, 조리된 음식은 가능한 2시간 이내 섭취한다.

55 ②

자당(설탕)은 인베르타아제에 의해 과당과 포도당으로 분해된다.

56 ④

냉과란 제품을 굽거나 튀기거나 찌지 않고 냉장고에 넣어 차게 굳혀 마무리하는 디저트를 말한다. 종류로는 무스, 블랑망제, 바바루아, 젤리, 푸딩 등이 있다.

57 ④

대사작용 조절은 무기질, 물, 비타민의 기능이다.

58 ③

보통례는 허리를 30도 정도 굽히고 어른이나 상사, 내방객을 맞이할 때 하는 인사이다.

59 ②

비중과 껍질 색과는 관계가 없다.

60 ③

살균을 목적으로 사용하는 방사선은 보통 감마선이며, 선원으로는 Co-60 또는 Cs-137이 사용된다. 열에 불안정한 재료나 완전히 포장, 밀봉된 물품에도 적용할 수 있는 것이 특징이다.

부록

제과제빵기능사·산업기사 필기 최종점검 손글씨 핵심요약

부록 01

최종점검 손글씨 핵심요약

빵류 제조

1. 소규모 제과점에서 주로 사용하는 오븐 : 데크 오븐
2. 소규모 제과점에서 주로 사용하는 믹서 : 수직형 믹서(버티컬 믹서)
3. 기계로 하는 둥글리기 : 라운더
4. 자동 제어 장치에 의해 반죽을 할 수 있는 다기능 제빵 기계 : 도우 컨디셔너
5. 중간 발효의 다른 말 2가지 : 벤치 타임, 오버헤드 프루프
6. 대량 생산 업체에서 사용하는 오븐 : 터널 오븐
7. 파이 롤러의 위치 : 냉장고 옆
8. 오븐의 생산 능력 : 오븐 내 매입 철판 수
9. 작업 테이블의 위치 : 중앙부
10. 제빵의 4대 필수 재료 : 밀가루, 물, 이스트, 소금
11. 모든 재료를 넣고 한 번에 믹싱하는 방법 : 스트레이트법
12. 발효 시 가장 먼저 발효되는 당 : 포도당
13. 스트레이트법에서 유지를 첨가하는 단계 : 클린업 단계
14. 팬닝 시 팬의 온도 : 32℃
15. 스펀지 도우법에서 처음 반죽 : 스펀지
16. 스펀지 도우법의 도우 온도 : 27℃
17. 완충제로 탈지분유를 사용하는 액종법 : 아드미법
18. 기계의 고장 등 비상상황에서 사용하는 방법 : 비상 스트레이트법
19. 냉동반죽법의 조치사항 3가지 : 강력분 사용, 이스트 2배, 산화제 사용
20. 믹싱의 6단계 중 탄력성이 최대인 단계 : 발전 단계
21. 비용적의 뜻 : 반죽 1g당 부푸는 부피
22. 1차 발효의 온도와 습도 : 27℃, 75~80%
23. 성형의 5단계 : 분할, 둥글리기, 중간 발효, 정형, 팬닝
24. 일반적인 발효 손실 : 1~2%
25. 캐러멜화의 반응 온도 : 160~180℃
26. 오버 베이킹의 의미와 적합한 반죽 : 저온에서 장시간 굽기, 고율배합
27. 밀가루 100을 기준으로 제빵에서 사용하는 퍼센트 : 베이커스 퍼센트
28. 이스트 푸드 2가지 : 암모늄염, 산화제

29. 발효 손실의 원인 : 수분 증발, 탄수화물의 발효로 CO_2 가스 발생, 반죽 온도 및 발효 온도, 소금
30. 반죽이 분할기에 달라붙지 않게 하는 것 : 유동파라핀용액
31. 포장용기의 조건 : 방수성이 있음, 통기성이 없음, 작업성이 좋음, 값이 저렴

과자류 제조

1. 오븐 매입 철판 수로 나타내는 것 : 오븐의 생산능력
2. 초콜릿을 만들 때 사용하는 도구 : 디핑포크
3. 화학적 팽창제의 종류 2가지 : 베이킹파우더, 베이킹소다
4. 무팽창 반죽의 종류 2가지 : 페이스트리, 파이
5. 반죽의 부피를 우선시하며, 스크래핑을 많이 해야 하는 제법 : 크림법
6. 부드러움을 우선시하고 21℃의 품온을 갖는 유지를 사용해야 하는 반죽법 : 블렌딩법
7. 흰자와 노른자를 분리하는 믹싱 방법 : 별립법
8. 물리적+화학적으로 팽창하는 반죽법 : 시폰법
9. 거품형 반죽의 종류와 특징
   - 공립법 : 전란 믹싱
   - 별립법 : 흰자, 노른자 각각 믹싱 후 혼합
10. 산성 반죽의 특징 : 밝음, 작은 부피, 단단함, 옅은 향
11. 비중을 구하는 공식 : 반죽 무게 ÷ 물 무게
12. 반죽형 반죽의 필수 재료 : 밀가루, 설탕, 달걀, 소금, 고체 유지
13. 공기 함량이 많아 반죽이 가볍고, 부피가 크며, 기공이 거친 비중 : 낮은 비중(스펀지 케이크)
14. 비용적의 뜻 : 반죽 1g당 부푸는 부피
15. 비용적이 가장 큰 케이크 : 스펀지 케이크
16. 제과에서의 고율배합 : 가루 < 설탕
17. 파운드 케이크의 비용적 : $2.4cm^3/g$
18. 거품형 쿠키의 종류 2가지 : 머랭 쿠키, 스펀지 쿠키
19. 도넛의 글레이즈 품온 : 49℃
20. 파운드 케이크의 팬닝비 : 70%
21. 굽기 온도가 부적당할 때 나오는 2가지 : 오버 베이킹(낮은 온도, 장시간), 언더 베이킹(높은 온도, 단시간)
22. 포장하기 가장 알맞은 온도 : 35~40℃
23. 퐁당의 온도 : 114~118℃
24. 튀김기름의 4대 적 : 물, 공기, 열, 이물질
25. 제품평가에서 내부평가에 속하는 것 : 기공, 빵 속의 색, 향, 맛
26. 엔젤 푸드 케이크의 팬닝 시 사용하는 이형제 : 물

부록

27. 건포도 전처리의 목적 : 식감 개선, 맛과 풍미 향상, 수분 이동 방지
28. 충전물이 끓어 넘치는 이유 : 껍질에 구멍이 없음, 충전물의 온도가 높음, 설탕 함량이 높음, 오븐 온도가 낮음

기초과학 및 재료과학

1. 포도당과 과당이 동량 혼합되어 있는 당류 : 전화당
2. 밀가루의 손상전분 함량 : 4.5~8%
3. 단백질의 주성분 4가지 : 탄소, 산소, 질소, 수소
4. 초콜릿 속 코코아와 코코아 버터의 함량 비율 : 5/8, 3/8
5. 우뭇가사리에서 추출하는 안정제 : 한천
6. 안정제
   - 동물의 껍질이나 연골에서 추출하는 안정제 : 젤라틴
   - 과일의 세포벽에 들어 있는 안정제 : 펙틴
7. 설탕의 원료 : 사탕수수
8. 베이킹파우더의 구성성분 3가지 : 중조, 산작용제, 분산제
9. 설탕과 소금의 기능
   - 설탕 : 반죽의 연화
   - 소금 : 반죽의 경화
10. 제과제빵에 적합한 물의 종류와 ppm : 아경수(120~180ppm)
11. 이스트에 없는 효소 : 락타아제
12. 우유의 수분과 고형질의 함량 비율
    - 수분 : 88%
    - 고형질 : 12%
13. 단백질의 변성 온도 : 74℃
14. 생이스트의 수분 함량 : 70%
15. 생이스트와 건조이스트의 사용 비율 : (2 : 1)
16. 신선한 우유의 pH : 6.6
17. 글루텐의 주요 성분과 구성비 : 글리아딘(36%), 글루테닌(20%)
18. 단당류의 분해효소 : 치마아제
19. 반추 동물의 네 번째 위에 존재하는 응유효소(치즈 제조용) : 레닌
20. 효모의 증식법 : 출아법
21. 이스트의 사멸 온도 : 60℃
22. 전분의 호화 온도 : 60℃

23. 분해효소
   - 단백질 분해효소 : 프로테아제, 펩신, 트립신 등
   - 지방 분해효소 : 리파아제, 스테압신 등
   - 탄수화물 분해효소 : 아밀라아제, 락타아제, 말타아제, 인베르타아제(인버타아제) 등
24. 효소의 주성분 : 단백질
25. 우유의 주단백질 : 카세인
26. 밀가루의 단백질 함량
   - 강력분 : 11~14%
   - 중력분 : 9~11%
   - 박력분 : 7~9%
27. 100%의 아밀로펙틴으로 구성된 것 : 찹쌀, 찰옥수수
28. 열량소의 기본단위
   - 탄수화물 : 포도당
   - 단백질 : 아미노산
   - 지방 : 글리세린, 지방산
29. 상대적 감미도의 정의와 수치 및 순서
   - 정의 : 설탕의 단맛을 100이라 했을 때 상대적인 단맛을 나타내는 수치
   - 수치 및 순서 : 과당(170) > 전화당(130~135) > 자당(100) > 포도당(75) > 맥아당(32) = 갈락토오스(32) > 유당(16)
30. 이당류의 종류 및 분해효소 : 설탕[인베르타아제(인버타아제)], 맥아당(말타아제), 유당(락타아제)
31. 단당류의 종류 : 포도당, 과당, 갈락토오스

부록

영양학

1. 열량 영양소 3가지 : 탄수화물, 지방, 단백질
2. 탄수화물, 단백질, 지방의 열량 : 4kcal, 4kcal, 9kcal
3. 탄수화물, 단백질, 지방의 1일 섭취권장량 : 55~70%, 7~20%, 15~20%
4. 탄수화물의 기능 : 에너지 공급원, 혈당 유지, 케톤증 예방, 단백질 절약작용, 정장작용
5. 필수지방산의 종류 3가지 : 리놀레산, 리놀렌산, 아라키돈산
6. 지용성 비타민의 종류 : 비타민 A, D, E, K
7. 필수아미노산의 종류 : 라이신, 트립토판, 페닐알라닌, 류신, 이소류신, 트레오닌, 메티오닌, 발린
8. 성장기 어린이에게 필요한 필수아미노산 : 히스티딘, 아르기닌
9. 완전 단백질의 종류 3가지 : 카세인(우유), 오브알부민(달걀), 알부민(달걀 흰자)
10. 무기질 중 가장 많이 차지하고 있는 것 : 칼슘, 인

11. 혈당을 저하하는 호르몬 : 인슐린
12. 지용성 비타민 중 토코페롤이라고도 하며 천연 항산화제 역할을 해주는 비타민 : 비타민 E
13. 결핍증
    - 비타민 A : 야맹증
    - 비타민 D : 구루병
    - 비타민 K : 혈액 응고 지연
    - 비타민 C : 괴혈병
    - 엽산 : 빈혈
    - 마그네슘 : 신경 및 근육경련
14. 수용성 비타민의 종류 : 비타민 B_1, 비타민 B_2, 비타민 B_3(나이아신), 비타민 B_{12}, 비타민 C, 비타민 P, 엽산, 비오틴
15. 티아민 : 비타민 B_1
16. 리보플라빈 : 비타민 B_2
17. 물의 기능 : 영양소와 노폐물의 운반, 대사 과정에서의 촉매 작용, 체온 조절, 신체 보호
18. 침 속에 있는 효소 : 프티알린
19. 골격과 치아를 형성하는 무기질 : 칼슘
20. 체액의 삼투압을 조절해주는 무기질 : 염소
21. 헤모글로빈을 구성하는 무기질 : 철
22. 불완전 단백질의 대표적인 예 : 제인(옥수수)
23. 단백질의 기능 : 에너지 공급원, 체액 중성 유지, 체조직 구성과 보수, 효소·호르몬·항체 형성, 면역작용 관여, 정장작용
24. 지방의 기능 : 에너지 공급원, 지용성 비타민의 흡수 및 촉진, 내장 기관 보호, 필수지방산 공급, 체온 유지

식품위생학

1. 식품위생의 대상 : 식품, 식품첨가물, 기구, 용기, 포장
2. 식품위생의 목적 : 위생상의 위해 방지, 식품영양의 질적 향상 도모 및 식품에 관한 올바른 정보 제공, 국민 건강의 보호·증진에 이바지
3. HACCP : 위해요소분석과 중요관리점(Hazard Analysis Critical Control Point)
4. 부패, 변패, 산패
    - 단백질이 변질하는 현상 : 부패
    - 탄수화물, 지방이 변질하는 현상 : 변패
    - 지방이 산소와 결합하여 변질하는 현상 : 산패
5. 부패의 영향 요인 : 온도, 수분, 습도, 산소, 열
6. 소독 : 병원성 미생물을 사멸시키거나 제거하여 감염을 예방하는 것
7. 살균 : 미생물에 물리적·화학적 자극을 주어 이를 단시간 내에 사멸시키는 방법
8. 유해 중금속 중독증
    - 카드뮴(Cd) : 이타이이타이병
    - 수은(Hg) : 미나마타병

9. 소독제의 조건 : 미량으로 살균효과, 저렴한 가격, 간단한 사용법
10. 소독제
    - 석탄산 : 3% 수용액이며, 표준시약이 됨
    - 역성 비누 : 손 소독 및 식기를 세척할 때 사용하는 소독제
    - 크레졸 : 석탄산의 2배 효과를 가지고 있어 쓰레기장에서 사용
11. 세균류 증식 방법 : 이분법
12. 분변오염의 지표가 되는 균 : 대장균
13. 간디스토마(간흡충)의 숙주 : 1숙주 - 왜우렁이, 2숙주 - 담수어
14. 폐디스토마(폐흡충)의 숙주 : 1숙주 - 다슬기, 2숙주 - 민물 게, 가재
15. 감염원 : 보균자, 환자, 병원체 보유동물
16. 식품 공장의 작업환경
    - 마무리 작업의 표준 조도 : 500Lux
    - 방충망 : 30메시(mesh)
17. 사람과 동물이 같은 병원체에 의해 감염되는 병 : 인수공통감염병
18. 결핵의 감염동물 : 소
19. 식중독의 특징
    - 잠복기가 짧음
    - 면역 ×
    - 2차 감염 거의 없음
    - 다량의 균으로 발생함
    - 사전 예방이 가능함
20. 경구 감염병의 특징
    - 잠복기가 김
    - 면역 ○
    - 2차 감염 있음
    - 미량의 균으로 발생함
    - 사전 예방 어려움
21. 식품별 독소
    - 복어 : 테트로도톡신
    - 감자 : 솔라닌
    - 청매 : 아미그달린
    - 독미나리 : 시큐톡신
    - 면실유(목화씨유) : 고시폴
    - 섭조개 : 삭시톡신
    - 모시조개 : 베네루핀
    - 독버섯 : 무스카린
22. 분홍색 색소의 유해 착색료 : 로다민 B
23. 어패류 생식이 원인이 되는 감염형 식중독 : 장염 비브리오균
24. 포도상구균 : 잠복기가 짧고 독소는 열에 강함
25. 보툴리누스균 : 치사율이 높음

부록

부록 02 파이널 손글씨 핵심점검

빵류 제조

① 소규모 제과점에서 주로 사용하는 오븐과 믹서

② 자동 제어 장치에 의해 반죽을 할 수 있는 다기능 제빵 기계

③ 중간 발효의 다른 말 2가지

④ 대량 생산 업체에서 사용하는 오븐

⑤ 파이 롤러의 위치

⑥ 오븐의 생산 능력

⑦ 제빵의 4대 필수 재료

⑧ 모든 재료를 넣고 한 번에 믹싱하는 방법

⑨ 발효 시 가장 먼저 발효되는 당

⑩ 스트레이트법에서 유지를 첨가하는 단계

⑪ 팬닝 시 팬의 온도

⑫ 스펀지 도우법의 도우 온도

⑬ 완충제로 탈지분유를 사용하는 액종법

⑭ 냉동반죽법의 조치사항 3가지

정답

① 데크 오븐, 수직형 믹서(버티컬 믹서) ② 도우 컨디셔너 ③ 벤치 타임, 오버헤드 프루프 ④ 터널 오븐 ⑤ 냉장고 옆 ⑥ 오븐 내 매입 철판 수 ⑦ 밀가루, 물, 이스트, 소금 ⑧ 스트레이트법 ⑨ 포도당 ⑩ 클린업 단계 ⑪ 32℃ ⑫ 27℃ ⑬ 아드미법 ⑭ 강력분 사용, 이스트 2배, 산화제 사용

⑮ 믹싱의 6단계 중 탄력성이 최대인 단계

⑯ 1차 발효의 온도와 습도

- 온도 :
- 습도 :

⑰ 성형의 5단계

⑱ 일반적인 발효 손실

⑲ 캐러멜화의 반응 온도

⑳ 오버 베이킹의 의미와 적합한 반죽

㉑ 밀가루 100을 기준으로 제빵에서 사용하는 퍼센트

㉒ 비용적의 뜻

㉓ 이스트 푸드 2가지

㉔ 발효 손실의 원인

㉕ 반죽이 분할기에 달라붙지 않게 하는 것

㉖ 포장용기의 조건

부록

정답

⑮ 발전 단계 ⑯ 온도 : 27℃, 습도 : 75~80% ⑰ 분할, 둥글리기, 중간 발효, 정형, 팬닝 ⑱ 1~2% ⑲ 160~180℃ ⑳ 저온에서 장시간 굽기, 고율배합 ㉑ 베이커스 퍼센트 ㉒ 반죽 1g당 부푸는 부피 ㉓ 암모늄염, 산화제 ㉔ 수분 증발, 탄수화물의 발효로 CO_2 가스 발생, 반죽 온도 및 발효 온도, 소금 ㉕ 유동파라핀용액 ㉖ 방수성이 있음, 통기성이 없음, 작업성이 좋음, 값이 저렴

과자류 제조

① 초콜릿을 만들 때 사용하는 도구

② 화학적 팽창제의 종류 2가지

③ 무팽창 반죽의 종류 2가지

④ 반죽의 부피를 우선시하며, 스크래핑을 많이 해야 하는 제법

⑤ 부드러움을 우선시하고 21℃의 품온을 갖는 유지를 사용해야 하는 반죽

⑥ 물리적+화학적으로 팽창하는 반죽법

⑦ 거품형 반죽의 종류와 특징

⑧ 산성 반죽의 특징

⑨ 비중을 구하는 공식

⑩ 반죽형 반죽의 필수 재료

⑪ 공기 함량이 많아 반죽이 가볍고, 부피가 크며, 기공이 거친 비중

⑫ 비용적이 가장 큰 케이크

⑬ 제과에서의 고율배합

정답

① 디핑포크 ② 베이킹파우더, 베이킹소다 ③ 페이스트리, 파이 ④ 크림법 ⑤ 블렌딩법 ⑥ 시폰법 ⑦ 공립법 : 전란 믹싱, 별립법 : 흰자, 노른자 각각 믹싱 후 혼합 ⑧ 밝음, 작은 부피, 단단함, 옅은 향 ⑨ 반죽 무게 ÷ 물 무게 ⑩ 밀가루, 설탕, 달걀, 소금, 고체 유지 ⑪ 낮은 비중(스펀지 케이크) ⑫ 스펀지 케이크 ⑬ 가루 < 설탕

⑭ 파운드 케이크의 비용적

⑮ 거품형 쿠키의 종류 2가지

⑯ 도넛의 글레이즈 품온

⑰ 파운드 케이크의 팬닝비

⑱ 굽기 온도가 부적당할 때 나오는 2가지

⑲ 포장하기 가장 알맞은 온도

⑳ 퐁당의 온도

㉑ 튀김기름의 4대 적

㉒ 제품평가에서 내부평가에 속하는 것

㉓ 엔젤 푸드 케이크의 팬닝 시 사용하는 이형제

㉔ 건포도 전처리의 목적

㉕ 충전물이 끓어 넘치는 이유

부록

정답

⑭ 2.4cm^3/g ⑮ 머랭 쿠키, 스펀지 쿠키 ⑯ 49℃ ⑰ 70% ⑱ 오버 베이킹(낮은 온도, 장시간), 언더 베이킹(높은 온도, 단시간) ⑲ 35~40℃ ⑳ 114~118℃ ㉑ 물, 공기, 열, 이물질 ㉒ 기공, 빵 속의 색, 향, 맛 ㉓ 물 ㉔ 식감 개선, 맛과 풍미 향상, 수분 이동 방지 ㉕ 껍질에 구멍이 없음, 충전물의 온도가 높음, 설탕 함량이 높음, 오븐 온도가 낮음

기초과학 및 재료과학

① 포도당과 과당이 동량 혼합되어 있는 당류

② 밀가루의 손상전분 함량

③ 초콜릿 속 코코아와 코코아 버터의 함량 비율

④ 동물의 껍질이나 연골에서 추출하는 안정제

⑤ 과일의 세포벽에 들어 있는 안정제

⑥ 단백질의 주성분 4가지

⑦ 베이킹파우더의 구성성분 3가지

⑧ 설탕과 소금 중 반죽의 연화에 사용되는 것

⑨ 제과제빵에 적합한 물의 종류와 ppm

⑩ 이스트에 없는 효소

⑪ 우유의 수분과 고형질의 함량 비율

⑫ 단백질의 변성 온도

⑬ 생이스트의 수분 함량

⑭ 생이스트와 건조이스트의 사용 비율

정답

① 전화당 ② 4.5~8% ③ 5/8, 3/8 ④ 젤라틴 ⑤ 펙틴 ⑥ 탄소, 산소, 질소, 수소 ⑦ 중조, 산작용제, 분산제 ⑧ 설탕 ⑨ 아경수(120~180ppm) ⑩ 락타아제 ⑪ 88%, 12% ⑫ 74℃ ⑬ 70% ⑭ 2 : 1

⑮ 신선한 우유의 pH

⑯ 글루텐의 주요 성분과 구성비

⑰ 단당류의 분해효소

⑱ 반추 동물의 네 번째 위에 존재하는 응유효소(치즈 제조용)

⑲ 이스트의 사멸 온도

⑳ 단백질, 지방, 탄수화물의 분해효소 1가지

- 단백질 :
- 지방 :
- 탄수화물 :

㉑ 전분의 호화 온도

㉒ 우유의 주단백질

㉓ 강력분 · 중력분 · 박력분 각각의 단백질 함량

- 강력분 :
- 중력분 :
- 박력분 :

㉔ 100%의 아밀로펙틴으로 구성된 것

㉕ 탄수화물, 단백질, 지방의 기본단위

㉖ 상대적 감미도의 수치 및 순서

부록

정답

⑮ 6.6 ⑯ 글리아딘(36%), 글루테닌(20%) ⑰ 치마아제 ⑱ 레닌 ⑲ 60℃ ⑳ 단백질 : 프로테아제, 지방 : 리파아제, 탄수화물 : 아밀라아제 ㉑ 60℃ ㉒ 카세인 ㉓ 강력분 : 11~14%, 중력분 : 9~11%, 박력분 : 7~9% ㉔ 찹쌀, 찰옥수수 ㉕ 포도당, 아미노산, 글리세린과 지방산 ㉖ 과당(170) > 전화당(130~135) > 자당(100) > 포도당(75) > 맥아당(32) = 갈락토오스(32) > 유당(16)

영양학

① 열량 영양소 3가지

② 탄수화물, 단백질, 지방의 열량

③ 탄수화물, 단백질, 지방의 1일 섭취권장량

④ 탄수화물의 기능

⑤ 필수지방산의 종류 3가지

⑥ 지용성 비타민의 종류

⑦ 필수아미노산의 종류

⑧ 성장기 어린이에게 필요한 필수아미노산

⑨ 완전 단백질의 종류 3가지

⑩ 인체에서 가장 많은 무기질

⑪ 혈당을 저하하는 호르몬

⑫ 지용성 비타민 중 토코페롤이라고도 하며 천연 항산화제 역할을 해주는 비타민

⑬ 비타민 A · D · K · C의 각 결핍증

- 비타민 A :
- 비타민 D :
- 비타민 K :
- 비타민 C :

⑭ 침 속에 있는 효소

정답

① 탄수화물, 지방, 단백질 ② 4kcal, 4kcal, 9kcal ③ 55~70%, 7~20%, 15~20% ④ 에너지 공급원, 혈당 유지, 케톤증 예방, 단백질 절약작용, 정장작용 ⑤ 리놀레산, 리놀렌산, 아라키돈산 ⑥ 비타민 A, D, E, K ⑦ 라이신, 트립토판, 페닐알라닌, 류신, 이소류신, 트레오닌, 메티오닌, 발린 ⑧ 히스티딘, 아르기닌 ⑨ 카세인(우유), 오브알부민(달걀), 알부민(달걀 흰자) ⑩ 칼슘, 인 ⑪ 인슐린 ⑫ 비타민 E ⑬ 비타민 A : 야맹증, 비타민 D : 구루병, 비타민 K : 혈액응고 지연, 비타민 C : 괴혈병 ⑭ 프티알린

⑮ 골격과 치아를 형성하는 무기질

⑯ 체액의 삼투압을 조절해주는 무기질

⑰ 헤모글로빈을 구성하는 무기질

⑱ 불완전 단백질의 대표적인 예

⑲ 에너지 공급원, 체액 중성 유지, 체조직 구성과 보수, 효소 · 호르몬 · 항체 형성, 면역작용 관여, 정장작용을 하는 영양소

⑳ 에너지 공급원, 지용성 비타민의 흡수 및 촉진, 내장기관 보호, 필수지방산 공급, 체온 유지를 하는 영양소

식품위생학

① 식품위생의 대상

② 식품위생의 목적

③ HACCP의 뜻

④ 단백질이 변질하는 현상

⑤ 부패의 영향 요인

⑥ 미생물에 물리적 · 화학적 자극을 주어 이를 단시간 내에 사멸시키는 방법

⑦ 카드뮴(Cd)과 수은(Hg)의 중독증

부록

정답

⑮ 칼슘 ⑯ 염소 ⑰ 철 ⑱ 제인(옥수수) ⑲ 단백질 ⑳ 지방 / ① 식품, 식품첨가물, 기구, 용기, 포장 ② 위생상의 위해 방지, 식품영양의 질적 향상 도모 및 식품에 관한 올바른 정보 제공, 국민 건강의 보호 · 증진에 이바지 ③ 위해요소분석과 중요관리점(Hazard Analysis Critical Control Point) ④ 부패 ⑤ 온도, 수분, 습도, 산소, 열 ⑥ 살균 ⑦ 이타이이타이병, 미나마타병

⑧ 소독제의 종류 3가지

⑨ 세균류의 증식 방법

⑩ 분변오염의 지표가 되는 균

⑪ 간디스토마의 1숙주

⑫ 페디스토마의 1숙주

⑬ 식품 공장의 작업환경에서 마무리 작업의 표준 조도와 방충망 조건

⑭ 결핵의 감염동물

⑮ 식중독의 특징

⑯ 경구 감염병의 특징

⑰ 사람과 동물이 같은 병원체에 의해 감염되는 질병

⑱ 복어 · 감자 · 섭조개 · 독버섯의 각 독소

⑲ 어패류 생식이 원인이 되는 감염형 식중독

⑳ 포도상구균의 특징

㉑ 보툴리누스균의 특징

㉒ 감염원의 3가지

정답

⑧ 석탄산, 역성 비누, 크레졸 ⑨ 이분법 ⑩ 대장균 ⑪ 왜우렁이 ⑫ 다슬기 ⑬ 500Lux, 30메시(mesh) ⑭ 소 ⑮ 잠복기가 짧음, 면역×, 2차 감염 없음, 다량의 균으로 발생함, 사전 예방이 가능함 ⑯ 잠복기가 길, 면역○, 2차 감염이 있음, 미량의 균으로 발생함, 사전 예방 어려움 ⑰ 인수공통감염병 ⑱ 테트로도톡신, 솔라닌, 삭시톡신, 무스카린 ⑲ 장염 비브리오균 ⑳ 잠복기가 짧고 독소는 열에 강함 ㉑ 치사율이 높음 ㉒ 보균자, 환자, 병원체 보유동물

성공은 결코 우연이 아니다. 성공은 노력, 인내, 학습, 공부, 희생,
그리고 무엇보다도 자신이 하고 있거나 배우고 있는 일에 대한 사랑이다.
(Success is no accident. It is hard work, perseverance, learning, studying, sacrifice and most of all, love of what you are doing or learning to do.)

펠레(Pele)

박문각 취밥러 시리즈
제과제빵기능사 · 산업기사 필기

초판인쇄 2025. 3. 20
초판발행 2025. 3. 25

저자와의 협의 하에 인지 생략

발 행 인 박용
출판총괄 김현실, 김세라
개발책임 이성준
편집개발 김태희, 이보혜, 김소영
마 케 팅 김치환, 최지희, 이혜진, 손정민, 정재윤, 최선희, 윤혜진, 오유진
일러스트 ㈜ 유미지

발 행 처 ㈜ 박문각출판
출판등록 등록번호 제2019-000137호
주　　소 06654 서울시 서초구 효령로 283 서경B/D 4층
전　　화 (02) 6466-7202
팩　　스 (02) 584-2927
홈페이지 www.pmgbooks.co.kr

ISBN 979-11-7262-446-0
정가 24,000원